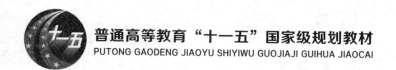

普通高等教育"十一五"国家级规划教材

PUTONG GAODENG JIAOYU SHIYIWU GUOJIAJI GUIHUA JIAOCAI

可编程序控制器原理及应用

（第二版）

主　编　郁汉琪　郭　健

副主编　沈亚斌

编　写　李树元　赵　茜

主　审　胡敏强　郑建勇

U0345488

中国电力出版社

CHINA ELECTRIC POWER PRESS

内 容 提 要

本书为普通高等教育"十一五"国家级规划教材。

全书共分十二章，主要介绍了 PLC 的产生、特点、基本组成、工作原理及基本性能。其中，重点介绍了 PLC 的基本指令系统、步进顺控指令系统、功能指令系统的功能和应用实例；此外，对 PLC 的特殊功能模块、通信技术、接口技术进行了简要阐述；最后介绍了 PLC 控制系统设计方法、应用案例以及实验技术。本书是以日本三菱公司 FX 系列 PLC 为例进行阐述的。

本书主要作为普通高等学校电气工程及其自动化、自动化等相关专业教材，也可作为高职高专与函授教材，同时还可作为相关专业工程技术人员的参考用书。

图书在版编目（CIP）数据

可编程序控制器原理及应用/郁汉琪，郭健主编 . —2版 . —北京：中国电力出版社，2010.3（2021.5重印）
普通高等教育"十一五"国家级规划教材
ISBN 978-7-5083-9963-8

Ⅰ.①可⋯　Ⅱ.①郁⋯②郭⋯　Ⅲ.①可编程序控制器-高等学校-教材　Ⅳ.①TP332.3

中国版本图书馆 CIP 数据核字（2010）第 000424 号

中国电力出版社出版、发行

（北京市东城区北京站西街 19 号　100005　http://www.cepp.sgcc.com.cn）
三河市航远印刷有限公司印刷
各地新华书店经售

*

2004 年 7 月第一版
2010 年 3 月第二版　　2021 年 5 月北京第二十四次印刷
787 毫米×1092 毫米　16 开本　22.75 印张　552 千字
定价 46.00 元

前　　言

可编程序控制器（PLC）是一种以微处理器为基础的新型工业控制装置，它集计算机技术、自动控制技术、通信技术于一体，具有结构简单，性能优越，可靠性高，使用、维护方便等优点。因此，PLC 已广泛应用于电力、机械制造、化工、汽车、钢铁、建筑、水泥、石油、采矿、纺织、造纸、环保、种植、广告及娱乐等各行各业。应用 PLC 已成为一个世界潮流，学好、用好 PLC 已显得越来越重要。

随着电子技术、计算机技术及自动化技术的迅猛发展，PLC 技术的发展也越来越快。世界各国生产 PLC 的厂家，几乎年年在推出新的 PLC 产品，PLC 的功能也越来越强，除完成常规的开关量、模拟量控制功能外，又增加了许多特殊功能模块、通信及网络功能模块等。本书以日本三菱公司最新推出的 FX 系列小型 PLC 为例，阐述其结构、工作原理、指令系统、编程、特殊功能模块、通信及应用实例等内容，在编写本书时力求做到以点带面、力求创新，便于教学、体现应用，理论联系实际。

本书在教学使用过程中，可根据专业需要，适当进行删减，有些内容和应用实例适宜学生自学或在进行课程设计、毕业设计时参考。

本书由郁汉琪、郭健主编，沈亚斌为副主编，参加编写的还有李树元和赵茜。其中郁汉琪编写了第一、六、十、十二章及第十一章的第二、三、四节，郭健编写了第三、四、五章，沈亚斌编写了第七、八、九章，李树元编写了第二章及第十一章的第一节，赵茜编写了附录。全书由郁汉琪统稿、定稿。

本书由东南大学胡敏强教授和郑建勇教授审稿，并提出了许多有益的建议和意见，三菱电机自动化（上海）有限公司提供了不少应用资料，在此表示衷心的感谢。在编写本书的过程中，参阅和利用了部分兄弟院校老师编写出版教材的内容和材料，对原作者也一并致谢。

限于编者水平，加之时间仓促，不足和疏漏之处在所难免，敬请读者批评指正。

编者

2010.1

目　录

第一章　概　述

第一节　PLC 的发展简史及定义

一、PLC 的诞生

在可编程序控制器（PLC）问世之前，继电器、接触器控制在工业控制领域中占有主导地位。继电器、接触器控制系统是采用固定接线的硬件实现控制逻辑。如果生产任务或工艺发生变化，就必须重新设计，改变硬件结构，这样造成时间和资金的浪费。另外，大型控制系统用继电器、接触器控制，使用的继电器数量多，控制系统的体积大、耗电多，且继电器触点为机械触点，工作频率较低，在频繁动作情况下寿命较短，容易造成系统故障，系统的可靠性差。为了解决这一问题，早在 1968 年，美国最大的汽车制造商通用汽车公司（GM公司），为了适应汽车型号不断翻新，以求在激烈竞争的汽车工业中占有优势，提出要用一种新型的控制装置取代继电器、接触器控制装置，并且对未来的新型控制装置作出了具体设想，要把计算机的完备功能以及灵活性、通用性好等优点和继电器、接触器控制的简单易懂、操作方便、价格便宜等优点融入新的控制装置中，且要求新的控制装置编程简单，使得不熟悉计算机的人员也能很快掌握它的使用技术。为此，特拟定以下 10 项公开招标的技术要求：

（1）编程简单方便，可在现场修改程序。

（2）硬件维护方便，采用插件式结构。

（3）可靠性高于继电器、接触器控制装置。

（4）体积小于继电器、接触器控制装置。

（5）可将数据直接送入计算机。

（6）用户程序存储器容量至少可以扩展到 4KB。

（7）输入可以是交流 115V。

（8）输出为交流 115V，能直接驱动电磁阀、交流接触器等。

（9）通用性强，扩展方便。

（10）成本上可与继电器、接触器控制系统竞争。

美国数字设备公司（DEC公司）根据 GM 公司招标的技术要求，于 1969 年研制出世界上第一台可编程序控制器，并在 GM 公司汽车自动装配线上试用，获得成功。其后，日本、德国等相继引入这项新技术，可编程序控制器由此而迅速发展起来。

二、PLC 的定义

在 20 世纪 70 年代初期、中期，可编程序控制器虽然引入了计算机的优点，但实际上只能完成顺序控制，仅有逻辑运算、定时、计数等控制功能，所以当时人们称其为可编程序逻辑控制器，简称为 PLC（Programmable Logical Controller）。

随着微处理器技术的发展，20 世纪 70 年代末至 80 年代初，可编程序控制器的处理速度大大提高，增加了许多特殊功能，使得可编程序控制器不仅可以进行逻辑控制，而且可以对模拟量进行控制。因此，美国电器制造协会（NEMA）将可编程序控制器命名为 PC

(Programmable Controller)，但人们为了和个人计算机 PC（Personal Computer）相区别，习惯上仍将可编程序控制器称为 PLC。

20 世纪 80 年代以来，随着大规模和超大规模集成电路技术的迅猛发展，以 16 位和 32 位微处理器为核心的可编程序控制器也得到迅速发展，其功能越来越强。这时的 PLC 具有高速计数、中断技术、PID 调节、数据处理和数据通信等功能，从而使 PLC 的应用范围和应用领域不断扩大。

PLC 的发展初期，不同的开发制造商对 PLC 有不同的定义。为使这一新型的工业控制装置的生产和发展规范化，国际电工委员会（IEC）于 1985 年 1 月制定了 PLC 的标准，并给它作了如下定义：

"可编程序控制器是一种数字运算操作的电子系统，专为在工业环境下应用而设计，它采用可编程序的存储器，用来在其内部存储执行逻辑运算、顺序控制、定时、计数和算术运算等操作命令，并通过数字式、模拟式的输入和输出，控制各种类型的机械或生产过程。可编程序控制器及其有关的外部设备，都应按易于与工业控制系统连成一个整体，易于扩充其功能的原则而设计。"

第二节　PLC 的特点及应用

一、PLC 的特点

PLC 是综合继电器、接触器控制的优点及计算机灵活、方便的优点而设计、制造和发展的，从而使 PLC 具有许多其他控制器所无法相比的特点。

（一）可靠性高、抗干扰能力强

由 PLC 的定义可知，PLC 是专门为工业环境下应用而设计的，因此人们在设计 PLC 时，从硬件和软件上都采取了抗干扰的措施，提高了其可靠性。

1. 硬件措施

（1）屏蔽：对 PLC 的电源变压器、内部 CPU、编程器等主要部件采用导电、导磁良好的材料进行屏蔽，以防外界的电磁干扰。

（2）滤波：对 PLC 的输入输出线路采用了多种形式的滤波，以消除或抑制高频干扰。

（3）隔离：在 PLC 内部的微处理器和输入输出电路之间，采用了光电隔离措施，有效地隔离了输入输出间电的联系，减少了故障和误动作。

（4）采用模块式结构：这种结构有助于在故障情况下短时修复。因为一旦查出某一模块出现故障，就能迅速更换，使系统恢复正常工作。

2. 软件措施

（1）故障检测：设计了故障检测软件，定期地检测外界环境，如掉电、欠电压、强干扰信号等，以便及时进行处理。

（2）信息保护和恢复：信息保护和恢复软件使 PLC 在偶发性故障条件出现时，将 PLC 内部信息进行保护，不遭破坏。一旦故障条件消失，恢复原来的信息，使之正常工作。

（3）设置了警戒时钟 WDT：如果 PLC 程序每次循环执行时间超过了 WDT 规定的时间，预示程序进入死循环，立即报警。

（4）对程序进行检查和检验：一旦程序有错，立即报警，并停止执行。

由于采取了以上抗干扰的措施，一般 PLC 的平均无故障时间可达几万小时以上。

（二）通用性强、使用方便

PLC 产品已系列化和模块化，PLC 的开发制造商为用户提供了品种齐全的 I/O 模块和配套部件。用户在进行控制系统的设计时，不需要自己设计和制作硬件装置，只需根据控制要求进行模块的配置。用户所做的工作只是设计满足控制对象控制要求的应用程序。对于一个控制系统，当控制要求改变时，只需修改程序，就能变更控制功能。

（三）采用模块化结构，系统组合灵活方便

PLC 的各个部件，均采用模块化设计，各模块之间可由机架和电缆连接。系统的功能和规模可根据用户的实际需求自行组合，使系统的性能价格更容易趋于合理。

（四）编程语言简单、易学，便于掌握

PLC 是由继电器、接触器控制系统发展而来的一种新型的工业自动化控制装置，其主要的使用对象是广大的电气技术人员。PLC 的开发制造商为了便于工程技术人员方便学习和掌握 PLC 的编程，采取了与继电器、接触器控制原理相似的梯形图语言，从而使之易学、易懂。

（五）系统设计周期短

由于系统硬件的设计任务仅仅是根据对象的控制要求配置适当的模块，而不要去设计具体的接口电路，这样大大缩短了整个设计所花费的时间，加快了整个工程的进度。

（六）对生产工艺改变适应性强

PLC 的核心部件是微处理器，它实质上是一种工业控制计算机，其控制功能是通过软件编程来实现的。当生产工艺发生变化时，不必改变 PLC 硬件设备，只需改变 PLC 中的程序，这对现代化的小批量、多品种产品的生产尤其适合。

（七）安装简单、调试方便、维护工作量小

PLC 控制系统的安装接线工作量比继电器、接触器控制系统少得多，只需将现场的各种设备与 PLC 相应的 I/O 端相连。PLC 软件设计和调试大多可在实验室里进行，用模拟实验开关代替输入信号，其输出状态可以观察 PLC 上相应的发光二极管，也可以另接输出模拟实验板。模拟调试好后，再将 PLC 控制系统安装到现场，进行联机调试，这样既省时间又很方便。由于 PLC 本身的可靠性高，又有完善的自诊断能力，一旦发生故障，可以根据报警信息，迅速查明原因。如果是 PLC 本身发生故障，则可用更换模块的方法排除故障。这样提高了维护的工作效率，保证了生产的正常进行。

二、PLC 的应用

PLC 是以微处理器为核心，综合了计算机技术、自动控制技术和通信技术发展起来的一种通用的工业自动控制装置，它具有可靠性高、体积小、功能强、程序设计简单、通用灵活、维护方便等一系列的优点，因而在电力、机械、冶金、能源、化工、交通等领域中有着广泛的应用，已成为现代工业控制的三大支柱（PLC、机器人和 CAD/CAM）之一。根据 PLC 的特点，可以将其应用形式归纳为以下几种类型。

（一）开关量逻辑控制

PLC 具有强大的逻辑运算能力，可以实现各种简单和复杂的逻辑控制。这是 PLC 的最基本最广泛的应用领域，它取代了传统的继电器、接触器的控制。

（二）模拟量控制

PLC 中配置有 A/D 和 D/A 转换模块。其中，A/D 模块能将现场的温度、压力、流量、速度等模拟量经过 A/D 转换变为数字量，再经 PLC 中的微处理器进行处理（微处理器处理的是数字量）去进行控制或者经 D/A 模块转换后，变成模拟量去控制被控对象，这样就可实现 PLC 对模拟量的控制。

（三）过程控制

现代大中型的 PLC 一般都配备了 PID 控制模块，可进行闭环过程控制。当控制过程中某一个变量出现偏差时，PLC 能按照 PID 算法计算出正确的输出去控制生产过程，把变量计算保持在整定值上。目前，许多小型 PLC 也具有 PID 功能。

（四）定时和计数控制

PLC 具有很强的定时和计数功能，它可以为用户提供几十甚至上百个、上千个定时器和计数器。其计时的时间和计数值可以由用户在编写用户程序时任意设定，也可以由操作人员在工业现场通过编程器进行设定，实现定时和计数的控制。如果用户需要对频率较高的信号进行计数，则可以选择高速计数模块。

（五）顺序控制

在工业控制中，可采用 PLC 步进指令编程或用移位寄存器编程来实现顺序控制。

（六）数据处理

现代的 PLC 不仅能进行算术运算、数据传送、排序、查表等，而且还能进行数据比较、数据转换、数据通信、数据显示和打印等，它具有很强的数据处理能力。

（七）通信和联网

现代 PLC 一般都有通信功能，它可以对远程 I/O 进行控制，又能实现 PLC 与 PLC，PLC 与计算机之间的通信，因此使用 PLC 可以方便地进行分布式控制。

三、PLC 的发展趋势

为了适应市场的各方面的需求，各生产厂对 PLC 不断进行改进，推出功能更强、结构更完善的新产品。这些新产品总体发展趋势一方面是向超小型、专用化和低价格的方向发展，以进行单机控制；另一方面是向大型、高速、多功能和分布式全自动网络化方向发展，以适应现代化的大型工厂、企业自动化的需要。

随着 PLC 技术的推广和应用，PLC 将进一步向以下几个方向发展。

（一）系列化、模板化

每个生产 PLC 的厂家几乎都有自己的系列化产品，同一系列的产品指令向上兼容，扩展设备容量，以满足新机型的推广和使用。要形成自己的系列化产品，以便与其他 PLC 生产厂家竞争，就必然要开发各种模块，使系统的构成更加灵活、方便。一般的 PLC 可分为主模块、扩展模块、I/O 模块以及各种智能模块等，每种模块的体积都较小，相互连接方便，使用更简单，通用性更强。

（二）小型机功能强化

从可编程序控制器出现以来，小型机的发展速度大大高于中、大型 PLC。随着微电子技术的进一步发展，PLC 的结构必将更为紧凑，体积更小，而安装和使用更方便。有的小型机只有手掌大小，很容易用其制成机电一体化产品。有的小型机的 I/O 可以以点为单位由用户配置、更换或维修。很多小型机不仅有开关量 I/O，而且还有模拟量 I/O、高速计数器、PWM 输出等。一般都有通信功能，可联网运行。

（三）中、大型机高速度、高功能、大容量

随着自动化水平的不断提高，对中、大型机处理数据的速度要求也越来越高，在三菱公司 Q、An、A 系列的 32 位微处理器中，在一块芯片上实现了 PLC 的全部功能，它将扫描时间缩短为每条基本指令 $0.15\mu s$。OMRON 公司的 CV 系列，每条基本指令的扫描时间为 $0.125\mu s$，而 SIEMENS 公司的 TI555 采用了多微处理器，每条基本指令的扫描时间为 $0.068\mu s$。

在存储器的容量上，OMRON 公司的 CV 系列 PLC 的用户存储器容量为 64KB，数据存储器容量为 24KB，文件存储器容量为 1MB。

所谓高功能是指具有函数运算和浮点运算，数据处理和文字处理，队列、矩阵运算，PID 运算及超前、滞后补偿，多段斜坡曲线生成，处方、配方、批处理，菜单组合的报警模板，故障搜索、自诊断等功能。

美国 A-B 公司的 Controlview 软件，支持 Windows NT，能以彩色图形动态模拟工厂的运行情况，允许用户用 C 语言开发程序。

（四）低成本

随着新型器件的不断涌现，主要部件成本的不断下降，在大幅度提高 PLC 功能的同时，也大幅度降低了 PLC 的成本。同时，价格的不断降低，也使 PLC 真正成为继电器的替代物。

（五）多功能

PLC 的功能进一步加强，以适应各种控制需要。同时，计算、处理功能的进一步完善，使 PLC 可以代替计算机进行管理、监控。智能 I/O 组件也将进一步发展，用来完成各种专门的任务，如位置控制、温度控制、中断控制、PID 调节、远程通信、音响输出等。

习　题　及　思　考　题

1-1　可编程序控制器是如何产生的？

1-2　可编程序控制器的定义是什么？

1-3　简述 PLC 的发展史。

1-4　PLC 有哪些特点？

1-5　PLC 今后的发展方向是什么？

第二章　PLC 的基本组成及工作原理

第一节　PLC 的基本组成

可编程序控制器（简称可编程控制器）的结构多种多样，但其组成的一般原理基本相同，都是以微处理器为核心的结构，其功能的实现不仅基于硬件的作用，更要靠软件的支持，实际上可编程控制器就是一种新型的工业控制计算机。

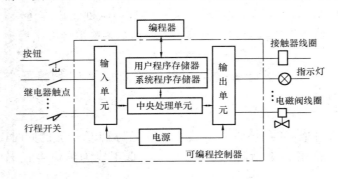

图 2-1　PLC 内部结构框图

一、PLC 的硬件结构

可编程控制器主要由中央处理单元（CPU）、存储器（RAM、ROM）、输入输出单元（I/O）、电源和编程器等几部分组成，其结构框图如图 2-1 所示。

（一）中央处理单元（CPU）

可编程控制器中常用的 CPU 主要采用通用微处理器、单片机和双极型位片式微处理器三种类型。通用微处理器有 8080、8086、80286、80386 等，单片机有 8031、8096 等，位片式微处理器有 AM2900、AM2901、AM2903 等。可编程控制器的档次越高，CPU 的位数也越多，运算速度也越快，功能指令也越强，FX_2 系列可编程控制器使用的微处理器是 16 位的 8096 单片机。

（二）存储器

可编程控制器配有两种存储器：系统程序存储器和用户存储器。系统程序存储器存放系统管理程序。用户程序存储器存放用户编制的控制程序。小型可编程控制器的存储器容量一般在 8KB 以下。

常用的存储器有 CMOS RAM 和 EPROM、EEPROM。CMOS RAM 是一种可进行读写操作的随机存储器，存放用户程序，生成用户数据区，存放在 RAM 中的用户程序可方便地修改。CMOS RAM 存储器是一种高密度、低功耗、价格便宜的半导体存储器，可用锂电池作备用电源，停电时，可以有效地保持存储的信息。锂电池的寿命一般为 5～10 年，若经常带负载可维持 2～5 年。EPROM、EEPOM 都是只读存储器，通常用这些类型存储器固化系统管理程序和用户程序。EEPROM 存储器又可写成 E^2PROM，它是一种电可擦除、可编程的只读存储器，既可按字节进行擦除，又有可整片擦除的功能。

（三）输入接口电路

实际生产过程中的信号电平是多种多样的，外部执行机构所需的电平也是千差万别的，而可编程控制器的 CPU 所处理的信号只能是标准电平，正是通过输入输出单元实现了这些信号电平的转换。I/O 单元实际上是 PLC 与被控对象间传递输入输出信号的接口部件。I/O 单元有良好的电隔离和滤波作用。连接到 PLC 输入接口的输入器件是各种开关、按钮、传感器等。PLC 的各种输出控制器件通常是电磁阀、接触器、继电器，而继电器、接触器有交流型和直流型、高电压型和低电压型、电压型和电流型之分。

各种 PLC 的输入电路大都相同，通常有三种类型。一种是直流 12～24V 输入，另一种是交流 100～120、200～240V 输入，第三种是交直流输入。外界输入器件可以是无源触点或者有源传感器的集电极开路的晶体管，这些外部输入器件是通过 PLC 输入端子与 PLC 相连的。

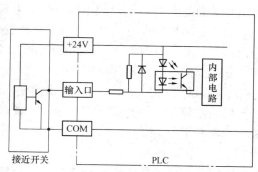

图 2-2　直流输入接口电路

PLC 输入电路中有光耦合器隔离，并设有 RC 滤波器，用以消除输入触点的抖动和外部噪声干扰。当输入开关闭合时，一次电路中流过电流，输入指示灯亮，光耦合器被激励，三极管由截止状态变成饱和导通状态，这是一个数据输入过程。

图 2-2 所示为一直流输入接口电路图。表 2-1 为 FX 系列 PLC 输入接口电路技术指标。

表 2-1　　　　　　　　　　**FX 系列 PLC 输入接口电路技术指标**

项　目	DC 输入		AC 输入
品　种	FX_0，FX_{0N}，FX_2，FX_{2C}	FX_{0N}，FX_{2C}（X10 以内）	FX_2
输入信号电压	DC24V±10%		AC100～120V±10%、50/60Hz
输入信号电流	7mA/DC24V	5mA/DC24V	6.2mA/AC110V、60Hz
输入 ON 电流	4.5mA 以上	3.5mA 以上	3.8mA 以上
输入 OFF 电流	1.5mA 以下	1mA 以下	1.7mA 以下
输入响应时间	约 10ms，但 FX_0 的 X0～X17 和 FX_{0N} 的 X0～X7，0～15ms 可变		约 30ms 不可高速输入
输入信号形式	无电压接点或 NPN 集电极开路输出晶体管		AC 电压
电路隔离	电路隔离、光耦合隔离（FX_0、FX_{0N}）		
输入动作显示	输入 ON 时，LED 灯亮		

（四）输出接口电路

PLC 的输出有三种形式，即继电器输出、晶体管输出、晶闸管输出。图 2-3 给出了 PLC 的输出接口电路。

继电器输出型［见图 2-3（a）］最常用。当 PLC 内部 CPU 有输出时，接通或断开输出

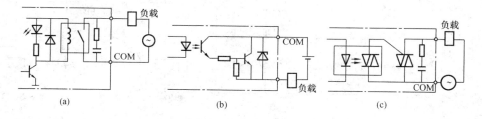

图 2-3　PLC 的输出接口电路

（a）继电器输出；（b）晶体管输出；（c）晶闸管输出

电路中继电器的线圈，继电器的触点闭合或断开，通过该触点控制外部负载电路的通断，它既可以带直流负载，也可以带交流负载。很显然，继电器输出是利用了继电器的触点将PLC的内部电路与外部负载电路进行了电气隔离。

晶体管输出型〔见图2-3（b）〕是通过光耦合使晶体管截止或饱和以控制外部负载电路的通和断，并同时对PLC内部电路和输出晶体管电路进行了电气隔离，它只能接直流负载。

双向晶闸管输出型〔见图2-3（c）〕，采用了光触发型双向晶闸管，使PLC内部电路和外部电路进行了电气隔离，这种晶闸管输出型电路只能接交流负载。

输出电路的负载电源由外部提供。负载电流一般不超过2A。实际应用中，输出电流额定值与负载性质有关。具体性能指标见表2-2列出的FX系列PLC输出接口电路技术指标。

输出端有两种接法，一种输出是各自独立的（无公共点），即单独型；另一种为每4～8个输出端构成一组，共有一个公共点，即集合型，如图2-4所示。在共用一个公共端子范围时，必须用同一电压类型和同一电压等级，但不同的公共点组可使用不同电压类型和等级（例如AC 220、110V，DC 24V等）的负载，如图2-5所示。各输出公共点之间是相互隔离的。输出取何种形式是由制造者决定的，在FX_2系列PLC中，FX_2-16M型为全部输出端为单独型，其他机种的输出均为每4～8点共有一个公共点，各公共端的编号为COM0、COM1、COM2、COM3…。

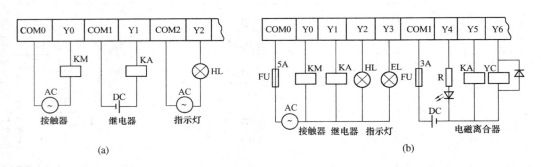

图 2-4　输出公共端布置示意图

（a）输出端单独型；（b）输出端集合型

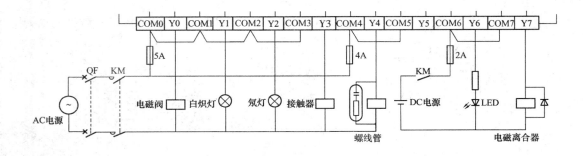

图 2-5　不同负载连接电路图

表 2-2 　　　　　　　　　　　　　　**FX 系列 PLC 输出接口电路技术指标**

项　目		继电器输出	SSR 输出	晶体管输出
回路构成				
外部电源		AC 250V，DC 30V 以下	AC85～242V	DC 5～30V
最大负载	电阻负载（A/点）	2/1	0.3/1 0.8/4	0.5/1 0.8/4
	感生负载	80VA	15VA/AC 100V 30VA/AC 240V	12W/DC 24V
	灯负载	100W	30W	1.5W/DC 24V
开路漏电流		—	1mA/AC 100V 2.4mA/AC 240V	0.1mA/DC 30V
最小负载		*	0.4VA/AC 100V 2.3VA /AC 240V	
响应时间（ms）	OFF→ON	约 10	1 以下	0.2 以下
	ON→OFF	约 10	最大 10	0.2 以下 **
回路隔离		继电器隔离	光电晶闸管隔离	光电耦合器隔离
动作显示		继电器通电时 LED 灯亮	光电晶闸管驱动时 LED 灯亮	光电耦合器驱动时 LED 灯亮

* 当外接电源电压不大于 24V 时，尽量保持 5mA 以上的电流。

** 响应时间 0.2ms 是在条件为 24V、200mA 时，实际所需时间为电路切断负载电流到电流为 0 的时间，可用并接续流二极管的方法改善响应时间。如果希望响应时间短于 0.5ms，应保证电源为 24V、60mA。

　　通常 PLC 开发商为用户提供多种用途的 I/O 单元。从输入信号上有开关量和模拟量；从电压上有直流和交流；从速度上有低速和高速；从距离上有本地和远程等。而且 I/O 的点数极其灵活。

　　特别说明一点，输出接口负载电路中的继电器为实物继电器，它和后面章节中讲述的软继电器是有本质区别的。

（五）电源

　　PLC 的供电电源是一般市电，也有用直流 24V 供电的。PLC 对电源稳定度要求不高，一般允许电源电压额定值在＋10%～－15%的范围内波动。PLC 内有一个稳定电源用于 PLC 的 CPU 单元和 I/O 单元供电，小型 PLC 电源往往和 CPU 单元合为一体，中大型 PLC 都有专门电源单元。有些 PLC 电源部分还有 24VDC 输出，用于对外部传感器供电，但电流往往是毫安级。表 2-3 为部分 FX 系列 PLC 电源技术指标。

表 2-3 　　　　　　　　　　　**部分 FX 系列 PLC 电源技术指标**

品　种 ＼ 项　目		电源电压	允许瞬时断电时间	电源熔断器	消耗功率（VA）	传感器电源**
AC 电源 FX0 基本	FX0-14M	AC100～240V ＋10％ －15％ 50/60Hz	瞬时断电时间在 10ms 继续工作	250V、3A 5φ×20mm	20	DC24V 100mA 以下
	FX0-20M				25	
	FX0-30M				30	
AC 电源 FX0N 基本，扩展	FX0N-40M				50	DC24V 200mA 以下
	FX0N-60M				60	
	FX0N-40E				40	
AC 电源 FX2 基本* FX2 扩展*	FX2-16M				30	DC24 250mA 以下
	FX2-24M				35	
	FX2-32M、FX-32E				40	
	FX2-48M、FX-48E			250V、5A 5φ×20mm	50	DC24V 460mA 以下
	FX2-64M				60	
	FX2-80M				70	
	FX2-128M				100	
AC 电源 FX2C 基本	FX2C-64MT、96MT				80	DC24V 570mA 以下
	FX2C-128MT、160MT				120	
DC 电源 FX0 基本	FX0-14MR(T)-D	DC24V＋10％ －15％	瞬时断电时间在 5ms 继续工作	250V、3A 5φ×20mm	10W	—
	FX0-20MR(T)-D				15W	
	FX0-30MR(T)-D				20W	
DC 电源 FX2 基本 FX2 扩展	FX2-24MR-D	DC24V±8V		250V、5A 5φ×20mm	30W	—
	FX2-48MR(T)-D				50W	
	FX-48 ER-D					
	FX2-64MR-D				50W	
	FX2-80MR-D、80MT-D				50W	

　　＊ AC 输入型，内不附传感器电源；

　　＊＊ 为无扩展模块时的最大输出容量。

（六）编程器

　　编程器是 PLC 的最重要外围设备。利用编程器将用户程序送入 PLC 的存储器，还可以用编程器检查程序、修改程序；利用编程器还可以监视 PLC 的工作状态。编程器一般分简易型和智能型。小型 PLC 常用简易型编程器，大中型 PLC 多用智能型 CRT 编程器。

　　上面所述都是可编程控制器本体上的电路，对于正常使用来说，通常不需编程器。因此，编程器设计为独立的部件。编程器的层次很多，性能、价格都相差很悬殊，最简单的编程器不足千元，最贵的可以到 10 多万元。

　　最简单的编程器至少包括一个键盘，一些数码字符显示器。这里的键盘不是单板机上的那种键盘，而是直接表示可编程控制器指令系统的键盘，因而使用很方便，其显示部分包括三部分即序号、指令码和元件号（在讲指令系统时详述）。它具有输入编辑、检索程序的功能，同时还具有系统监控的功能，有些还设有存储转接插口用于将可编程控制器中的程序转储到诸如盒带、软盘等存储介质中去。

这种编程器的缺点就是无法以梯形图图形的方式输入并编辑程序和监控运行。因此，层次稍高的编程器上就设置了一小块液晶显示器，用于图形编辑、监控。这种编程器对于习惯于使用梯形图的人员来说，无疑方便了许多。

为了进一步完善功能，近来发展了不少功能极强的专用图形编程器。这种编程器就像一台便携式计算机，本身带有 CRT、软盘驱动器，还有许多接口（如打印机接口、串行接口等），程序编辑功能也极强。它还可以作为工作站使用，即把它挂在可编程控制器网络上，对各站进行监控、管理、调试等工作。

随着个人计算机的日益普及，编程器的一个最新发展趋势就是使用专用的编程软件，在个人计算机上实现图形编程器的功能（例如 IBM PC 及其兼容机）。这种编程手段的一个最大特点就是可以充分利用个人机的资源（如硬盘、打印及各种接口），大大降低编程器的成本。三菱的 FXGPWIN 编程软件就是一个很好的例子。

二、PLC 的软件结构

仅有硬件是不能构成可编程控制器的，没有软件的计算机什么事情也干不成。在可编程控制器中，软件分为两大部分：

第一部分为系统监控程序。它是每一个可编程控制器成品必须包括的部分，是由可编程控制器的制造者编制的，用于控制可编程控制器本身的运行。

另一部分为用户程序。它是由可编程控制器的使用者编制的，用于控制被控装置的运行。

（一）监控程序

系统监控程序分成以下几个部分：

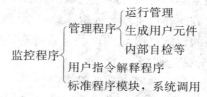

系统管理程序是监控程序中最重要的部分，整个可编程控制器的运行都由它主管。管理程序又分为三部分：

第一部分是运行管理，控制可编程控制器何时输入、何时输出、何时运算、何时自检、何时通信等，进行时间上的分配管理。

第二部分进行存储空间的管理，即生成用户元件，由它规定各种参数、程序的存放地址，将用户使用的数据参数存储地址转化为实际的数据格式及物理存放地址。它将有限的资源变为用户可直接使用的很方便的元件。例如，它将有限个数的 CTC 扩展为几十上百个用户时钟和计数器。通过这部分程序，用户看到的就不是实际机器存储地址和 PIO、CTC 的地址了，而是按照用户数据结构排列的元件空间和程序存储空间了。

第三部分是内部自检程序。它包括各种系统出错检验、用户程序语法检验、句法检验、警戒时钟运行等。

在系统管理程序的控制下，整个可编程控制器就能按部就班地正确工作了。

监控程序的第二部分为用户指令解释程序。

我们知道，任何计算机最终都是根据机器语言来执行的，而机器语言的编制又是很麻烦的。为此，在可编程控制器中采用梯形图语言编程，再通过用户指令解释程序，将人们易懂的梯形图程序变为机器能懂的机器语言程序。

监控程序的第三部分就是标准程序模块和系统调用。这部分是由许多独立的程序块组成的，各自能完成不同的功能，有些完成输入、输出，有些完成特殊运算等。可编程控制器的各种具体工作都是由这部分程序来完成的，这部分程序的多少，就决定了可编程控制器性能的强弱。

整个系统监控程序是一个整体，它质量的好坏很大程度上影响了可编程控制器的性能。因为通过改进系统监控程序就可在不增加任何硬设备的条件下大大改善可编程控制器的性能，因此国外可编程控制器厂对监控程序的编制非常重视，实际售出的产品中，其监控程序一直在不断地完善。

（二）用户程序

用户程序是可编程控制器的使用者所编制针对控制问题的程序。它是用梯形图或某种可编程控制器指令的助记符编制而成的，可以是梯形图、指令表、高级语言、汇编语言等，其助记符形式随可编程控制器型号的不同而略有不同。用户程序是线性地存储在监控程序指定的存储区间内的，它的最大容量也是由监控程序限制了的。

三、PLC 的外形结构

可编程控制器为了便于装入工业现场，便于扩展，便于接线，其外形结构与计算机有很大的不同，通常可编程控制器的结构分为单元式和模块式。但近来有将这两种形式结合起来构成叠装式的趋势。

（一）单元式结构

单元式结构的特点是结构紧凑，将所有的电路集中在一个模块内，构成一个整体。它体积小、质量轻、成本低、安装方便，可直接装入机床或其他设备的电控柜中。为了达到输入输出点数灵活配置且易于扩展的目的，PLC 的产品通常都有不同点数的基本单元（M）、扩展单元（E）和扩展模块三部分搭配使用。

基本单元（M）：内有 CPU 与存储器，为必用装置。

扩展单元（E）：要增加 I/O 点数时使用的装置，内无 CPU。

扩展模块可利用扩展模块，以 8 为单位增加输入/输出点数，也可只增加输入数或只增加输出数，因而使输入/输出的点数比率改变。

扩展模块与扩展单元不同，它内部无电源，需由基本单元或扩展单元供给电源，其端子排也非可卸式而是固定式。

现在可编程控制器还有许多专用的特殊功能单元。小型可编程控制器可配置各种特殊功能单元，是三菱公司 FX 系列产品的一大特色。这些单元有模拟量 I/O 单元、高速计数单元、位置控制单元、凸轮控制单元、数据输入输出单元等。大多数单元都是通过主单元的扩展口与可编程控制器主机相连接（例如，模拟量单元）；有部分特殊功能单元，通过可编程控制器的编程器接口连接；还有的通过主机上并接的适配器接入，不影响原系统的扩展。这在讲到这些特殊单元时再详述。

值得注意的是，小型可编程控制器结构的最新发展也开始吸收模块式结构的特点。各种不同点数的可编程控制器都做成同宽同高不同长度的模块，这样几个模块拼装起来后就成了一个整齐的长方体结构。三菱的 FX 系列 PLC 就是采用这种结构。

（二）模块式结构

模块式可编程控制器采用搭积木的方式组成系统，在一块基板上插上 CPU、电源、I/O 模块及特殊功能模块，构成一个总 I/O 点数很多的大规模综合控制系统。

这种结构形式的特点是 CPU 为独立的模块，输入、输出也是独立模块，配置很灵活，可以根据不同的系统规模选用不同档次的 CPU 及各种 I/O 模块、功能模块。其模块尺寸统一、安装整齐，对于 I/O 点数很多的系统选型，安装调试、扩展、维修等都非常方便。目前大型系统多采用这种形式。这种结构形式的可编程控制器除了各种模块以外，还需要用基板（主基板、扩展基板）将各模块连接成整体；有多块基板时，则还要用电缆将各基板连在一起。

（三）叠装式结构

以上两种结构各有特色。前者结构紧凑、安装方便、体积小巧，易于与机床、电控相连成一体，由于其点数有搭配关系，加之各单元尺寸大小不一致，因此不易安装整齐。后者点数配置灵活，又易于构成较多点数的大型系统，但尺寸较大，难以与小型设备相连。为此，三菱公司开发出叠装式结构也是各种单元、CPU 自成独立的模块，但安装不用基板，仅用电缆进行单元间连接，且各单元可以一层层地叠装。这样，既达到了配置灵活的目的，又可以做得体积小巧。

第二节　PLC 的工作原理

PLC 采用循环扫描的工作方式，其扫描过程如图 2-6 所示。

这个工作过程分为内部处理、通信操作、输入处理、程序执行、输出处理几个阶段。全过程扫描一次所需的时间称为扫描周期。内部处理阶段，PLC 检查 CPU 模块的硬件是否正常，复位监视定时器等。在通信操作服务阶段，PLC 与一些智能模块通信、响应编程器键入的命令，更新编程器的显示内容等，当 PLC 处于停（STOP）状态时，只进行内部处理和通信操作服务等内容。在 PLC 处于运行（RUN）状态时，从内部处理、通信操作、程序输入、程序执行、程序输出，一直循环扫描工作。

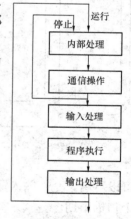

图 2-6　扫描过程

一、输入处理

输入处理也叫输入采样。在此阶段，顺序读入所有输入端子的通断状态，并将读入的信息存入内存中所对应的映像寄存器。在此输入映像寄存器被刷新。接着进入程序执行阶段。在程序执行时，输入映像寄存器与外界隔离，即使输入信号发生变化，其映像寄存器的内容也不会发生变化，只有在下一个扫描周期的输入处理阶段才能被读入信息。

二、程序执行

根据 PLC 梯形图程序扫描原则，按先左后右、先上后下的步序，逐句扫描，执行程序。但若遇到程序跳转指令，则根据跳转条件是否满足来决定程序的跳转地址。若用户程序涉及输入输出状态时，PLC 从输入映像寄存器中读出上一阶段采入的对应输入端子状态，从输出映像寄存器读出对应映像寄存器的当前状态。根据用户程序进行逻辑运算，运算结果再存

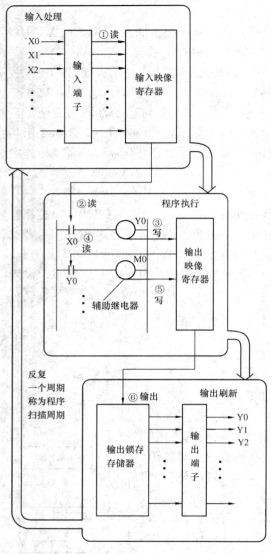

图 2-7 PLC扫描工作过程

入有关器件寄存器中。对每个器件而言，器件映像寄存器中所寄存的内容，会随着程序执行过程而变化。

三、输出刷新

程序执行完毕后，将输出映像寄存器，即元件映像寄存器中的 Y 寄存器的状态，在输出刷新阶段转存到输出锁存器，通过隔离电路，驱动功率放大电路，使输出端子向外界输出控制信号，驱动外部负载。

PLC 的输入采样处理、程序执行和输出刷新处理及工作方式如图 2-7 所示。PLC 的扫描既可按固定的顺序进行，也可按用户程序所指定的可变顺序进行。这不仅因为有的程序不需每扫描一次就执行一次，而且也因为在一些大系统中需要处理的 I/O 点数多，通过安排不同的组织模块，采用分时分排扫描的执行方法，可缩短循环扫描的周期和提高控制的实时响应性。

循环扫描的工作方式是 PLC 的一大特点，也可以说 PLC 是"串行"工作的，这和传统的继电器控制系统"并行"工作有质的区别。PLC 的串行工作方式避免了继电器、接触器控制系统中触点竞争和时序失配的问题。

由于 PLC 是扫描工作过程，在程序执行阶段即使输入发生了变化，输入状态映像寄存器的内容也不会变化，要等到下一周期的输入处理阶段才能改变。暂存在输出映像寄存器中的输出信号，等到一个循环周期结束，CPU 集中将这些输出信号全部输送给输出锁存器。由此可以看出，全部输入输出状态的改变，需要一个扫描周期。换言之，输入输出的状态保持一个扫描周期。

扫描周期是 PLC 一个很重要的指标，小型 PLC 的扫描周期一般为十几毫秒到几十毫秒。PLC 的扫描时间取决于扫描速度和用户程序长短。毫秒级的扫描时间对于一般工业设备通常是可以接受的，PLC 的响应滞后是允许的。但是对某些 I/O 快速响应的设备，则应采取相应的处理措施。如选用高速 CPU，提高扫描速度，采用快速响应模块、高速计数模块以及不同的中断处理等措施减少滞后时间。影响 I/O 滞后的主要原因有输入滤波器的惯性、输出继电器触点的惯性、程序执行的时间、程序设计不当的附加影响等。对用户说，选择了一个 PLC，合理的编制程序是缩短响应时间的关键。

第三节　PLC 的 编 程 语 言

　　PLC 是一种工业控制计算机，不光有硬件，软件也必不可少。一提到软件就必然和编程语言相联系。不同厂家，甚至不同型号的 PLC 的编程语言只能适应自己的产品。目前 PLC 常用的编程语言有梯形图编程语言、指令语句表编程语言、功能图编程语言、高级编程功能语言四种。

　　梯形图编程语言形象直观，类似电气控制系统中继电器控制电路图，逻辑关系明显；指令语句表编程语言虽然不如梯形图编程语言直观，但有键入方便的优点；功能图编程语言和高级编程语言需要比较多的硬件设备。

一、梯形图

　　梯形图编程语言习惯上称为梯形图。梯形图沿袭了继电器控制电路的形式，也可以说，梯形图编程语言是在电气控制系统中常用的继电器、接触器逻辑控制基础上简化了符号演变而来的，形象、直观、实用，电气技术人员容易接受，是目前用得最多的一种 PLC 编程语言。

　　继电器、接触器电气控制电路图和 PLC 梯形图如图 2-8 所示。由图可见，两种控制电路图逻辑含义是一样的，但具体表达方法却有本质区别。PLC 梯形图中的继电器、定时器、计数器不是物理继电器、物理定时器、物理计数器，这些器件实际上是存储器中的存储位，因此称为软元件。相应位为"1"状态，表示继电器线圈通电或动合触点闭合或动断触点断开。

　　PLC 的梯形图是形象化的编程语言，梯形图左右两边的母线是不接任何电源的。梯形图中并没有真实的物理电流流动，而仅仅是概念电流（虚电流），或称为假想电流。把 PLC 梯形图中左边母线假想为电源相线，而把右边母线假想为电源地线。假想电流只能从左向右流动，层次改变只能先上后下。假想电流是执行用户程序时满足输出执行条件的形象理解。

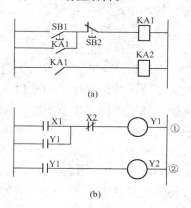

图 2-8　两种控制图
（a）电气控制电路图；（b）PLC 梯形图

　　PLC 梯形图中每个网络由多个梯形级构成，每个梯级由一个或多个支路组成，并由一个输出元件构成，但右边的元件必须是输出元件。例如图 2-8（b）中梯级图由两个梯级组成，梯级①、②中有 4 个编程元件（X1、X2、Y1 和 Y2），最右边的 Y1、Y2 是输出元件。

　　梯形图中每个编程元件应按一定的规则加标字母数字串，不同编程元件常用不同的字母符号和一定的数字串来表示，不同厂家的 PLC 使用的符号和数字串往往是不一样的。

二、指令表

　　这种编程语言是一种与计算机汇编语言相类似的助记符编程方式，用一系列操作指令组成的语句表将控制流程描述出来，并通过编程器送到 PLC 中去。需要指出的是，不同厂家的 PLC 指令语句表使用的助记符并不相同，因此，一个相同功能的梯形图，书写的语句表并不相同。表 2-4 是三菱公司 FX 系列 PLC 指令语句完成图 2-8（b）功能编写的程序。

表 2-4　　　　　　　　　　　　　三菱公司 FX 系列 PLC 指令语句表

步序	操作码（助记符）	操作数（参数）	说　　　　明
1	LD	X1	逻辑行开始，输入 X1 动合触点
2	OR	Y1	并联 Y1 的自保触点
3	ANI	X2	串联 X2 的动断触点
4	OUT	Y1	输出 Y1 逻辑行结束
5	LD	Y1	输入 Y1 动合触点逻辑行开始
6	OUT	Y2	输出 Y2 逻辑行结束

　　指令语句表是由若干条语句组成的程序，语句是程序的最小独立单元。每个操作功能由一条或几条语句来执行。PLC 的语句表达形式与微机的语句表达式相类似，也是由操作码和操作数两部分组成。操作码用助记符表示（如 LD 表示取、OR 表示或等），用来说明要执行的功能，告诉 CPU 该进行什么操作。例如逻辑运算的与、或、非；算术运算的加、减、乘、除；时间或条件控制中的计时、计数、移位等功能。

　　操作数一般由标识符和参数组成。标识符表示操作数的类别，例如表明是输入继电器、输出继电器、定时器、计数器、数据寄存器等。参数表明操作数的地址或一个预先设定值。

三、顺序功能图

　　用梯形图或指令表方式编程固然广为电气技术人员接受，但对于一个复杂的控制系统，尤其是顺序控制程序，由于内部的连锁、互动关系极其复杂，其梯形图往往长达数百行，通常要由熟练的电气工程师才能编制出这样的程序。另外，如果在梯形图上不加上注释，则这种梯形图的可读性也会大大降低。

　　近年来，许多新生产的 PLC 在梯形图语言之外加上了采用 IEC 标准的 SFC （Sequential Function Chart）语言，用于编制复杂的顺控程序。利用这种先进的编程方法，初学者也很容易编出复杂的顺控程序，即便是熟练的电气工程师用这种方法后也能大大提高工作效率。另外这种方法也为调试、试运行带来许多难以言传的方便。

四、状态转移图

　　顺序功能图 SFC 用于编制复杂的顺控程序。FX 系列 PLC 在基本指令系统之外，还增加了两条步进顺控指令 STL 和 RET，同时在 PLC 内设置大量的状态继电器。状态继电器与步进顺控指令在 PLC 监控程序的平台上，构筑起类似于顺序功能图的状态转移图编程方式，使复杂的顺控系统编程又进一步得到了简化。状态转移图将在第五章详细介绍。

五、逻辑功能图

　　这是一种较新的编程方法，它基本上沿用了数字逻辑电路中的逻辑门和逻辑框图来表达。一般用一个运算框图表示一种功能。控制逻辑常用"与"、"或"、"非"三种逻辑功能来完成，如图 2-9 所示。目前国际电工协会（IEC）正在实施发展这种编程标准。西门子公司生产的 PLC 采用此方法编程。

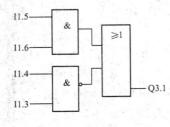

图 2-9　逻辑功能图

六、高级语言

　　近几年推出的 PLC，尤其是大型 PLC，已开始使用高级语言进行编程。有的 PLC 采用 BASIC 语言，有的 PLC 采用类似于 PASCAL 语言的专用语言。采用高级语言编程后，用户可以像使用 PC 机一样操作 PLC。在功能上除可完成逻辑运算功能外，还可以进行 PID 调节、数据采集和处理、上位机通信等。

目前各种类型的 PLC 一般都能同时使用两种或两种以上的语言，而且大多数都能同时使用梯形图和指令表。不同生产厂家和不同类型的 PLC 的梯形图、指令系统，使用方法也有差异，但编程的基本原理和方法是相同或相仿的。本教材以三菱公司的 FX 系列 PLC 为样机，重点介绍其梯形图、指令表、状态转移图三种编程语言以及它们之间的相互转换。

习 题 及 思 考 题

2-1　PLC 由哪几部分组成？各有什么作用？

2-2　小型 PLC 有哪几种编程语言？

2-3　PLC 输出接口电路有哪几种输出方式？各有什么特点？

2-4　PLC 的外形有哪几种结构？各有什么特点？

2-5　简述 PLC 的工作过程。何谓 PLC 的扫描周期？

2-6　PLC 的软件结构是怎样的？

第三章　PLC 的基本性能指标和内部编程软元件

第一节　FX 系列可编程序控制器

一、概述

FX 系列可编程控制器是当前国内外最新、最具特色、最具代表性的微型 PLC。它是由日本三菱电机公司研制开发的。在 FX 系列 PLC 中，除基本的指令表编程方式外，还可采用梯形图编程及对应机械动作流程进行顺控设计的 SFC（Sequential Function Chart）顺序功能图（或称状态转移图）编程，而且这些程序可相互转换。在 FX 系列 PLC 中设置了高速计数器，对来自特定的输入继电器的高频脉冲进行中断处理，扩大了 PLC 的应用领域。其 FX$_{2N}$ PLC 还可以采用作为扩展设备的硬件计数器，可获取最高 50kHz 的高速脉冲。

FX 系列 PLC 基于"基本功能、高速处理、便于使用"的研发理念，使其具有数据传送与比较、四则运算与逻辑运算、数据循环与移动等应用指令系统。除此之外，还具有输入输出刷新、中断、高速计数器比较指令、高速脉冲输出等高速处理指令，以及在 SFC 控制方面，将机械控制的标准动作封装化的状态初始化指令等，使功能大大增强。

FX 系列 PLC 在特殊控制方面不但具备模拟量输入输出控制，而且具有定位控制及 PID 系统控制。在通信方面，能够方便地与 PC 计算机链接实现数据交换与管理。

二、FX 系列 PLC 型号的含义

FX 系列可编程控制器型号命名的基本格式为：

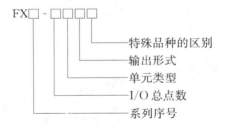

系列序号：0，0S，0N，1，2，2C，1S，2N，2NC。

I/O 总点数：14～256。

单元类型：M——基本单元；

　　　　　E——输入输出混合扩展单元及扩展模块；

　　　　　EX——输入专用扩展模块；

　　　　　EY——输出专用扩展模块。

输出形式：R——继电器输出；

　　　　　T——晶体管输出；

　　　　　S——晶闸管输出。

特殊品种区别：D——DC 电源，DC 输入；

　　　　　　　A1——AC 电源，AC 输入；

　　　　　　　H——大电流输出扩展模块（1A/1 点）；

　　　　　　　V——立式端子排的扩展模块；

　　　　　　　C——接插口输入输出方式；

　　　　　　　F——输入滤波器 1ms 的扩展模块；

　　　　　　　L——TTL 输入型扩展模块；

　　　　　　　S——独立端子（无公共端）扩展模块。

　　若特殊品种一项无符号，说明通指 AC 电源、DC 输入、横式端子排；继电器输出，2A/1 点；晶体管输出，0.5A/1 点；晶闸管输出，0.3A/1 点。

　　例如：FX_{2N}-32MRD 含义是：FX_{2N} 系列，输入输出总点数为 32 点，继电器输出、DC 电源，DC 输入的基本单元。又如 FX-4EYSH 含义是：FX 系列，输入点数 0 点，输出点数 4 点，晶闸管输出，大电流输出扩展模块。

　　FX 系列 PLC 还有一些特殊模块，如模拟量输入、输出模块，通信接口模块及外围设备等，这些模块型号含义可参考 FX 系列 PLC 产品手册。

三、FX 系列 PLC 的家族

　　FX 系列 PLC 具有庞大的家族。基本单元（主机）有 FX_0、FX_{0S}、FX_{0N}、FX_1、FX_2、FX_{2C}、FX_{1S}、FX_{2N}、FX_{2NC} 9 个系列。每个系列又有 14、16、32、48、64、80、128 点等不同输入输出点数的机型，每个系列还有继电器输出、晶体管输出、晶闸管输出三种输出形式。除此之外，还提供扩展单元与扩展模块。扩展单元与扩展模块同样具有输出形式的不同和输入、输出点数的变化。为了更宽广地适应多领域的需要，三菱公司还开发出了一些特殊输入、输出模块及通信接口。下面给出了部分 FX 系列 PLC 的型号及相关数据，见表 3-1～表 3-8。

表 3-1　　　　　　　　　　　　　　**FX₀ 基 本 单 元**

型　　号				输入点数（DC24V，点）	输出点数（R、T，点）
AC 电　源		DC 电　源			
继电器输出	晶体管输出	继电器输出	晶体管输出		
FX₀-14MR	FX₀-14MT	—	—	8	6
FX₀-20MR	FX₀-20MT	—	—	12	8
FX₀-30MR	FX₀-30MT	—	—	16	14
—	—	FX₀-14MR-D	FX₀-14MT-D	8	6
—	—	FX₀-20MR-D	FX₀-20MT-D	12	8
—	—	FX₀-30MR-D	FX₀-30MT-D	16	14

表 3-2　　　　　　　　**FX₀ₙ 系列 6 种（AC 电源，DC 输入）基本单元**

型　　号		输入点数（DC24V，点）	输出点数（R、T，点）	扩展模块可使用点数（点）
继电器输出	晶体管输出			
FX₀ₙ-24MR	FX₀ₙ-24MT	14	10	16
FX₀ₙ-40MR-001	FX₀ₙ-40MT	24	16	16
FX₀ₙ-60MR-001	FX₀ₙ-60MT	36	24	16

表 3-3　　　　　　　　FX$_2$ 系列 20 种（AC 电源，DC 输入）的基本单元

型　号			输入点数（DC24V，点）	输出点数（R、T，点）	扩展模块可使用点数（点）
继电器输出	晶闸管输出	晶体管输出			
FX$_2$-16MR	FX$_2$-16MS	FX$_2$-16MT	8	8	24～32
FX$_2$-24MR	FX$_2$-24MS	FX$_2$-24MT	12	12	
FX$_2$-32MR	FX$_2$-32MS	FX$_2$-32MT	16	16	
FX$_2$-48MR	FX$_2$-48MS	FX$_2$-48MT	24	24	48～64
FX$_2$-64MR	FX$_2$-64MS	FX$_2$-64MT	32	32	
FX$_2$-80MR	FX$_2$-80MS	FX$_2$-80MT	40	40	
FX$_2$-128MR		FX$_2$-128MT	64	64	

表 3-4　　　　　　　　FX$_2$ 系列 9 种（DC 电源，AC 输入）的基本单元

型　号			输入点数（DC24V，点）	输出点数（R、T，点）	扩展模块可使用点数（点）
AC 电源 AC100V 输入	DC 电源 DC 输入				
	继电器输出	晶体管输出			
FX$_2$-24MR-A1	FX$_2$-24MR-D	—	12	12	24～32
FX$_2$-48MR-A1	FX$_2$-48MT-D	FX$_2$-48MT-D	24	24	
FX$_2$-64MR-A1	FX$_2$-64MR-D		32	32	48～64
—	FX$_2$-80MR-D	FX$_2$-80MT-D	40	40	

表 3-5　　　　　　　　FX$_{2C}$ 系列 4 种（AC 电源，DC 输入）基本单元

晶体管输出型号	输入点数（DC24V，点）	输出点数（R、T，点）	扩展模块可使用点数（点）
FX$_{2C}$-64MT	32	32	48～64
FX$_{2C}$-96MT	48	48	48～64
FX$_{2C}$-128MT	64	64	48～64
FX$_{2C}$-160MT	80	80	48～64

表 3-6　　　　　　　　FX$_{2N}$ 系列 17 种（AC 电源，DC 输入）的基本单元

型　号			输入点数（DC24V，点）	输出点数（R、T，点）	扩展模块可使用点数（点）
继电器输出	晶体管输出	晶闸管输出			
FX$_{2N}$-16MR	FX$_{2N}$-16MT	FX$_{2N}$-16MS	8	8	24～32
FX$_{2N}$-32MR	FX$_{2N}$-32MT	FX$_{2N}$-32MS	16	16	
FX$_{2N}$-48MR	FX$_{2N}$-48MT	FX$_{2N}$-48MS	24	24	48～120
FX$_{2N}$-64MR	FX$_{2N}$-64MT	FX$_{2N}$-64MS	32	32	
FX$_{2N}$-80MR	FX$_{2N}$-80MT	FX$_{2N}$-80MS	40	40	
FX$_{2N}$-128MR	FX$_{2N}$-128MT		64	64	

表 3-7　　FX_2、FX_{2C}系列5种扩展单元

区　　别	型　　号		输入点数（点）	输出点数（点）	扩展模块可使用的点数（点）
	继电器输出	晶体管输出			
AC电源DC输入	FX-48ER	—	16	16	24～32
	FX-48ER	FX-48ET	24	24	48～64
AC电源AC输入	FX-48ER-Al	—	24	24	
DC电源DC输入	FX-48ER-D	—	24	24	

表 3-8　　FX_{0N}扩展模块系列

型　　号			输入点数	输出点数
输　　入	继电器输出	晶体管输出		
FX_{0N}-8EX	—	—	8	—
—	FX_{0N}-8EYR	FX_{0N}-8EYR	—	8
—	—	FX_{0N}-8EYR	—	8

四、主要性能指标

PLC的主要性能指标是衡量和选用PLC的重要依据，它由两大部分组成，即硬件指标与软件指标。

（一）硬件指标

硬件指标包括一般指标、输入特性和输出特性。为了能适应工业现场的恶劣条件，可编程控制器对环境的要求很低，一般的工业现场都能满足这些要求。FX系列可编程控制器的一般技术指标见表3-9。其输入、输出特性见第二章有关输入输出部分。

表 3-9　　FX系列可编程控制器的一般技术指标

环境温度	0～55℃	
环境湿度	35%～89%RH（不结露）	
抗振	JIS C0911标准 10～55Hz、0.5mm（最大ZG）　3轴方向各2h	
抗冲击	JIS C0912标准　10G　3轴方向各3次	
抗噪声干扰	用噪声仿真器产生电压为1000V_{P-P}，噪声脉冲宽度为1μs，频率为30～100Hz的噪声，在此噪声干扰下PC工作正常	
耐压	AC　1500V　1min	各端子与接地端之间
绝缘电阻	5MΩ以上	
接地	第3种接地。不能接地时，亦可浮空	
使用环境	禁止腐蚀性气体，严禁尘埃	

以上指标都是比较保守的，实测结果远远高出以上标准。随着元器件水平的提高，这些指标还在不断提高。

（二）软件指标

软件指标包括运行方式、速度、程序容量、元件种类和数量、指令类型等。

机型不同其软件指标相差非常悬殊。这项指标的高低反映可编程控制器的运算规模。软件指标的另一部分就是指令的类型，可编程控制器的各种运算功能都是由这些指令的种类和功能决定的。

表 3-10 为 FX 系列可编程控制器各项软件指标。

表 3-10　　　　　　　　FX 可编程控制器的各项软件指标

项　目		性　能　指　标		注　释	
操作控制方式		反复扫描程序		由逻辑控制器 LSI 执行	
I/O 刷新方式		批处理方式（在 END 指令执行时成批刷新）		有直接 I/O 指令及输入滤波器时间常数调整指令	
操作处理时间		基本指令：0.74μs/步		功能指令：几百微秒/步	
编程语言		继电器符号语言（梯形图）＋步进顺控指令		可用 SFC 方式编程	
程序容量、存储器类型		2K 步 RAM（标准配置） 4K 步 EEPROM 卡盒（选配） 8K 步 RAM，EEPROM EPROM 卡盒（选配）			
指令数		基本逻辑指令 20 条，步进顺控指令 2 条，功能指令 85 条			
输入继电器	DC 输入	24V DC，7mA，光电隔离		X0～X177（8 进制）	I/O 点数一共 128 点
	—				
输出继电器	继电器	250V AC，30V DC，2A（电阻负载）		Y0～Y177（8 进制）	
	双向晶闸管	242V AC，0.3A/点，0.8A/4 点			
	晶体管	30V DC，0.5A/点，0.8A/4 点			
辅助继电器	通用型			M0～M499（500 点）	范围可通过参数设置来改变
	锁存型	电池后备（保持）		M500～M1023（524 点）	
	特殊型			M8000～M8255（256 点）	
状态继电器	初始化用	用于初始状态		S0～S9（10 点）	可通过参数设置改变其范围
	通用			S10～S499（490 点）	
	锁存	电池后备（保持）		S500～S899（400 点）	
	报警	电池后备（保持）		S900～S999（100 点）	
定时器	100ms	0.1～3276.7s		T0～T199（200 点）	
	10ms	0.01～327.67s		T0～T245（46 点）	
	1ms（积算）	0.001～32.767s	电池后备（保持）	T246～T249（4 点）	
	100ms（积算）	0.1～3276.7s		T250～T255（6 点）	

续表

项　　目		性　能　指　标		注　　释	
计数器	加计数器	16bit，1～32，767	通用型	C0～C99 （100 点）	范围可通过参数设置
			电池后备	C100～C199 （100 点）	
	加/减计数器	32bit，−2147483648 ～2147483648	通用型	C200～C219 （20 点）	范围可通过参数设置
			电池后备	C220～C234 （15 点）	
	高速计数器	32bit 加/减计数	电池后备	C235～C255（6 点）（单相计数）	
数据寄存器	通用数据寄存器	16bit	一对处理 32bit	通用型	D0～D199 （200 点）	范围可通过参数设置改变
		16bit		电池后备	D200～D511 （312 点）	
	特殊寄存器	16bit		D8000～D8255（256 点）	
	变址寄存器	16bit		V，Z（2 点）	
	文件寄存器	16bit（存于程序中）	电池后备	D1000～D2999，最大 2000 点，由参数设置	
指针	跳转/调用			P0～P63（64 点）	
	中断	用 X0～X5 作中断输入，计时器中断		I0□□～I8□□（9 点）	
嵌套标志	主控线路用			N0～N7（8 点）	
常数	十进制	16bit：−32768～32767		32bit：−2147483648～2147483647	
	十六进制	16bit：0～FFFF$_H$		32bit：0～FFFFFFFF$_H$	

第二节　FX 系列 PLC 的编程软元件

一、数据结构及软元件（继电器）概念

（一）数据结构

在 PLC 内部结构和用户应用程序中使用着大量的数据。这些数据从结构或数制上具有以下几种形式。

1. 十进制数

十进制数在 PLC 中又称字数据。它主要存在于定时器和计数器的设定值 K，辅助继电器、定时器、计数器、状态继电器等的编号，定时器和计数器当前值等区域。

2. 二进制数

十进制数、八进制数、十六进制数、BCD 码在 PLC 内部均是以二进制数的形态存在。但在使用外围设备进行系统运行监控显示时，会还原成原来的数制。

一位二进制数在 PLC 中又称位数据。它主要存在于各类继电器、定时器、计数器的触点及线圈。

3. 八进制数

FX 系列 PLC 的输入继电器、输出继电器的地址编号采用八进制。

4. 十六进制数

十六进制数用于指定应用指令中的操作数或指定动作。

5. BCD 码

BCD 码是以 4 位二进制数表示十进制数各位 0～9 数值的方法。在 PLC 中常将十进制数以 BCD 码的形态出现，它还常用于 BCD 输出形式的数字式开关或七段码的显示器控制等方面。

6. 常数 K、H

常数是 PLC 内部定时器、计数器、应用指令不可分割的一部分。如前所述，十进制常数 K 是定时器、计数器的设定值；十进制常数 K 与十六进制常数 H 也是应用指令的操作数。

（二）软元件（继电器）概念

软元件简称元件。PLC 的输入输出端子及内部存储器的每一个存储单元均称为元件。各个元件与 PLC 的监控程序、用户的应用程序合作，会产生或模拟出不同的功能。当元件产生的是继电器功能时，称这类元件为软继电器，简称继电器。它不是物理意义上的实物继电器，而是一定的存储单元与程序的结合产物。后述的各类继电器、定时器、计数器、指针均为此类软元件。

元件的数量及类别是由 PLC 监控程序规定的，它的规模决定着 PLC 整体功能及数据处理能力。

二、输入继电器（X）

输入继电器是 PLC 中专门用来接收系统输入信号的内部虚拟继电器。它不是物理意义上的实物继电器，而是由 PLC 工作原理来完成继电器的功能。它在 PLC 内部与输入端子相连，它有无数的动合触点和动断触点，这些动合、动断触点可在 PLC 编程时随意使用。这种输入继电器不能用程序驱动，只能由输入信号驱动。图 3-1 为 PLC 系统作用与功能示意图。从图中可以看出输入信号、输入端子、输入继电器、输入继电器动合/动断触点的相互关系。

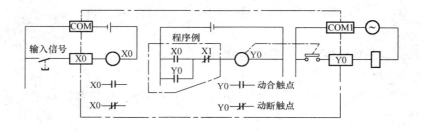

图 3-1   PLC 系统作用与功能示意图

FX 系列 PLC 的输入继电器采用八进制编号。FX_{2N} 系列 PLC 带扩展时最多可达 184 点输入继电器，其编号为 X0～X267。

三、输出继电器（Y）

输出继电器是 PLC 中专门用来将运算结果信号经输出接口电路及输出端子，送达并控制外部负载的虚拟继电器。它在 PLC 内部直接与输出接口电路相连，它有无数的动合触点与动断触点，这些动合与动断触点可在 PLC 编程时随意使用。外部信号无法直接驱动输出继电器，它只能用程序驱动。其作用与功能如图 3-1 所示。从图中可以看出，当 PLC 执行某程序完成运算结果后，输出信号经输出继电器线圈、输出接口电路、输出端子送达外部负载。

FX 系列 PLC 的输出继电器采用八进制编号。FX$_{2N}$ 系列 PLC 带扩展时最多可达 184 点输出继电器，其编号为 Y0～Y267。

四、内部辅助继电器（M）

PLC 内有很多辅助继电器。辅助继电器的线圈与输出继电器一样，由 PLC 内各软元件的触点驱动。辅助继电器的动合和动断触点使用次数不限，在 PLC 内可以自由使用。但是，这些触点不能直接驱动外部负载，外部负载的驱动必须由输出继电器实行。

在逻辑运算中经常需要一些中间继电器作为辅助运算用。这些元件不直接对外输入、输出，但经常用作状态暂存、移动运算等。它的数量常比软元件 X、Y 多。另外，在辅助继电器中还有一类特殊辅助继电器，它有各种特殊的功能，如定时时钟、进/借位标志、启动/停止、单步运行、通信状态、出错标志等。这类元件数量的多少，在某种程度上反映了可编程控制器功能的强弱，能对编程提供许多方便。辅助继电器按其功用常分为三大类，现分述如下，所列点数均指 FX$_{2N}$ 系列 PLC。

（一）通用辅助继电器 M0～M499（500 点）

通用辅助继电器元件编号是按十进制进行的，FX$_{2N}$ 系列 PLC 为 500 点，其编号为 M0～M499。

在 PLC 内部元件的编号上，除输入继电器（X）、输出继电器（Y）采用八进制外，后述的其他元件编号均为十进制。图 3-2 为通用辅助继电器应用示例。

（二）断电保持辅助继电器 M500～M1023（524 点）

PLC 在运行中若发生停电，输出继电器和通用辅助继电器全部成为断开状态。再运行时，除去 PLC 运行时就接通（ON）的以外，其他仍断开。但是，根据不同的控制对象，有的需要保存停电前的状态，并在再运行时再现该状态的情形。断电保持用辅助继电器（又名保持继电器）就是用于这种目的的。停电保持由 PLC 内装的后备电池支持。

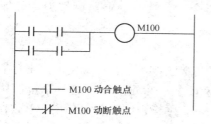

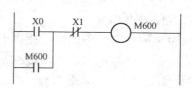

图 3-2　通用辅助继电器应用示例　　图 3-3　停电保持辅助继电器应用示例

图 3-3 所示的是具有停电保持功能的辅助继电器应用示例。在此电路中，X0 接通后，M600 动作，其后即使 X0 再断开，M600 的状态也能保持。因此，若因停电 X0 断开，再运行时 M600 也能保持动作。但是，X1 的动断触点若断开，M600 就复位。

SET、RST 指令可通过瞬时动作（脉冲）使继电器状态保持。

（三）特殊辅助继电器 M8000～M8255（256 点）

在 PLC 内有很多特殊辅助继电器。这些特殊辅助继电器各自具有特定的功能，一般分为两大类。一类是只能利用其特殊辅助继电器触点，这类继电器的线圈由 PLC 自动驱动，用户只能利用其触点。例如，M8000（运行监控）、M8002（初始脉冲）、M8012（100ms 时钟脉冲）。另一类是可驱动线圈型特殊辅助继电器，用户驱动其线圈后，PLC 作特定的动作。例如：

M8033 是指 PLC 停止时输出保持，M8034 是指禁止全部输出，M8039 是指定时扫描。

五、内部状态继电器（S）

状态继电器是 PLC 在步进顺控系统实现控制的重要内部元件。它与后述的步进顺控指令 STL 组合使用，运用状态转移图，编制高效易懂的程序。

状态继电器与辅助继电器一样，有无数的动合触点和动断触点，在顺控程序内可任意使用。状态继电器一般分为四类，其编号及点数如下：

初始状态：S0～S9（10 点）；

回零：S10～S19（10 点）；

通用：S20～S499（480 点）；

保持：S500～S899（400 点）；

报警：S900～S999（100 点）。

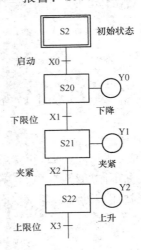

图 3-4　状态转移图

图 3-4 所示为由状态继电器组成的步进顺控系统状态转移图。其原理如下：当 PLC 上电后，初始状态继电器 S2 则为 ON，若不启动 X0，即 X0 为 OFF 时，S20、S21、S22 均为 OFF，从而输出继电器 Y0、Y1、Y2 也均为 OFF，外部负载无响应。当 X0＝ON 时，则 S20＝ON，Y0＝ON，同时 S2＝OFF，下降电磁阀动作，系统开始响应下降运动。当因下降而使下限位开关 X1＝ON 时，S21＝ON，Y1＝ON，S20＝OFF，Y0＝OFF，系统下降停止，执行夹紧动作。当夹紧动作完成后 X2＝ON，则 S22＝ON，Y2＝ON，S21＝OFF，Y1＝OFF，系统开始上升。从上述中不难看出，系统在运行的过程中，其实就是状态继电器依转移条件不断向下转移的过程。

当不使用步进顺控指令时，状态继电器可作为一般辅助继电器在程序中使用。

六、内部定时器（T）

定时器在可编程控制器中的作用相当于一个时间继电器，它有一个设定值寄存器（字）、一个当前值寄存器（字）以及无数个触点（位）。对于每一个定时器，这三个量使用同一名称，但使用场合不一样，其所指也不一样。通常在一个可编程控制器中有几十至数百个定时器，可用于定时操作。

在 PLC 内部，定时器是通过对某一脉冲累积个数来完成定时的。常用脉冲有三类，即 1、10、100ms 脉冲，当用户需要不同定时时间时，可通过设定脉冲的个数来完成，当定时器到达设定值时，输出触点动作。

定时器可以用用户程序存储器内的常数 K 作为设定值，也可将后述的数据寄存器（D）的内容用作设定值。在后一种情况下，一般使用有停电保持功能的数据寄存器。即便如此，若锂电池电压降低，定时器、计数器均可能发生误动作，需加注意。定时器的元件号及其设定值和动作如下。

（一）普通定时器（T0～T245）

100ms 定时器 T0～T199（200 点）	10ms 定时器 T200～T245（46 点）
设定值　0.1～3276.7s	设定值　0.01～327.67s

现以 T200 定时器为例，如图 3-5 所示。

定时器线圈 T200 的驱动输入 X0 接通时，T200 的当前值计数器对 10ms 的时钟脉冲进行累积计数，当该值与设定值 K123 相等时，定时器的输出触点就接通，即输出触点是在驱动线圈后的 1.23s 时动作。

驱动输入 X0 断开时，或发生停电时，计数器就复位，输出触点也复位。

注：若在子程序和中断程序中，使用T192～T199，则在执行 END 指令时计时值变更。当到达设定值后在执行线圈指令或 END 指令时，输出触点接通。

其他定时器在子程序中不能正确定时。

（二）积算定时器（T246～T255）

1ms 积算定时器 T246～T249（4点） 设定值 0.001～32.767s 中断动作	100ms 积算定时器 T250～T255（6点） 设定值 0.1～3276.7s

现以 T250 定时器为例，如图 3-6 所示。

定时器线圈 T250 的驱动输入 X1 接通时，T250 的当前值计数器开始累积 100ms 的时钟脉冲的个数，当该值与设定值 K345 相等时，定时器的输出触点接通。

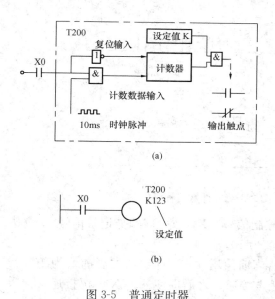

图 3-5　普通定时器
(a) 定时器原理框图；(b) 梯形图

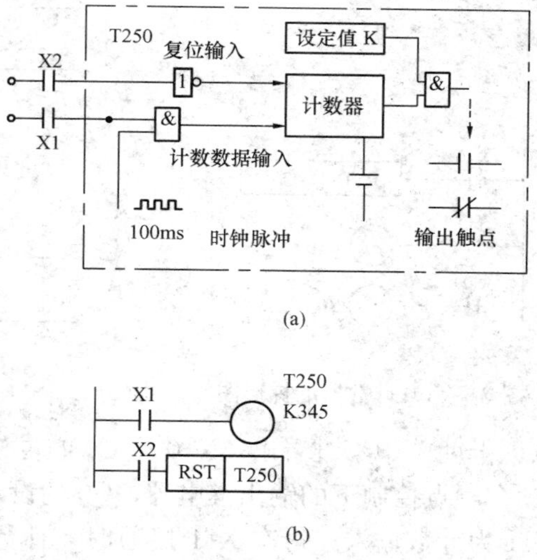

图 3-6　积算定时器
(a) 定时器原理框图；(b) 梯形图

计数中途即使输入 X1 断开或发生停电，当前值可保持。输入 X1 再接通或复电时，计数继续进行，其累积时间为 34.5s 时触点动作。

当复位输入 X2 接通，计数器就复位，输出触点也复位。

注：若在子程序中或中断程序使用中断定时类型的 1ms 定时器，在到达设定值后，执行该定时器第一个线圈指令时，输出触点就接通。

七、内部计数器（C）

计数器是 PLC 的重要内部元件，它是在执行扫描操作时对内部元件 X、Y、M、S、T、C 的信号进行计数。当计数次数达到计数器的设定值时，计数器触点动作，用于控制系统完成相应功能。计数器的动合、动断触点同其他元件一样，也是无数多个，在程序中可任意使用。计数器的设定值与定时器的设定值一样，可由常数 K 设定，也可由指定的数据寄存器的元件号来设定。如指定为 D10，而 D10 的内容为 123，则与设定 K123 等效。内部计数器按其被记录开关量的频率分类，可分为低速计数器和高速计数器，高速计数器在下一单元介绍，现介绍低速计数器。低速计数器记录信号的接通（ON）和断开（OFF）的时间应比 PLC 的扫描周期稍长，通常频率大约为每秒几个扫描周期/s。

低速计数器按其计数功能分为四类：

16 位通用增计数器：	C0～C99（100 点）；
16 位停电保持增计数器：	C100～C199（100 点）；
32 位通用增/减双向计数器：	C200～C219（20 点）；
32 位停电保持增/减双向计数器：	C220～C234（15 点）。

（一）16 位通用增计数器 C0～C99

设定值区间为 K1～K32767。

现以计数器 C0 为例说明其控制功能。图 3-7 为 C0 计数器的梯形图，图 3-8 为该梯形图程序的时序图。

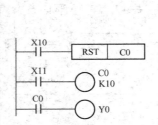

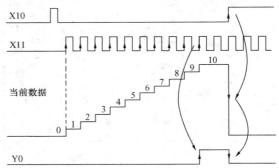

图 3-7　C0 计数器的梯形图　　　　　图 3-8　C0 计数器程序的时序图

从以上两图中不难看出，X10 为 C0 的复位控制信号，X11 为 C0 的被记录信号，Y0 为 C0 的动合触点控制下的输出继电器，C0 的设定值为 10。

X11 为计数输入，每次 X11 接通时，计数器当前值增 1。当计数器的当前值为 10 时，即计数输入达到第 10 次时，计数器 C0 的输出触点接通，之后即使输入 X11 再接通，计数器的当前值都保持不变。

当复位输入 X10 接通（ON），执行 RST 指令，计数器当前值复位为 0，输出触点也断开（OFF），见图 3-8 时序波形。

如果将大于设定值的数置入当前值寄存器（例如用 MOV 指令），则当计数输入端 ON 时，计数器继续计数。其他计数器也是如此。

如果将设定值设定成 K0，则执行结果与 K1 相同，即在被记录输入信号第一次闭合时，计数器输出触点动作。

16 位停电保持增计数器 C100～C199 共 100 点，其设定值区间同样为 K1～K32767，它与通用计数器的区别在于即使停电，计数器当前值和输出触点的状态也能保持，若来电，则计数器当前值在原数据基础上继续增加。

（二）32位通用增/减双向计数器C200～C219

设定值区间为K－2147483648～＋2147483647。

当16位增计数器的被记录触点闭合一次时，计数器当前值加1。而32位增/减双向计数器的被记录触点闭合一次时，计数器当前值可能是加1，也可能是减1。是加1还是减1由该计数器的特殊辅助继电器决定。每一个32位增/减双向计数器都配有一个与之相对应的特殊辅助继电器。如C200为M8200，C212为M8212。依此类推，C200～C234与之相对应的特殊辅助继电器为M8200～M8234。计数器的设定值可为正、负值。

PLC约定，当M8△△△接通（ON）时，C△△△执行减计数；当M8△△△断开（OFF）时，C△△△执行加计数，M8△△△的接通与断开则由系统的其他信号控制。

现以C200为例说明其工作原理。图3-9为梯形图示例，图3-10为图3-9的时序波形图，从梯形图中可以看出，X12为C200加计数或减计数控制信号；X13为C200复位控制信号；X14为C200记录的开关信号，X14每闭合一次，C200加1或减1；Y1为最终控制的输出继电器，C200的设定值为K－5。由于C200是双向增/减计数器，所以计数器当前值到达设定值－5的方式有两种：一种

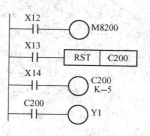

图3-9　梯形图

是当前值在增加时到达－5，另一种是当前值在减小时到达－5。若是当前值在增加时到达－5，则计数器C200的输出触点接通（ON），且C200当前值仍随X14的开关而变化；若是当前值在减小时到达－5，则计数器C200的输出触点断开（OFF）。假若C200的输出触点已是断开，则C200空动作一次，而且当前值仍随X14的开关通断而变化着，直到X13闭合后，C200的当前值才被复位清零，如图3-10所示。

当前值的增减虽与输出触点的动作无关，但从＋2147483647起再进行加计数当前值就成为－2147483648。同样从－2147483648起进行减计数，当前值就成了＋2147483647（这种动作称为循环计数）。当复位输入X13接通（ON），计数器的当前值就为0，输出触点也复位。

32位停电保持增/减双向计数器C220～C234共15点，共设定值同为K－2147483648～＋2147483647，它与32位通用增/减双向计数器C200～C219的区别在于停电后其当前值和

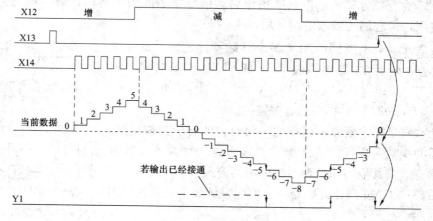

图3-10　图3-9的时序波形图

输出触点状态均能保持，此处不再举实例。

八、内部高速计数器（C）

（一）高速计数器与低速计数器的区别

低速计数器不但可以记录来自输入端子（输入继电器）的开关信号，而且可以记录 PLC 内部其他元件 Y、M、S、T、C 的触点信号。而高速计数器只能记录约定的经输入端子（输入继电器）送入的外部信号，而且这个信号频率可以高达几千赫。除此之外，高速计数器还具有从输入端子直接进行复位或置位的功能。

高速计数器编号为 C235～C255 共 21 点，均为 32 位增/减双向计数器，其增计数还是减计数由指定的特殊辅助继电器决定或由指定的输入端子决定，其设定值区间仍为 K－2147483648～＋2147483647。

（二）高速计数器分类及约定表

高速计数器一般按四类分别命名。

1 相无启动/复位端子：	C235～C240；
1 相带启动/复位端子：	C241～C245；
1 相双向：	C246～C250；
2 相 A-B 相型：	C251～C255。

高速计数器与 PLC 输入端子（输入继电器）之间的约定见表 3-11。

表 3-11　　高速计数器表（X0，X2，X3：最高 10kHz；X1，X4，X5：最高 7kHz）

输入	1相						1相带启动/复位					2相双向					2相 A-B 相型				
	C235	C236	C237	C238	C239	C240	C241	C242	C243	C244	C245	C246	C247	C248	C249	C250	C251	C252	C253	C254	C255
X0	U/D						U/D		U/D			U	U		U		A	A		A	
X1		U/D					R		R			D	D		D		B	B		B	
X2			U/D					U/D		U/D			R		R			R		R	
X3				U/D				R		R				U		U			A		A
X4					U/D				U/D					D		D			B		B
X5						U/D			R					R		R			R		R
X6										S					S					S	
X7											S					S					S

注　U—增计数输入；D—减计数输入；A—A 相输入；B—B 相输入；R—复位输入；S—启动输入。

X6 和 X7 也是高速输入，但只能用作启动信号而不能用于高速计数。不同类型的计数器可同时使用，但它们的输入不能共用。

输入端 X0～X7 不能同时用于多个计数器。例如，如果使用了 C251，下列计数器和指令就不能使用：C235、C236、C241、C244、C246、C247、C249、C252、C254、I0＊＊、I1＊＊及 SPD（FNC 56）指令的有关输入。

高速计数器是按中断原则运行的，因而它独立于扫描周期，选定计数器的线圈应以连续方式驱动以表示这个计数器及其有关输入连续有效，其他高速处理不能再用其输入端子。

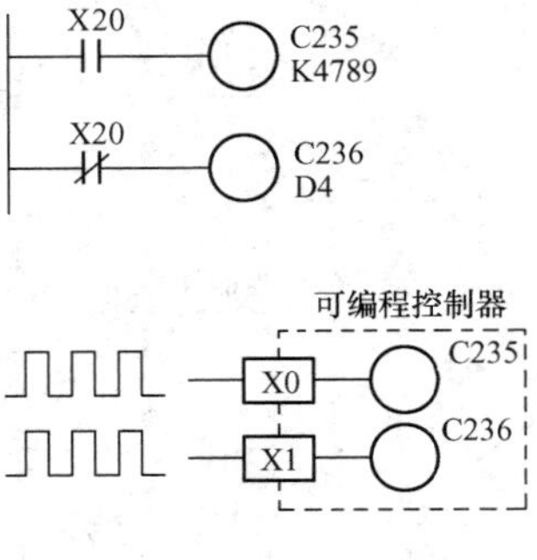

现将 C235、C236 高速计数器工作原理举例如下，其梯形图如图 3-11 所示。

当 X20 接通时，选中高速计数器 C235，根据表 3-11 中

图 3-11　C235、C236 高速计数器应用梯形图

C235 对应计数输入 X0，因此，计数输入脉冲应从 X0 输入，而不是从 X20 输入。

当 X20 断开，线圈 C235 断开；同时，C236 接通，因此，选中计数器 C236，其计数输入为 X1 端。

应当注意，不能用计数输入端作为计数器的线圈驱动触点。

虽然 C235～C255（共 21 点）都是高速计数器，但它们共享同一个 PC 上的 6 个高速计数器输入端（X0～X5）。即如果输入已被某个计数器占用，它就不能再用于另一个高速计数器（或其他的用途），也就是说，由于只有 6 个高速计数的输入，因此，最多同时用 6 个高速计数器，另外还可用作比较和直接输出等高速应用功能。

高速计数器的选择并不是任意的，它取决于所需计数器的类型及高速输入的端子。

（三）1 相型高速计数器 C235～C245

表 3-12　　　　　　　　　　　**1 相型高速计数器**

C235～C240	无启动/复位端	设定值范围
C241～C245	有启动/复位端	−2147483648～+2147483647

表 3-12 中两组 1 相型计数器的计数方式及触点动作与前文中讲述的普通 32 位计数器相同。作增计数器时，当计数值达到设定值时，触点动作并保持；作减计数器时，到达计数值则复位。

1 相型计数器的计数方向取决于其对应标志 M8△△△，△△△为对应计数器号（235～245）。

图 3-12 所示为 1 相无启动/复位（C235～C240）高速计数器的梯形图。每个计数器只用一个计数输入端。其动作如下：

当方向标志 M8235 为 ON 时，计数器 C235 减计数；为 OFF 时，增计数。

当 X11 接通，C235 复位至 0，触点 C235 断开。

当 X12 接通，C235 选中。从表 3-11 中得知，对应计数器 C235 的输入为 X0，C235 对 X0 输入的 OFF→ON 信号计数。

图 3-13 为 1 相带启动/复位（C241～C245）高速计数器的梯形图。这些计数器各有一个计数输入及一个复位输入。计数器 C244 和 C245 还另有一个启动输入。其动作如下：

当方向标志 M8425 为 ON 时，C245 减计数；M8425 为 OFF 时，C245 增计数。

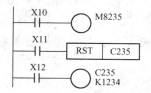

图 3-12　C235 高速计数器
　　　　　应用梯形图

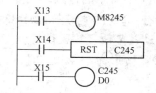

图 3-13　C245 高速计数器
　　　　　应用梯形图

当 X14 接通，C245 像普通 32bit 计数器那样复位。从表 3-11 可知，C245 还能由外部输入 X3 复位。

计数器 C245 还有外部启动输入端 X7。当 X7 接通，C245 开始计数；X7 断开时，C245 停止计数。

X15 选通 C245，对 X2 输入端的 "OFF→ON" 计数。

（四）1 相双向高速计数器 C246～C250

1 相双向高速计数器具有一个输入端用于增计数，另一个输入端用于减计数。需增还是需减要从不同输入端上安排，而不是再运用特殊辅助继电器约定。某些计数器还具有复位和启动输入。现以 C246 计数器为例说明其工作原理，如图 3-14 所示。

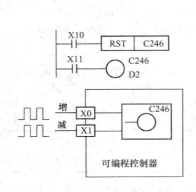

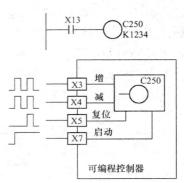

图 3-14　C246 计数器工作
原理说明图

图 3-15　C250 计数器工作
原理说明图

当 X10 接通（ON）时，C246 复位。由表 3-11 可知，C246 用 X0 作为增计数端，X1 作为减计数端。所以当 X11 接通后，C246 的线圈被选通，以使 X0、X1 端输入信号有效，X0 端 OFF→ON，C246 增 1；X1 端 OFF→ON，C246 减 1。

再以 C250 计数器为例说明其工作原理，如图 3-15 所示。由表 3-11 可知，计数器 C250 以 X3 为增计数输入，X4 端为减计数输入，X5 端为复位输入，X7 端为启动输入。闭合 X13 以选通 C250，接通 X7 以开始计数（若 X7 为 OFF，则计数停止）。此时 C250 对 X3 的 OFF→ON 增 1，X4 端 OFF→ON 减 1。

（五）2 相 A-B 型高速计数器 C251～C255

2 相 2 输入（C251～C255，1 个或 2 个，电池后备）最多可有 2 个 2 相 32 位二进制增/减计数器，其对于计数数据的动作过程与（三）中描述的 32 位计数器相同。对这些计数器，只有表 3-11 中所示的输入端可用于计数。它是采用中断方式计数，与扫描周期无关。这些计数器还有一些独立于逻辑操作的执行比较和输出操作的应用指令。选定计数器元件号后，对应的启动、复位及输入信号就能使用。A 相和 B 相信号决定了计数器是增计数还是减计数。当 A 相波形为 ON 状态时：

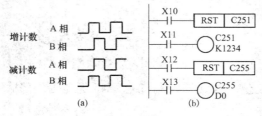

图 3-16　2 相 A-B 型高速计数器
(a) 时序图；(b) 梯形图

B 相输入 OFF→ON：增计数

B 相输入 ON→OFF：减计数

现以 C251、C255 说明其工作原理，如图 3-16 所示。

在 X11 接通时，C251 对输入 X0（A 相）、X1（B 相）的 ON/OFF 事件相约定的编码进行相应的增计数或减计数。当选通信号 X13 接通时，一旦 X7 接通，C255 立即开始计数，计数输入为 X3（A 相）和 X4（B 相）。若 X5 接通，C255 复位。当 X12 接通时也能使 C255 复位。

（六）高速计数器使用注意事项

计数器的最高计数频率受各个输入的响应速度、全部高速计数器的处理时间这两个因素的约束。

1. 各输入端的响应速度

它由硬件所限制，表 3-13 给出只用一个计数器时各输入点的最高响应频率。

2. 全部高速计数器的处理时间

这是高速计数器的主要速度限制。计数器操作是采用中断方式，因此，计数器用的越少，则可计数频率就越高。但如果某些计数器用比较低的频率计数，则其他计数器则可用较高的频率计数。

表 3-13　　　　各输入点的最高响应频率

输　入　点	最高响应频率（kHz）
X0, X2, X3	10
X1, X4, X5	7

使用的全部计数器的频率总和应低于 20 kHz。频率总和是指同时在 PC 上出现所有信号的最大频率的总和。为使高速计数器准确计数，这个频率总和必须小于 20kHz。

例如，使用表 3-14 所示的 C235、C236、C237 三个计数器的合计频率总和为 14.2kHz，低于 20kHz。因此，此例方案是可行的。

表 3-14　　　　　　　　合　计　频　率

单相计数器	对　应　输　入	最高信号频率（kHz）
C235	X0	0.2
C236	X1	4
C237	X2	10
		频率总和：14.2

九、数据寄存器（D）

可编程控制器用于模拟量控制、位置量控制、数据 I/O 时，需要许多数据寄存器存储参数及工作数据。这类寄存器数量随机型的不同而不同。较简单的只能进行逻辑控制的机器没有此类寄存器，而高档机中，可达数千个。

每一个数据寄存器都是 16 位（最高位为符号位），可以用两个数据寄存器合并起来存放 32 位数据（最高位为符号位）。

（一）通用数据寄存器 D0～D199（200 点）

只要不写入其他数据，则已写入的数据不会变化。但是，PLC 状态由运行（RUN）→停止（STOP）时全部数据均清零。

若将特殊辅助继电器 M8033 置 1，在 PLC 由 RUN 转为 STOP 时，数据可以保持。

（二）停电保持数据寄存器 D200～D511（312 点）

除非改写，否则原有数据不会丢失。不论电源接通与否，PLC 运行与否，其内容也不变化。在两台 PLC 作点对点的通信时，D490～D509 被用作通信操作。

（三）特殊数据寄存器 D8000～D8255（256 点）

这些数据寄存器供监控 PLC 中各种元件的运行方式之用，其内容在电源接通（ON）时，写入初始化值（全部先清零，然后由系统 ROM 安排写入初始值）。

譬如，D8000 所存放警戒监视时钟（watchdog timer）的时间是由系统 ROM 设定的。

要改变时，用传送指令将目的时间送入 D8000。该值在运行（RUN）──▸ 停止（STOP）时，保持不变。

未定义的特殊数据寄存器请用户不要使用。

（四）文件寄存器 D1000～D2999（2000 点）

文件寄存器实际上是一类专用数据寄存器，用于存储大量的数据，例如采集数据、统计计算数据、多组控制参数等。其数量由 CPU 的监控软件决定，但可以通过扩充存储卡的方法加以扩充。它占用用户程序存储器（RAM，EEPROM，EPROM）内的一个存储区，以 500 点为一个单位，最多可在参数设置时设置 2000 点，用编程器可进行写入操作。

在 PLC 运行中，用 BMOV 指令可以将文件寄存器中的数据读到通用数据寄存器中，但不能用指令将数据写入文件寄存器。

在数据寄存器中如果存放 32 位数据且指定了低位（例如：D0），则高位为继其之后的编号（例如：D1）被自动占有。16 位及 32 位数据寄存器结构如图 3-17 所示。

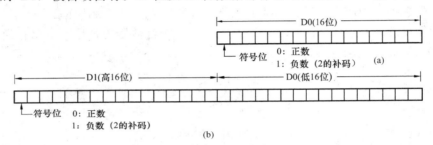

图 3-17　16 位及 32 位数据寄存器数据结构
(a) 16 位；(b) 32 位

十、内部指针（P、I）

内部指针是 PLC 在执行程序时用来改变执行流向的元件。它有分支指令用指针 P 和中断用指针 I 两类。

（一）分支指令用指针 P0～P63

分支指令用指针在应用时，要与相应的应用指令 FNC00（CJ）、FNC01（CALL）、FNC06（FEND）、FNC02（SRET）及 END 配合使用，完成程序执行流向的跳转、跳越、调用子程序、结束等。

分支指令用指针 P 总共有 64 点，即 P0～P63，它们是为上述这些应用指令提供跳转地址（目标）或称跳转标号。其中 P63 较特殊，它是直接跳转到 END 指令的指针。

现以图 3-18 为例，当 X20 接通时，程序执行跳转到标号为 P0 的位置并向下执行。所以只要改变 CJ 指令后的标号指针 P0，就可以方便地改变程序的执行流向。

图 3-19 所示的 PI 指针跳转梯形图中，当 X21 接通时，系统开始执行放在 FEND 指令后的标号为 P1 的子程序，子程序的最后一条指令应安排为 SRET 指令，当系统执行该指令后，会自动返回到跳转现场向下执行。

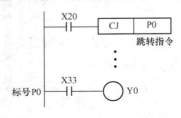

图 3-18　P0 指针跳转梯形图

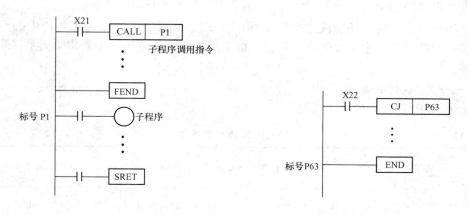

图 3-19　P1 指针跳转梯形图　　　　　图 3-20　P63 指针跳转梯形图

图 3-20 是 P63 指针跳转梯形图。当 X22 接通后，系统会直接执行标号为 END 的指令而结束。所以 P63 是一个特殊指针，它不允许出现在程序中间，若需使用，则 P63 必须作为 END 的标号。

（二）中断用指针 I

中断用指针是与应用指令 FNC03（IRET）中断返回、FNC04（EI）开中断、FNC05（DI）关中断配合使用的元件，有以下三种类型。

1. 输入中断 I00□～I50□（6 点）

具体意义如下：

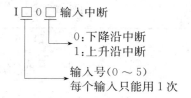

输入中断接收来自特定的输入编号（X0～X5）的输入信号，而不受 PLC 扫描周期的影响。触发该输入，执行中断子程序。例如 I001 为输入 X0 从 OFF→ON 变化时，执行由该指针作为标号后面的中断子程序，并依 IRET 指令返回。

2. 定时器中断 I6□□～I8□□（3 点）

具体意义如下：

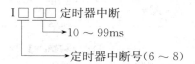

每个定时器只能用一次。

定时器中断在各指定的中断循环时间（10～99ms）执行中断程序。例如：I610 为每隔 10ms 执行标号 I610 后面的中断子程序，并依 IRET 指令返回。

3. 计数器中断 I010～I060（6 点）

计数器中断是依 PLC 内部高速计数器的比较结果，执行中断子程序。用于利用高速计数器优先处理计数结果的控制。

　　在使用中断指针时，还应注意指针必须编在 FEND 指令后面作为标号；中断点数不能多于 9 点；中断嵌套不多于 2 级；指针百位数上的数字不能复用；中断用输入端子不能用于高速处理。

十一、FX₂ₙ 系列 PLC 软元件

　　FX₂ₙ 系列 PLC 软元件见表 3-15。

表 3-15　　　　　　　　　　　　　FX₂ₙ 系列 PLC 软元件

型号 元件	FX₂ₙ－16M	FX₂ₙ－32M	FX₂ₙ－48M	FX₂ₙ－64M	FX₂ₙ－80M	FX₂ₙ－128M	扩展时
输入继电器 X	X000～X007 8 点	X000～X017 16 点	X000～X027 24 点	X000～X037 32 点	X000～X047 40 点	X000～X077 64 点	X000～X267 184 点	输入输出合计 256 点
输出继电器 Y	Y000～Y007 8 点	Y000～Y017 16 点	Y000～Y027 24 点	Y000～Y037 32 点	Y000～Y047 40 点	Y000～Y077 64 点	Y000～Y267 184 点
辅助继电器 M	M0～M499 500 点一般用①		【M500～M1023】 524 点保持用②		【M1024～M3071】 2048 点 保持用③		M8000～M8255 256 点 特殊用④
状态继电器 S	S0～S499 500 点一般用① 初始化用 S0～S9 原点回归用 S10～S19			【S500～S899】 400 点 保持用②			【S900～S999】 100 点 信号报警用②
定时器 T	T0～T199 200 点 100 ms 子程序用…… T192～T199		T200～T245 46 点 10 ms		【T246～T249】 4 点 1 ms 累积③		【T250～T255】 6 点 100 ms 累积③
计数器 C	16 位增量计数		32 位可逆		32 位高速可逆计数器最大 6 点		
	C0～C99 100 点 一般用①	【C100～ C199】 100 点 保持用②	C200～ C219 20 点 一般用①	【C220～ C234】 15 点 保持用②	【C235～ C245】 1 相 1 输入②	【C246～ C250】 1 相 2 输入②	【C251～ C255】 2 相输入②
数据 寄存器 D、V、Z	D0～D199 200 点 一般用①	【D200～D511】 312 点保持用②	【D512～D7999】 7488 点 保持用③ 文件用…… D1000 以后可设 定作为文件寄 存器使用	D8000～D8195 256 点③ 特殊用	V7～V0 Z7～Z0 16 点 变址用①		

续表

元件 \ 型号		FX$_{2N}$－16M	FX$_{2N}$－32M	FX$_{2N}$－48M	FX$_{2N}$－64M	FX$_{2N}$－80M	FX$_{2N}$－128M	扩展时
嵌套指针		N0～N7 8 点 主控用		P0～P127 128 点 跳跃，子程序用， 分支式指针		I00 * ～I50 * 6 点 输入中断用指针	I6 * ～I8 * * 3 点 定时器中 断用指针	I010～I060 6 点 计数器中 断用指针
常数	K	16 位－32，768～32，767			32 位－　2，147，483，648～2，147，483，647			
	H	16 位　0～FFFFH			32 位　0～FFFFFFFFH			

① 非停电保持领域。根据设定的参数，可变更停电保持领域。

② 停电保持领域。根据设定的参数，可变更非停电保持领域。

③ 固定的停电保持领域，不可变更领域的特性。

④ 不同系列的 PLC 特殊软元件用继电器数量不一样。

【】 内的软元件为停电保持领域。

习 题 及 思 考 题

3-1　为什么 PLC 中继电器触点可以使用无穷多次？

3-2　FX$_{2N}$－16MT 型号含义是什么？

3-3　扩展单元与扩展模块有何区别？

3-4　定时器 T150、T250 有哪些不同？

3-5　状态元件分为哪几类？写出编号范围。

3-6　计数器 C0、C200、C220 有何区别？

3-7　32 位通用增/减双向计数器的计数方向是怎么确定的？

第四章 PLC 的基本指令系统

第一节 指令系统概述

在第二章第三节中介绍了 PLC 的三种主要的编程语言，即梯形图、指令表和状态转移图。在第三章第二节中介绍了 PLC 内部用于编程的软元件平台。第四、五、六章将介绍 PLC 用于编程的三类指令系统：基本指令系统、步进顺控指令系统及功能指令系统。

FX_{2N} 系列 PLC 具有基本指令 27 条，用来编制基本逻辑控制、顺序控制等中等规模的用户程序，同时也是编制复杂综合系统程序的基础指令。

FX_{2N} 系列 PLC 具有步进顺控指令 2 条，专门用于状态转移图编程语言编制用户程序，该内容在第五章介绍。

FX_{2N} 系列 PLC 具有功能指令 14 类 246 条，功能指令实际上是一个个功能不同的已存在于 PLC 监控程序中的子程序，用来方便地编制某些特定的功能程序，该内容在第六章介绍。

FX_{2N} PLC 基本指令共 27 条，见表 4-1。

表 4-1 　　　　　　　　　　　FX_{2N} 系列 PLC 基本指令

助记符、名称	功能	回路表示和可用软元件	助记符、名称	功能	回路表示和可用软元件
[LD] 取	运算开始 a 触点	XYMSTC	[OUT] 输出	线圈驱动指令	YMSTC
[LDI] 取反	运算开始 b 触点	XYMSTC	[SET] 置位	线圈接通保持指令	SET YMS
[LDP] 取脉冲 上升沿	上升沿检出 运算开始	XYMSTC	[RST] 复位	线圈接通清除指令	RST YMSTCD
[LDF] 取脉冲 下降沿	下降沿检出 运算开始	XYMSTC	[PLS] 脉冲	上升沿检出指令	PLS YM
[AND] 与	串联 a 触点	XYMSTC	[PLF] 下降沿脉冲	下降沿检出指令	PLF YM
[ANI] 与反	串联 b 触点	XYMSTC	[MC] 主控	公共串联点的连接线圈指令	MC N YM
[ANDP] 与脉冲 上升沿	上升沿检出 串联连接	XYMSTC	[MCR] 主控复位	公共串联点的清除指令	MCR N

续表

助记符、名称	功能	回路表示和可用软元件	助记符、名称	功能	回路表示和可用软元件
[ANDF] 与脉冲下降沿	下降沿检出串联连接	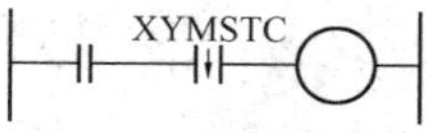 XYMSTC	[MPS] 进栈	运算存储	MPS MRD MPP
[OR] 或	并联 a 触点	 XYMSTC	[MRD] 读栈	存储读出	
[ORI] 或反	并联 b 触点	 XYMSTC	[MPP] 出栈	存储读出与复位	
[ORP] 或脉冲上升沿	脉冲上升沿检出并联连接	 XYMSTC	[INV] 反转	运算结果的反转	INV
[ORF] 或脉冲下降沿	脉冲下降沿检出并联连接	XYMSTC	[NOP] 空操作	无动作	清除流程程序或空操作
[ANB] 电路块与	并联电路块的串联连接		[END] 结束	顺控程序结束	顺控顺序结束回到"0"
[ORB] 电路块或	串联电路块的并联连接				

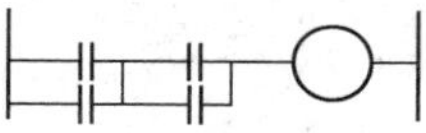

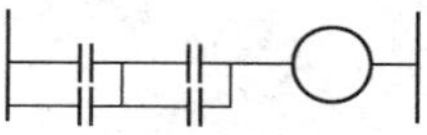

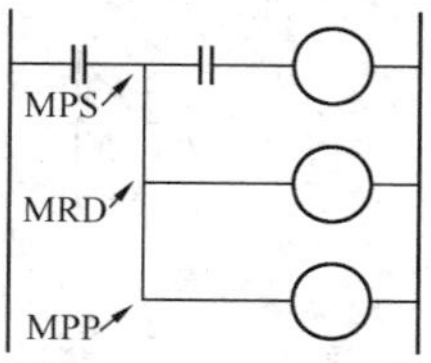

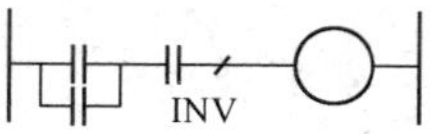

第二节　基本指令系统的功能及应用

一、逻辑取及输出线圈指令（LD、LDI、OUT）

LD、LDI、OUT 指令的符号（名称）、功能、电路表示及操作元件、程序步见表 4-2。

表 4-2　　　　　　　　　　　　　　**LD、LDI、OUT 指令表**

符号（名称）	功　　能	电路表示及操作元件	程　序　步
LD（取）	动合触点逻辑运算起始	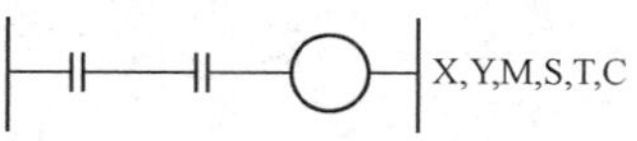 X,Y,M,S,T,C	1
LDI（取反）	动断触点逻辑运算起始	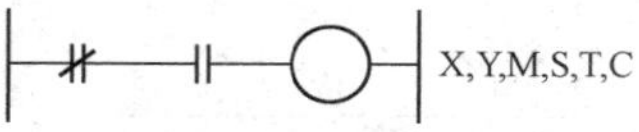 X,Y,M,S,T,C	1
OUT（输出）	线圈驱动	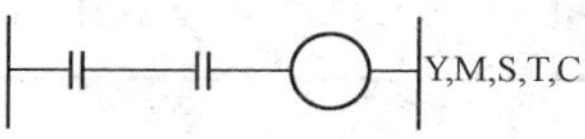 Y,M,S,T,C	Y，M：1，特 M：2 T：3，C：3～5

LD、LDI、OUT 指令的应用如图 4-1 所示。图 4-1（a）所示梯形图中左边一条竖线称为左母线，右边一条竖线称为右母线。图 4-1（b）指令中，左边为程序步，右边为其指令功能说明。

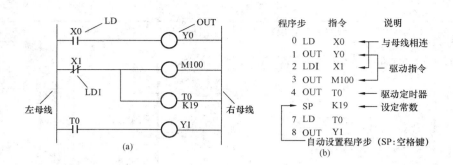

图 4-1　LD、LDI、OUT 指令应用

(a) 梯形图；(b) 指令表

（一）说明

（1）LD、LDI 指令用于将触点接到母线上，另外，与后述的 ANB 指令组合，在分支起点处也可使用。

（2）OUT 指令是对输出继电器、辅助继电器、状态继电器、定时器、计数器的线圈的驱动指令，对于输入继电器不能使用。

（3）并行输出指令可多次使用（图 4-1 电路中为 OUT T0 和 OUT M100）。

（4）操作元件：X—输入继电器；Y—输出继电器；M—内部辅助继电器；S—状态继电器；T—时间继电器；C—计数器。

（二）定时器、计数器的程序

（1）对定时器的定时线圈或计数器的计数线圈，在 OUT 指令后必须设定常数 K 。

（2）表 4-3 给出常数 K 的设定范围，定时器的实际设定值，以及以 T/C 为驱动对象的 OUT 指令占用的步长（含设定值）。

表 4-3　　　　　　　　　　　定时器、计数器的设定值和步长

定时器、计数器	K 的设定范围	实际的设定值	步　长
1ms 定时器		0.001～32.767s	3
10ms 定时器	1～32.767	0.01～327.67s	3
100ms 定时器		0.1～3276.7s	3
16bit 计数器	1～32767	1～32767	3
32bit 计数器	－2147483648～＋2147483648	－2147483648～＋2147483648	5

二、触点串联指令（AND、ANI）

AND、ANI 指令的符号（名称）、功能、电路表示及操作元件、程序步见表 4-4。

AND、ANI 指令的应用实例如图 4-2 所示，图 4-2（a）为 AND、ANI 指令的应用梯形图，图 4-2（b）为对应的指令表。

表 4-4 　　　　　　　　　　　　　　　　**AND、ANI 指令表**

符号（名称）	功　　能	电路表示及操作元件	程序步
AND（与）	动合触点串联连接	——┤├——┤├——（ ）—┤ X,Y,M,S,T,C	1
ANI（与非）	动断触点串联连接	——┤/├——┤├——（ ）—┤ X,Y,M,S,T,C	1

说明：

（1）用 AND、ANI 指令，可进行触点的串联连接。串联触点的个数没有限制，该指令可以多次重复使用。

（2）OUT 指令后，通过触点对其他线圈使用 OUT 指令称之为纵接输出（图 4-2 的 OUT Y4）。这种纵接输出，如果顺序不错，可以多次重复。

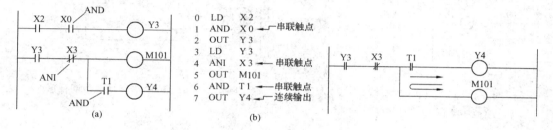

图 4-2　AND、ANI 指令应用　　　　　　　图 4-3　错误次序梯形图电路
（a）梯形图；（b）指令表

（3）串接触点的数目和纵接的次数虽然没有限制，但因图形编程器和打印机的功能有限制，所以建议尽量做到一行不超过 10 个触点和 1 个线圈，连续输出总共不超过 24 行。

（4）图 4-2 可以在驱动 M101 之后通过触点 T1 驱动 Y4。但是，如果驱动顺序换成图 4-3 所示梯形图形式，则必须用多重输出 MPS、MRD、MPP 指令。

三、触点并联指令（OR、ORI）

OR、ORI 指令符号（名称）、功能、电路表示及操作元件、程序步见表 4-5。

表 4-5 　　　　　　　　　　　　　　　　**OR、ORI 指令表**

符号（名称）	功能	电路表示及操作元件	程序步
OR（或）	动合触点并联连接	——┤├——（ ）—┤ X,Y,M,S,T,C	1
ORI（或反）	动断触点并联连接	——┤├——（ ）—┤ X,Y,M,S,T,C	1

OR、DRI 指令的应用实例如图 4-4 所示，图 4-4（a）为 OR、ORI 指令的应用梯形图，图 4-4（b）为对应的指令表。

说明：

（1）OR、ORI 用作 1 个触点的并联连接指令，连接 2 个以上的触点串联连接的电路块的并联连接时，要用后述的 ORB 指令。

（2）OR、ORI 指令是从该指令的当前步开始，对前面的 LD、LDI 指令并联连接。并联连接的次数无限制，但由于编程器和打印机的功能对此有限制，所以并联连接的次数实际上是有限制的（24 行以下）。

（3）OR、ORI 指令可以多次并联连接，图 4-5 中，在使用 OR、ORI 指令后，两个功能块的连接要用到"块与"指令 ANB。

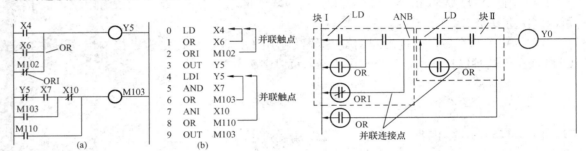

图 4-4　OR、ORI 指令应用
（a）梯形图；（b）指令表

图 4-5　OR、ORI 指令功能说明梯形图

四、沿检出逻辑、触点串联、触点并联指令（LDP/LDF、ANDP/ANDF、ORP/ORF）

LDP/LDF、ANDP/ANDF、ORP/ORF 指令符号（名称）、功能、电路表示及操作元件、程序步见表 4-6。

表 4-6　　　　　　　LDP/LDF、ANDP/ANDF、ORP/ORF 指令表

符号（名称）	功能	电路表示及操作元件	程序步
LDP （取脉冲上升沿）	上升沿检出动 合触点运算	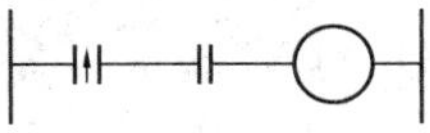 X,Y,M,S,T,C	2
LDF （取脉冲下降沿）	下降沿检出动 断触点运算	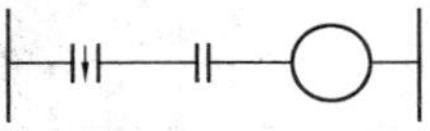 X,Y,M,S,T,C	2
ANDP （与脉冲上升沿）	上升沿检出动 合触点串联	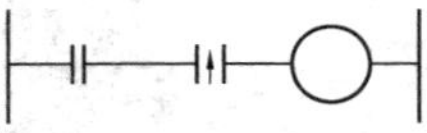 X,Y,M,S,T,C	2
ANDF （与脉冲下降沿）	下降沿检出动 断触点串联	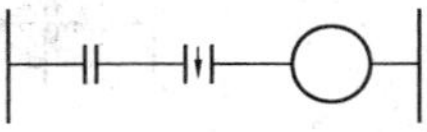 X,Y,M,S,T,C	2
ORP （或脉冲上升沿）	上升沿检出动 合触点并联	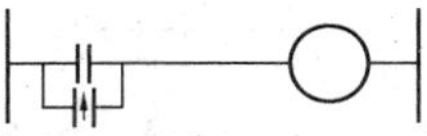 X,Y,M,S,T,C	2
ORF （或脉冲下降沿）	下降沿检出动 断触点并联	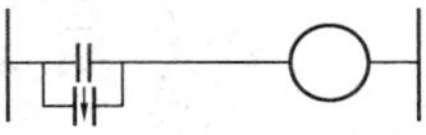 X,Y,M,S,T,C	2

　　LDP/LDF、ANDP/ANDF、ORP/ORF 指令的应用说明和动作时序图分别如图 4-6、图 4-7 所示。

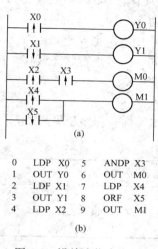

```
0  LDP  X0    5  ANDP X3
1  OUT  Y0    6  OUT  M0
2  LDF  X1    7  LDP  X4
3  OUT  Y1    8  ORF  X5
4  LDP  X2    9  OUT  M1
```

(b)

图 4-6　沿检出指令应用
（a）梯形图；（b）指令表

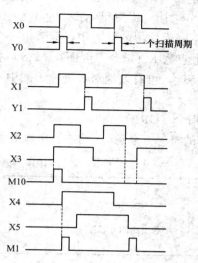

图 4-7　图 4-6 的动作时序图

说明：

（1）LDP、ANDP、ORP 仅在指定位软元件的上升沿（OFF→ON）时接通一个扫描周期。

（2）LDF、ANDF、ORF 仅在指定位软元件的下降沿（ON→OFF）时接通一个扫描周期。

（3）沿检出指令与后面的脉冲指令具有一定的相似性。

（4）将辅助继电器（M）指定为沿检出指令的操作元件时，编号范围 M0～M2799 与编号范围 M2800～M3071 动作有差异，如图 4-8（a）、（b）所示。

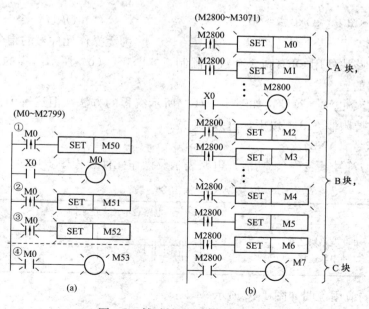

图 4-8　辅助继电器动作梯形图
（a）M0～M2799 的应用；（b）M2800～M3071 的应用

在图 4-8（a）中，当 X0 驱动 M0 后，与 M0 对应的①～④的所有触点都动作。其中①～③执行 M0 的上升沿检测。④为 LD 取数指令，因此，在 M0 接通时，M53 导通。

在图 4-8（b）中，以 X0 驱动 M2800 为中心，分为上下 A、B 两块。在 A、B 两块内的上升沿检出与下降沿检出的触点中，只有第一个触点动作。

C 块内的触点为 LD 指令，因而在 M2800 接通过程中 M7 也导通。

利用这一特性，可有效地对步进梯形图中（利用同一信号进行状态转移）进行高效率的编程。

五、块或指令（ORB）

ORB 指令的符号（名称）、功能、电路表示及操作元件、程序步见表 4-7。

表 4-7   ORB 指 令 表

符号（名称）	功　　能	电路表示及操作元件	程序步
ORB（电路块或）	串联电路的并联连接	⊣⊢⊣⊢ ⊣⊢⊣⊢ ○　操作元件：无	1

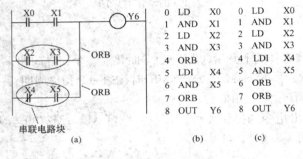

图 4-9　ORB 指令应用

（a）梯形图；（b）指令表（一）；（c）指令表（二）

ORB 指令的应用说明如图 4-9 所示。

说明：

（1）2 个或 2 个以上的触点串联连接的电路称之为串联电路块。串联电路块并联连接时，分支的开始用 LD、LDI 指令，分支的结束用 ORB 指令。

（2）ORB 指令与 ANB 指令等均为无操作元件号的指令。

（3）每一电路块使用 ORB 指令个数无限制，如图 4-9（b）所示编程的方法，其并联电路块数是无限制的。

（4）ORB 指令也可连续使用如图 4-9（c）所示编程的方法，但这种方法重复使用 LD、LDI 指令的次数要限制在 8 次以下，这点要注意。

六、块与指令（ANB）

ANB 指令的符号（名称）、功能、电路表示及操作元件、程序步见表 4-8。

表 4-8   ANB 指 令 表

符号（名称）	功　　能	电路表示及操作元件	程序步
ANB（电路块与）	并联电路块之间的串联连接	⊣⊢⊣⊢ ⊣⊢⊣⊢ ○　操作元件：无	1

ANB 指令的应用说明如图 4-10 所示。

说明：

（1）2 个或 2 个以上的触点并联连接的电路称之为并联电路块。分支电路并联电路块与

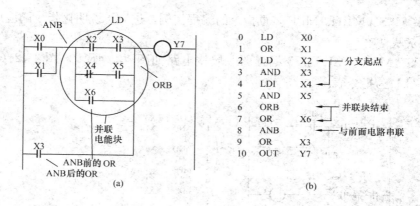

图 4-10　ANB 指令的应用

（a）梯形图；（b）指令表

前面电路串联连接时，使用 ANB 指令。分支的起始点用 LD、LDI 指令。并联电路块结束后，使用 ANB 指令与前面电路串联起来。

（2）若多个并联电路块顺次用 ANB 指令将电路串联连接，则 ANB 的使用次数没有限制。

（3）ANB 指令也可以连续使用，但重复使用 LD、LDI 指令的次数要限制在 8 次以下。

七、多重输出指令（MPS、MRD、MPP）

MPS、MRD、MPP 指令的符号（名称）、功能、电路表示及操作文件、程序步见表 4-9。

表 4-9　　　　　　　　　　　　　　　MPS、MRD、MPP 指令表

符号（名称）	功　能	电路表示及操作元件	程序步
MPS（进栈）	数据压入栈中	MPS	1
MRD（读栈）	从栈中读出数据	MRD　　操作元件：无	1
MPP（出栈）	数据出栈	MPP	1

MPS、MRD、MPP 这组指令的功能是将连接点的结果存储起来，以方便连接点后面电路的编程。

PLC 中有 11 个存储运算中间结果的存储器，被称为栈存储器，如图 4-11 所示。

使用一次 MPS 指令，该时刻的运算结果就推入栈的第一段。再次使用 MPS 指令时，当时的运算结果推入栈的第一段，先推入的数据依次向栈的下一段推移。图 4-11 中栈存储器中的①是第一次压栈的数据，②是第二次压栈的数据。

MRD 是最上段所存的最新数据的读出专用指令。栈内的数据不发生下压或上移。

使用 MPP 指令，各数据依次向上段推移。最上段的数据在读出后就从栈内消失。

多重输出指令都是没有操作元件号的指令。

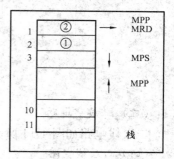

图 4-11　栈存储器

下面例举 MPS、MRD、MPP 多重指令的编程实例，进一步说明该指令的应用。

（一）一层栈电路

采用 MPS、MRD、MPP 指令编程的一层栈电路如图 4-12 所示，图 4-12（a）为梯形图，图 4-12（b）为指令表。

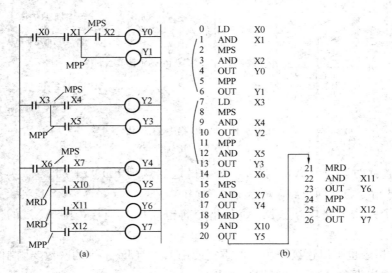

图 4-12　一层栈电路

（a）梯形图；（b）指令表

（二）一层栈和 ANB、ORB 指令

一层栈中使用 ANB、ORB 指令的实例如图 4-13 所示。

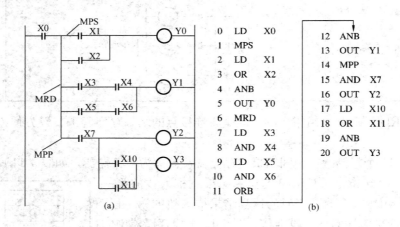

图 4-13　一层栈与 ANB、ORB 电路

（a）梯形图；（b）指令表

（三）二层栈电路

二层栈电路如图 4-14 所示。

（四）四层栈电路

四层栈电路如图 4-15 所示。

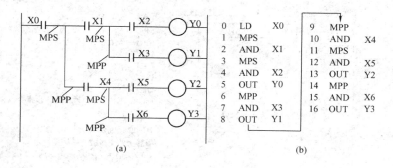

图 4-14   二层栈电路
（a）梯形图；（b）指令表

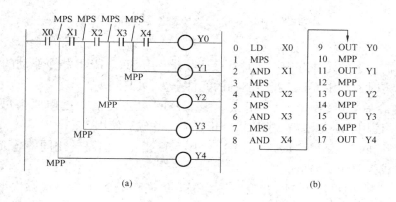

图 4-15   四层栈电路
（a）梯形图；（b）指令表

　　由于栈存储器仅有 11 位，所以 MPS 和 MPP 连续使用次数必须少于 11 次，并且 MPS 与 MPP 必须成对使用。

八、主控触点指令（MC、MCR）

　　MC、MCR 指令（名称）、功能、电路表示及操作元件、程序步见表 4-10。

表 4-10 　　　　　　　　　　　　　　　　　　MC、MCR 指令表

符号（名称）	功　能	电路表示及操作元件	程序步
MC（主控）	主控电路块起点	⊣⊢ Y,M ─［MC N Y,M］─ Y,M　不允许使用特M	3
MCR（主控复位）	主控电路块终点	⊣⊢ ─［MCR N］─	2

　　MC、MCR 指令的应用说明如图 4-16 所示。

　　说明：

　　（1）如图 4-16 所示，输入 X0 接通时，执行 MC 与 MCR 之间的指令。输入 X0 断开时，成为如下形式：

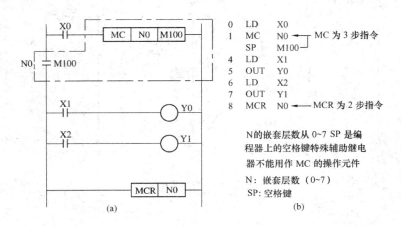

图 4-16　MC、MCR 无嵌套电路

(a) 梯形图；(b) 指令表

1）保持当前状态的元件有积算定时器、计数器及用 SET/RST 指令驱动的元件。

2）非积算定时器，用 OUT 指令驱动的元件全为 OFF。

（2）MC 指令后，母线（LD、LDI 点）移至 MC 触点之后，返回原来母线的指令是 MCR。MC 指令使用后必定要与 MCR 指令相呼应，并成对使用。

（3）使用不同的 Y、M 元件号，可多次使用 MC 指令。但是若用同一软元件号，就与 OUT 指令一样成为双线圈输出。

（4）在 MC 指令内再使用 MC 指令时称为嵌套。嵌套级 N 的编号应顺次增大（按程序顺序由小到大）。

返回时用 MCR 指令，就从大的嵌套级开始解除（按程序顺序由大至小）。

带有嵌套级的 MC、MCR 指令的编程电路如图 4-17 所示。

九、置位及复位指令（SET、RST）

SET、RST 指令（名称）、功能、电路表示及操作元件、程序步见表 4-11。

表 4-11　　　　　　　　　　　　SET、RST 指令表

符号（名称）	功　能	电路表示及操作元件	程序步
SET（置位）	令元件自保持 ON	├┤├─[SET Y,M,S] Y,M,S	Y, M: 1 S, 特 M: 2
RST（复位）	令元件自保持 OFF 清数据寄存器	├┤├─[RST Y,M,S,D,V,Z] Y,M,S D,V,E	D, V, Z, 特 D: 3

SET、RST 指令的应用说明如图 4-18 所示。

说明：

（1）如图 4-18 所示，当 X0 一接通，即使再变成断开，Y0 也保持接通。X1 接通后，即使再变成断开，Y0 也将保持断开，对于 M0、S0 也是同样的道理。

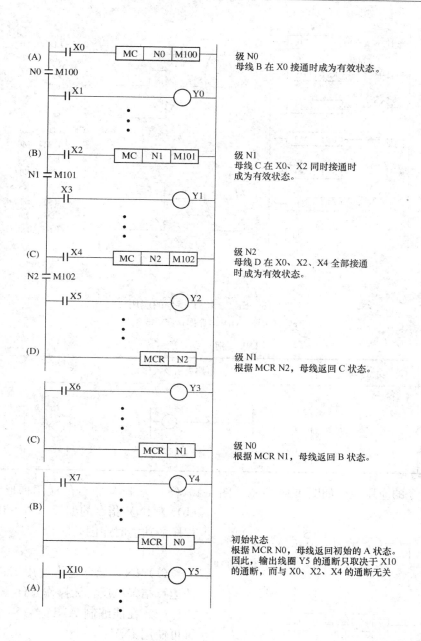

图 4-17　MC、MCR 在带嵌套电路中的应用

（2）对同一元件可以多次使用 SET、RST 指令，顺序可任意，但在最后执行的一条才有效。

（3）要使数据寄存器（D）、变址寄存器（V、Z）的内容清零，可用 RST 指令。

十、取反指令（INV)

INV 指令（名称）、功能、电路表示及操作元件、程序步见表 4-12。

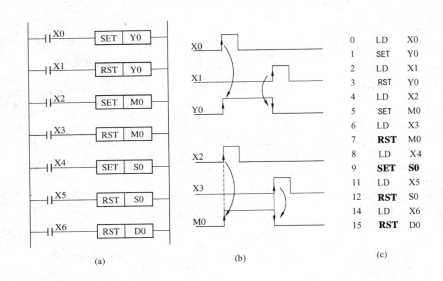

(a)　　　　　　　　　　(b)　　　　　　　　　　(c)

图 4-18　SET、RST 指令的应用

（a）梯形图；（b）时序图；（c）指令表

表 4-12　　　　　　　　　　　　INV 指 令 表

符号（名称）	功　能	电路表示及操作元件	程序步
INV（取反）	运算结果的反转	操作元件：无	1

INV 指令的应用说明如图 4-19 所示。图 4-19（a）为 INV 指令的应用梯形图，图 4-19（b）为 INV 指令的编程，图 4-19（c）为该程序的功能时序图。

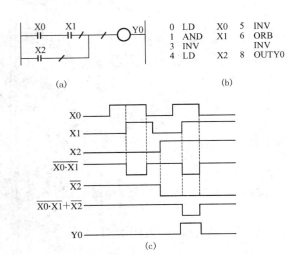

0	LD	X0	5	INV
1	AND	X1	6	ORB
3	INV			INV
4	LD	X2	8	OUTY0

(a)　　　　　　　　(b)

(c)

图 4-19　INV 指令的应用

（a）梯形图；（b）指令表；（c）时序图

说明：

（1）INV 指令是将使用 INV 电路之前的运算结果取反，无操作元件。

（2）在能编制 AND、ANI 指令步的位置可使用 INV。

（3）LD、LDI、OR、ORI 指令步的位置不能使用 INV。

（4）在含有 ORB、ANB 指令的电路中，INV 的功能是将执行 INV 之前的 LD、LDI 的运算结果取反。

十一、脉冲输出指令（PLS、PLF)

PLS、PLF 指令（名称）、功能、电路表示及操作元件、程序步见表 4-13。

符号（名称）	功　能	电路表示及操作元件	程序步
PLS （前沿脉冲）	上升沿微分输出	┤├　│PLS　Y,M│─┤Y,M├	2
PLF （后沿脉冲）	下降沿微分输出	┤├　│PLF　Y,M│─┤Y,M├	2

表 4-13　　　　　　　　　　　　　　　　**PLS、PLF 指令表**

PLS、PLF 指令的应用说明如图 4-20 所示。图 4-20（a）为 PLS、PLF 指令应用梯形图，图 4-20（b）为其指令表，图 4-20（c）为 PLS、PLF 指令应用的时序图。

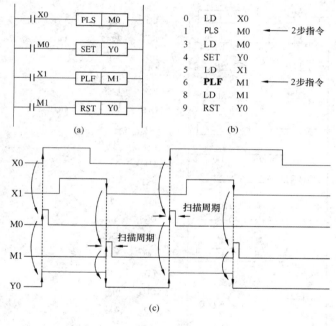

图 4-20　PLS、PLF 指令的应用
（a）梯形图；（b）指令表；（c）时序图

说明：

（1）使用 PLS 指令，元件 Y、M 仅在驱动输入接通后的一个扫描周期内动作（置 1）。

（2）使用 PLF 指令，元件 Y、M 仅在驱动输入断开后的一个扫描周期内动作。

（3）特殊继电器不能用作 PLS 或 PLF 的操作元件。

（4）在驱动输入接通时，PC 由运行→停机→运行，此时 PLS M0 动作，但 PLS M600（断电时由电池后备的辅助继电器）不动作。这是因为 M600 是保持继电器，即使在断电停机时其动作也能保持。

十二、输出线圈指令（OUT）与复位指令（RST）在计数器、定时器上的应用

OUT、RST 指令在计数器、定时器上的应用及符号（名称）、功能、电路表示及操作元件、程序步说明见表 4-14。

表 4-14　　　　　　　　　　OUT、RST 指令应用表

符号（名称）	功　能	电路表示及操作元件	程 序 步
OUT（输出）	驱动定时器线圈 驱动计数器线圈	⊣⊢─◯ T,C / K×× ─常数	32 位计数器：5 其他：3
RST（复位）	复位输出触点 当前数据清"0"	⊣⊢─[RST | T,C]	2

　　OUT、RST 指令在计数器、定时器电路中的应用实例如图 4-21 所示。

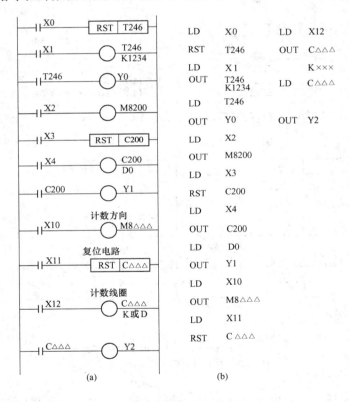

图 4-21　OUT、RST 在计数器、定时器电路中的应用
(a) 梯形图；(b) 指令表

　　说明：

　　（一）积算定时器（1ms 定时器，100ms 定时器）

　　如图 4-21 所示，输入 X1 接通期间，定时器 T246 接收 1ms 时钟脉冲并计数，达到 1234 时 T246 接通，Y0 就动作。

　　X0 一接通，输出触点 T246 就复位，定时器的当前值也成为 0。

（二）内部计数器

如图 4-21 所示，32 位计数器 C200 根据 M8200 的 ON/OFF 状态进行计数（增计数或减计数），它对 X4 触点的 OFF→ON 的次数进行计数。

输出触点的置位或复位取决于计数方向及达到 D1、D0 中存的设定值。

输入 X3 接通后，输出触点复位，计数器当前值清零。

（三）高速计数器

（1）对于 C235～C245 的单相单输入计数器，需用特殊辅助继电器（M8235～M8245）指定计数方向。如图 4-21 所示，X10 接通时减计数，X10 断开时增计数。

（2）X11 接通，计数器 C△△△的输出触点就复位，计数器的当前值也清零。对于带有复位输入的计数器（C241、C242～C255 等），当复位输入接通时，不必进行其他编程，也可实现复位。

（3）X12 接通时，高速计数器 C235～C240 分别对由计数输入 X0～X5 输入的通/断进行计数，对于带有启动输入的计数器（C244，C245，C249，C250，C254，C255），若启动输入不接通就不进行计数。

（4）计数器的当前值随计数输入的次数而增加，当该值等于设定值（K 或 D 的内容），计数器输出触点动作。

十三、空操作指令（NOP）

NOP 指令符号（名称）、功能、电路表示及操作元件、程序步见表 4-15。

表 4-15 　　　　　　　　　　　　NOP 指 令 表

符号（名称）	功能	电路表示及操作元件	程序步
NOP（空操作）	无动作	无元件	1

NOP 指令为空操作指令，主要用于短路电路、改变电路功能及程序调试时使用。图 4-22 为 NOP 指令的应用举例。

说明：

（1）如图 4-22 中，程序若加入 NOP 指令，改动或追加程序时，可以减少步序号的改变。另外，用 NOP 指令替换已写入的指令，也可改变电路。

（2）LD、LDI、ANB、ORB 等指令若换成 NOP 指令，电路构成将有较大幅度变化，需注意。

（3）执行程序全清操作后，全部指令都变成 NOP。

十四、结束指令（END）

END 指令符号（名称）、功能、电路表示及操作元件、程序步见表 4-16。

表 4-16 　　　　　　　　　　　　END 指 令 表

符号（名称）	功 能	电路表示及操作元件	程序步
END（结束）	输入输出处理 程序回第"0"步	├─┤ END ├─┤ 操作元件：无	1

用 NOP 指令改变电路

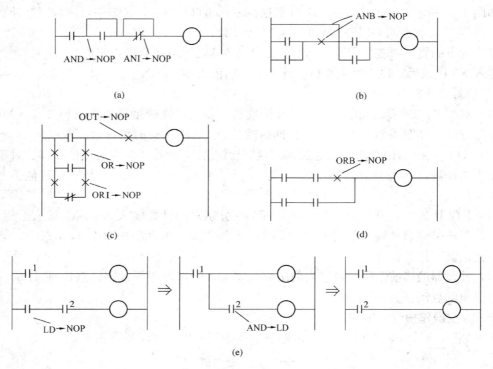

(a)

(b)

(c)

(d)

(e)

图 4-22　NOP 指令的应用

（a）短路触点；（b）短路前面全部电路；（c）切断电路；（d）切断前面全部电路；（e）与前面的 OUT 电路相连

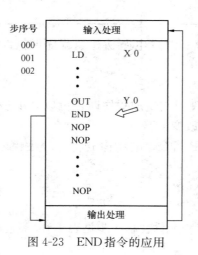

图 4-23　END 指令的应用

PLC 反复进行输入处理、程序运算、输出处理。若在程序最后写入 END 指令，则 END 以后的程序步就不再执行，直接进行输出处理，如图 4-23 所示在程序调试过程中，按段插入 END 指令，可以顺序扩大对各程序段动作的检查。采用 END 指令将程序划分为若干段。在确认处于前面电路块的动作正确无误之后，依次删去 END 指令。注意，执行 END 指令时，也刷新警戒时钟（Watchdog Timer）。

第三节　梯形图编程规则及注意事项

一、梯形图设计规则

（1）按自上而下，从左至右的方式编制，尽量减少程序步数。

（2）触点串联块并联时，触点较多的块应放在上面，如图 4-24 所示。触点并联块串联时，触点较多的块应放在左边，如图 4-25 所示。

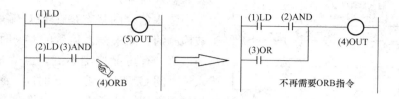

图 4-24 串联多的电路编程

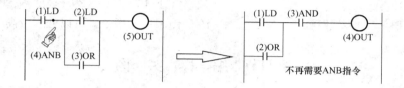

图 4-25 并联多的电路编程

（3）触点不能出现在垂直梯形图线上。若有应重新安排，如图 4-26 所示。

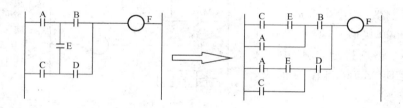

图 4-26 桥式电路的处理方法

（4）触点不能出现在线圈右边，若有应重新安排，如图 4-27 所示。

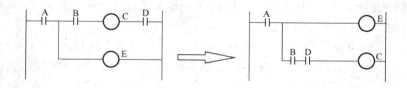

图 4-27 线圈右边触点的处理方法

二、梯形图编程注意事项

（一）避免双线圈输出

如果在同一程序中同一元件线圈使用两次或多次，称为双线圈输出。这时前面的输出无效，只有最后一次才有效，如图 4-28 所示。

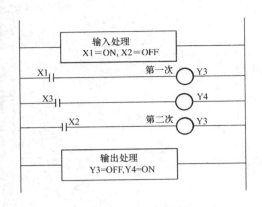

图 4-28　双线圈输出

（二）输入信号的频率不能太高（高速计数器输入除外）

输入信号的状态是在 PLC 输入处理时间内被检测的。如果输入信号的 ON 时间或 OFF 时间过窄，有可能检测不到。也就是说，PLC 输入信号的 ON 时间或 OFF 时间，必须比 PLC 的扫描周期长。若考虑输入滤波器的响应延迟为 10ms，扫描时间为 10ms，则输入的 ON 时间或 OFF 时间至少为 20ms。因此，要求输入脉冲的频率低于 $1000Hz/（20+20）=25Hz$，不过用 PLC 使用功能指令，可以处理较高频率的信号。

第四节　编　程　实　例

为了便于对基本指令的进一步理解和更好的应用，现举出一些编程实例，帮助读者掌握 PLC 的基本指令系统。

【例 4-1】　保持电路。图 4-29 所示为保持电路，其目的是将输入信号 X0 加以保持记忆。当 X0 接通一下，辅助继电器 M500 接通并保持，Y0 有输出。只有 X1 触点接通，其动断触点断开，才能使 M500 自保持消失，使 Y0 无输出。

【例 4-2】　优先电路。图 4-30 所示为一优先电路，输入信号 X0（A）或输入信号 X1（B）中先到者将取得

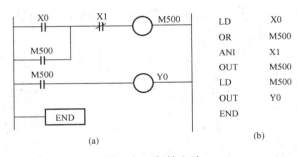

图 4-29　保持电路
(a) 梯形图；(b) 指令表

优先权，而后者无效。若 X0（输入 A）先接通，M100 线圈接通，则 Y0 有输出；同时由于 M100 的动断触点断开，X1（输入 B）再接通时，亦无法使 M101 动作，Y1 无输出。若 X1（输入 B）先接通，则情况恰好相反。

【例 4-3】　译码电路。图 4-31 所示为一译码电路，该电路对输入信号 X0（A）和输入信号 X1（B）进行译码，符合某一条件接通某一输出。当 X0、X1 同时接通，Y0 有输出；X0、X1 皆不接通，Y1 有输出；X0 不接通，X1 接通，Y2 有输出；X0 接通，X1 不接通，Y3 有输出。这也是二进制译码电路。

【例 4-4】　二分频电路。图 4-32 所示为一二分频电路，该电路可以实现对输入信号的二分频。X0 信号为一脉冲信号，X0 第一个脉冲信号到来时，通过 PLS M100 指令，使 M100 的动合触点闭合一个扫描周期，Y0 线圈接通并保持。当第二个脉冲到来时，M100 的动合触点闭合一个扫描周期，动断触点断开一个扫描周期，此时动断触点断开，Y0 线圈断电。第三个脉冲到来时，M100 又产生单脉冲，Y0 线圈再次接通，输出信号 Y0 为 1。在第四个脉冲的上升沿到来时，输出 Y0 再次消失。以后循环往复，不断重复上述过程，输出 Y0

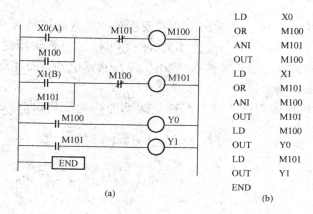

图 4-30　优先电路
（a）梯形图；（b）指令表

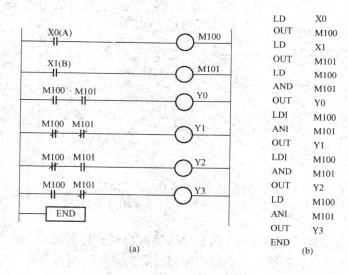

图 4-31　译码电路
（a）梯形图；（b）指令表

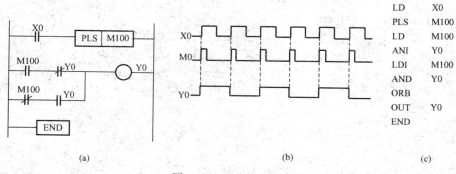

图 4-32　二分频电路
（a）梯形图；（b）时序图；（c）指令表

是输入 X0 的二分频。

【例 4-5】 往复运动控制。图 4-33 为一实现小车往复运动控制的示意图、梯形图及指令表。小车在初始状态时停在中间，限位开关 X0 为 ON。按下启动按钮 X3，小车按图 4-33 (a) 所示顺序往复运动，按下停止按钮 X4，小车停在初始位置。需注意的是，所有的限位开关以及按钮开关以动合触点接入 PLC 接线端。

我们用基本逻辑指令编程，实现小车往复运动的控制，其梯形图和指令表如图 4-33 (b)、(c) 所示。

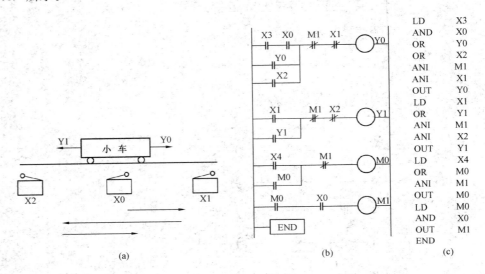

图 4-33 小车往复运动控制
(a) 小车往复运动示意图；(b) 梯形图；(c) 指令表

【例 4-6】 振荡电路。振荡电路作为信号源经常出现在梯形图中。图 4-34～图 4-36 分别为三种不同控制方式的梯形图，以及梯形图相对应的时序图和指令表。当 X0 闭合后，三种振荡电路均产生周期为 3s 的振荡信号。

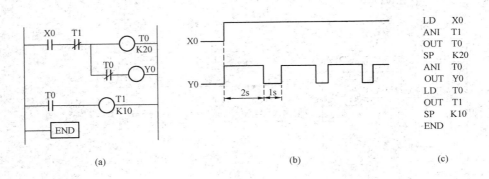

图 4-34 振荡电路之一
(a) 梯形图；(b) 时序图；(c) 指令表

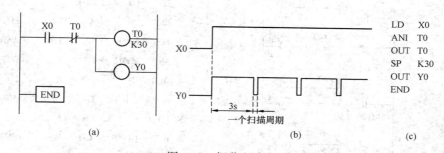

图 4-35　振荡电路之二
(a) 梯形图；(b) 时序图；(c) 指令表

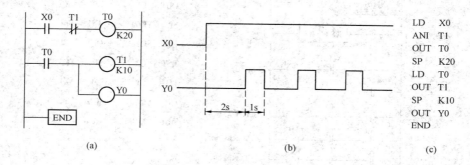

图 4-36　振荡电路之三
(a) 梯形图；(b) 时序图；(c) 指令表

【例 4-7】　时钟电路。PLC 作为定时器控制是非常方便的。图 4-37 及图 4-38 分别为两个时钟电路的程序。

图 4-37 是采用特殊辅助继电器 M8013 秒脉冲进行计数来实现的一个时钟电路程序。C0 计 60 次向 C1 发出一个计数信号，C1 计 60 次向 C2 发出一个计数信号。C0、C1 分别计 60 次，即 00～59，而 C2 计 24 次，即 00～23。图 4-37 (a)、图 4-37 (b) 分别是梯形图和指令表。

图 4-38 是一电子钟程序，将 C1、C2、C3 计数器输出到显示器上，便可得到一电子时钟。其中 C0 为秒脉冲，当 C1 为 60s，C2 为 60min，C3 为 24h 时分别产生进位信号，图 4-38 (a)、图 4-38 (b) 分别是梯形图和指令表，图 4-38 (c) 是手动控制面板。

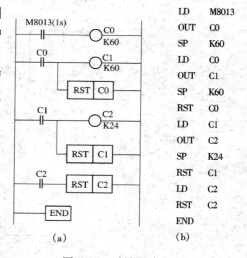

图 4-37　时钟电路之一
(a) 梯形图；(b) 指令表

【例 4-8】　十字路口交通信号灯的控制。图 4-39 是十字路口交通信号灯示意图。在十字路口的东、西、南、北方向装有红、绿、黄交通灯，它们按照图 4-40 所示的控制时序轮流发亮。其控制梯形图如图 4-41 所示，指令表如图 4-42 所示。

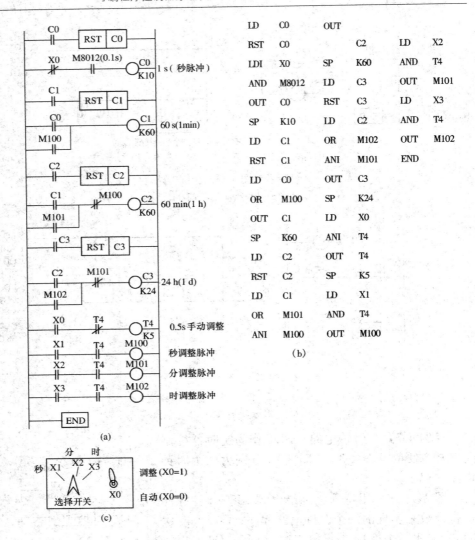

(a)

LD	C0	OUT			
RST	C0		C2	LD	X2
LDI	X0	SP	K60	AND	T4
AND	M8012	LD	C3	OUT	M101
OUT	C0	RST	C3	LD	X3
SP	K10	LD	C2	AND	T4
LD	C1	OR	M102	OUT	M102
RST	C1	ANI	M101	END	
LD	C0	OUT	C3		
OR	M100	SP	K24		
OUT	C1	LD	X0		
SP	K60	ANI	T4		
LD	C2	OUT	T4		
RST	C2	SP	K5		
LD	C1	LD	X1		
OR	M101	AND	T4		
ANI	M100	OUT	M100		

(b)

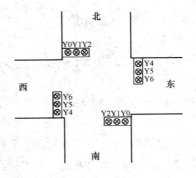

(c)

图 4-38 时钟电路之二

(a) 梯形图；(b) 指令表；(c) 手动控制面板

图 4-39 十字路口交通信号灯示意图

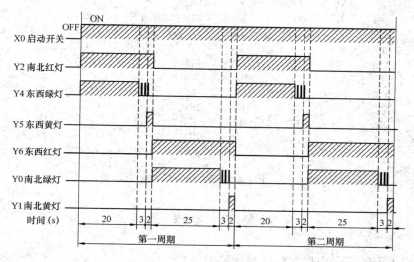

图 4-40　十字路口交通信号灯控制时序图

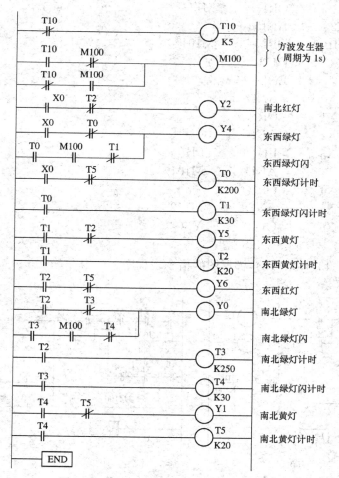

图 4-41　十字路口交通信号灯控制梯形图

LDI	T10	LD	X0	OUT	Y4	OUT	Y5	ANI	T4	OUT	Y1
OUT	T10	ANI	T2	LD	X0	LD	T1	ORB		LD	T4
SP	K5	OUT	Y2	ANI	T5	OUT	T2	OUT	Y0	OUT	T5
LD	T10	LD	X0	OUT	T0	LD	T2	LD	T2	SP	K20
ANI	M100	ANI	T0	SP	K200	LD	T2	OUT	T3	END	
LDI	T10	LD	T0	LD	T0	ANI	T5	SP	K250		
AND	M100	AND	M100	OUT	T1	OUT	Y6	LD	T3		
ORB		ANI	T1	SP	K30	LD	T2	OUT	T4		
OUT	M100	ORB		LD	T1	ANI	T3	SP	K30		
				ANI	T2	LD	T3	LD	T4		
						AND	M100	ANI	T5		

图 4-42　十字路口交通信号灯控制指令表

习 题 及 思 考 题

4-1　画出下面的指令表程序对应的梯形图。

(1)

LDI	X0	AND	X4
OR	X1	ORI	M113
ANI	X2	ANB	
OR	M100	ORI	M101
LD	X3	OUT	Y0
		END	

(2)

LD	X0	AND	X7
AND	X1	ORB	
LDI	X2	ANB	
ANI	X3	LD	M100
ORB		AND	M101
LDI	X4	ORB	
AND	X5	AND	M102
LD	X6	OUT	Y1
		END	

4-2　写出图 4-43（a）、（b）梯形图的指令表程序。

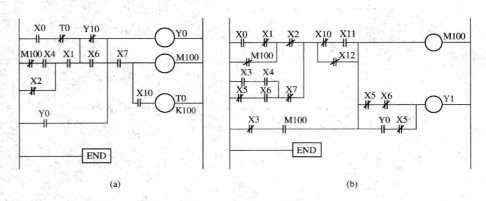

(a)　　　　　　　　　　　　　　　　(b)

图 4-43　题 4-2 图

4-3　将图 4-44 梯形图改画成用主控指令编程的梯形图。

4-4　画出图 4-45 梯形图的输出波形。

4-5　试设计一个四分频的梯形图程序，并写出对应的语句表程序，画出输入信号及输出信号的状态时序图。

4-6　用 SET、RST 和 PLS、PLF 指令设计满足图 4-46 波形图的梯形图。

4-7　指出图 4-47 中的错误。

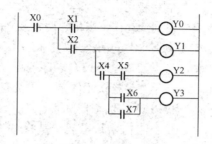

图 4-44　题 4-3 图

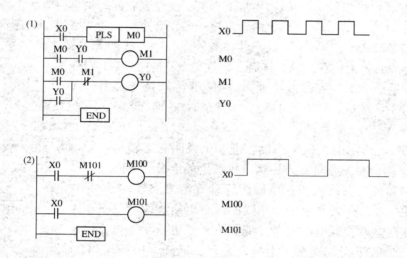

图 4-45　题 4-4 图

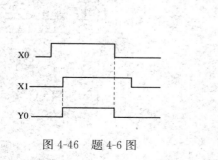

图 4-46　题 4-6 图

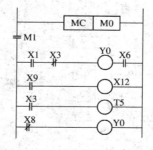

图 4-47　题 4-7 图

第五章　PLC步进顺控指令系统

第一节　状态转移图

状态转移图也称功能图。一个控制过程可以分为若干个阶段，这些阶段称为状态。状态与状态之间由转换分隔。相邻的状态具有不同的动作，当相邻两状态之间的转换条件得到满足时，就实现转换，即上面状态的动作结束而下一状态的动作开始，可用状态转移图描述控制系统的控制过程，状态转移图具有直观、简单的特点，是设计PLC顺序控制程序的一种有力工具。

状态器软元件是构成状态转移图的基本元件。FX_{2N}系列PLC有状态器1000点（S0～S999）。其中S0～S9共10个叫初始状态器，是状态转移图的起始状态。

图5-1是一个简单状态转移图实例。状态器用框图表示，框内是状态器元件号，状态器之间用有向线段连接。其中从上到下、从左到右的箭头可以省去不画，有向线段上的垂直短线和它旁边标注的文字符号或逻辑表达式表示状态转移条件，旁边的线圈等是输出信号。在图5-1中，

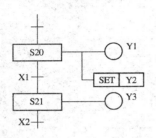

图 5-1　状态转移图

状态器S20有效时，输出Y1、Y2接通（在这里Y1是用OUT指令驱动，Y2是用SET指令置位，未复位前Y2一直保持接通），程序等待转换条件X1动作。当X1一接通，状态就由S20转到S21，这时Y1断开，Y3接通，Y2仍保持接通。

下面以图5-2所示的机械手为例，进一步说明状态转移图。机械手将工件从A点向B点移送。机械手的上升、下降与左移、右移都是由双线圈两位电磁阀驱动气缸来实现的。抓手对物件的松开、夹紧是由一个单线圈两位电磁阀驱动气缸完成，只有在电磁阀通电时抓手才能夹紧。该机械手工作原点在左上方，按下降、夹紧、上升、右移、下降、松开、上升、左移的顺序依次运行。它有手动、自动等几种操作方式。图5-3示出了自动运行方式的状态转移图。

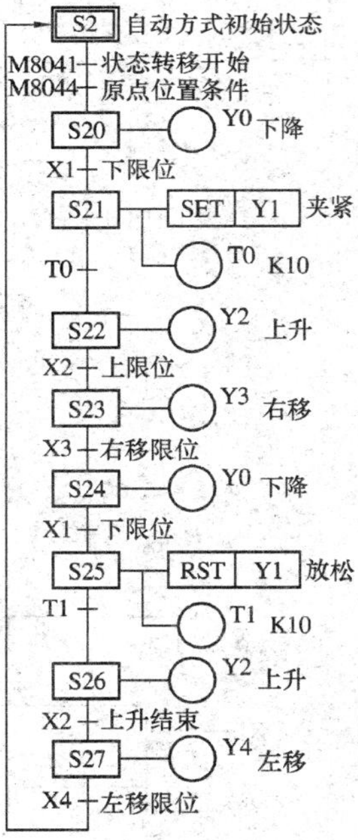

图 5-3　机械手自动运行
方式的状态转移图

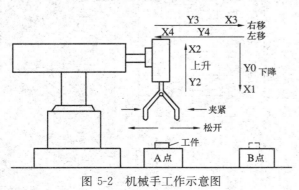

图 5-2　机械手工作示意图

　　状态图的特点是由某一状态转移到下一状态后，前一状态自动复位。

　　S2 为初始状态，用双线框表示。当辅助继电器 M8041、M8044 接通时，状态从 S2 向 S20 转移，下降输出 Y0 动作。当下限位开关 X1 接通时，状态 S20 向 S21 转移，下降输出 Y0 切断，夹紧输出 Y1 接通并保持。同时启动定时器 T0。1s 后定时器 T0 的接点动作，转至状态 S22，上升输出 Y2 动作。当上升限位开关 X2 动作时，状态转移到 S23，右移输出 Y3 动作。右移限位开关 X3 接通，转到 S24 状态，下降输出 Y0 再次动作。当下降限位开关 X1 又接通时，状态转移至 S25，使输出 Y1 复位，即夹钳松开，同时启动定时器 T1 定时。1s 之后状态转移到 S26，上升输出 Y2 动作。到上限位开关 X2 接通，状态转移至 S27，左移输出 Y4 动作，到达左限位开关 X4 接通，状态返回 S2，又进入下一个循环。

第二节　步进顺控指令及其编程

一、步进顺控指令及编程方法

　　步进指令有 STL 和 RET 两条。

　　STL 是步进开始指令，RET 是步进结束指令，图 5-4 是步进指令 STL 的使用说明，图 5-4（a）是状态转移图，图 5-4（b）是相应的梯形图，图 5-4（c）是指令表。STL 常用符号 —▢▢— 表示。状态转移图与梯形图有严格的对应关系。每个状态器有三个功能，即驱动有关负载、指定转移目标和指定转移条件。

　　STL 接点与母线连接与 STL 相连的起始接点要使用 LD、LDI 指令。使用 STL 指令后，LD 点移至 STL 接点的右侧，一直到出现下一条 STL 指令或者出现 RET 指令止。RET 指令使 LD 点返回母线。使用 STL 指令使新的状态置位，前一状态自动复位。

　　STL 接点接通后，与此相连的电路就可执行。当 STL 接点断开时，与此相连的电路停止执行。但要注意在 STL 接点接通转为断开后，还要执行一个扫描周期。

　　STL 步进指令仅对状态器有效。但状态器也可以是 LD、LDI、AND 等指令的目标元件。也就是说，状态器不作为步进指令的目标元件时，就具有一般辅助继电器的功能。

　　STL 指令和 RET 指令是一对步进（开始和结束）指令。在一系列步进指令 STL 后，加上 RET 指令，表明步进梯形指令功能的结束，LD 点返回到原来母线，详见图 5-5。

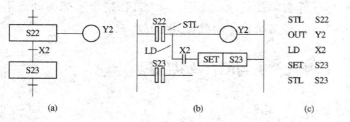

图 5-4　STL 指令使用说明
（a）状态转移图；（b）相应梯形图；（c）指令表

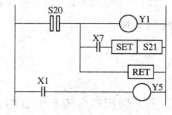

图 5-5　RET 指令使用说明

二、状态转移图与梯形图的转换

　　状态转移图编程时可以将其转换成梯形图，再写出指令表。状态图、梯形图、指令表三者对应关系如图 5-6 所示。

0	LD	M8002	使用SET 初始脉冲的初始驱动
1	SET	S0	
3	STL	S0	状态 S0
4	LD	X0	
5	SET	S20	
7	STL	S20	状态 S20
8	OUT	Y1	
9	LD	X1	
10	SET	S21	
12	STL	S21	状态 S21
13	OUT	Y2	
14	LD	X2	
15	SET	S22	
17	STL	S22	状态 S22
18	OUT	Y3	
19	LD	X3	
20	SET	S23	
22	STL	S23	状态 S23
23	OUT	Y4	
24	LD	X4	
25	OUT	S0	使用 OUT
27	RET		在一系列 STL 指令后使用 RET 指令
28	END		

(a)　(b)　(c)

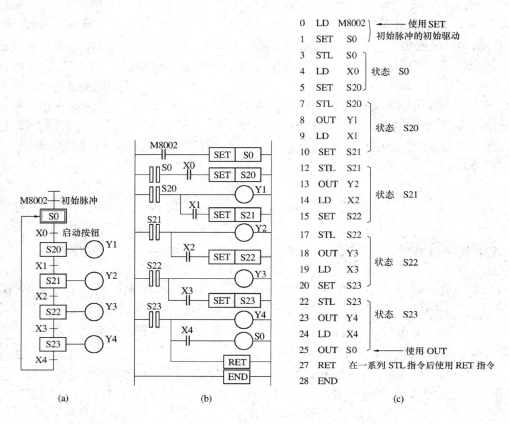

图 5-6　状态图、梯形图、指令表对照表
(a) 状态图；(b) 梯形图；(c) 指令表

初始状态的编程要特别注意，初始状态可由其他状态器件驱动，如图 5-6 中的 S23。最开始运行时，初始状态必须用其他方法预先驱动，使之处于工作状态。在图 5-6 中，初始状态是由 PLC 从停止→启动运行切换瞬间使特殊辅助继电器 M8002 接通，从而使状态器 S0 置 1。

除初始状态器之外的一般状态器元件必须在其他状态后加入 STL 指令才能驱动，不能脱离状态器用其他方式驱动。编程时必须将初始状态器放在其他状态之前。

第三节　选择性分支与汇合及其编程

一、选择性分支与汇合的特点

从多个分支流程中选择某一个单支流程，称之为选择性分支。

图 5-7 选择性分支例中，X0、X10、X20 在同一时刻最多只能有一个为接通状态，这一点是必要前提。

比如 S20 动作时，X0 一接通，动作状态就向 S21 转移，S20 就变为“0”状态，在此以后，即使 X10 或 X20 接通，S31 或 S41 也不会动作（为“1”状态）。

汇合状态 S50，可由 S22、S32、S42 中任意一个驱动。

二、选择性分支与汇合的编程

（一）选择性分支的编程方法

选择性分支状态转移图如图 5-8 所示。对图 5-8（a）的编程与对一般状态图的编程一样，先进行驱动处理，然后设置转移条件，编程时要由左至右逐个编程，用指令表编程的分支程序如图 5-8（b）所示。

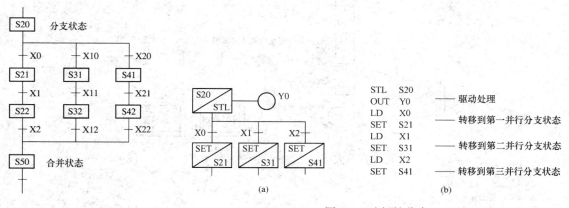

图 5-7　选择性分支与汇合

(a)

```
STL   S20
OUT   Y0      —— 驱动处理
LD    X0
SET   S21     —— 转移到第一并行分支状态
LD    X1
SET   S31     —— 转移到第二并行分支状态
LD    X2
SET   S41     —— 转移到第三并行分支状态
```

(b)

图 5-8　选择性分支

（a）状态转移图；（b）指令表

（二）选择性汇合的编程方法

图 5-9（a）所示为选择性汇合状态转移图，它们的编程要先进行汇合前状态的输出处理，然后朝汇合状态转移，此后由左至右进行汇合转移。这是为了自动生成 SFC 画面而追加的规则。图 5-9（b）为用指令表编写的汇合程序。

(a)

```
STL S29
OUT Y10 — 输出处理
  ⋮
STL S39
OUT Y11 — 输出处理
  ⋮
STL S49
OUT Y12 — 输出处理

STL S29
LD  X10   ] 从第一分支转移到汇合点
SET S50
STL S39
LD  X11   ] 从第二分支转移到汇合点
SET S50
STL S49
LD  X12   ] 从第三分支转移到汇合点
SET S50
```

(b)

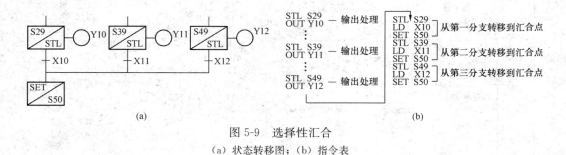

图 5-9　选择性汇合

（a）状态转移图；（b）指令表

分支、汇合的转移处理程序中，不能用 MPS、MRD、MPP、ANB、ORB 指令。

三、编程实例

图 5-10 为使用传送机将大、小球分类后分别传送的系统示意图。图上左上为原点，动作顺序为下降、吸收、上升、右行、下降、释放、上升、左行。此外，机械臂下降时，若电磁铁吸住大球，下限开关 LS2 断开；若吸住小球，LS2 接通。

图 5-11 为大小球分类传送系统的状态转移图。本例中设定机械手初始位置为零点位置，大小球的区分由下限位开关 X2（LS2）决定，当 X2＝ON 时，机械手触抓小球，反之触抓为大球。

下面为大、小球分类传送系统的状态转移图如图 5-11 所示。

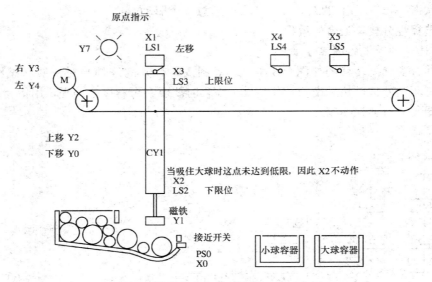

图 5-10　大小球分类分别传送系统示意图

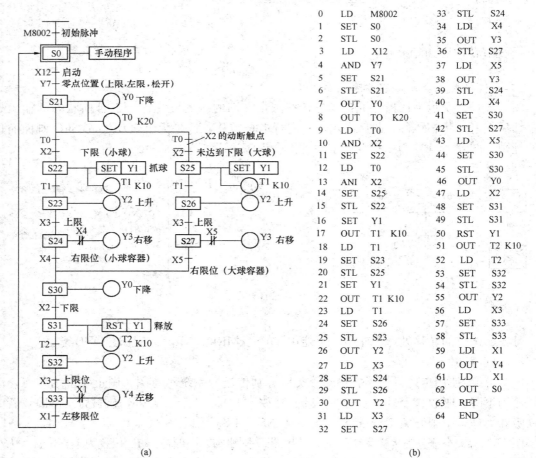

(a)　　　　　　　　　　　　　　　　　　　　　　　(b)

图 5-11　大、小球分类传送系统控制程序

(a) 状态转移图；(b) 指令表

第四节　并行性分支与汇合及其编程

一、并行性分支与汇合的特点

并行分支是指同时处理的程序流程。

图 5-12 中在 S20 动作后，X0 一接通，S21、S24、S27 就同时动作，各分支流程开始动作。待各流程的动作全部结束后，X7 接通，汇合状态 S30 动作，S23、S26、S29 全部复位，变为"0"状态。这种汇合有时被称为排队汇合。

二、并行性分支与汇合的编程

（一）并行性分支的编程方法

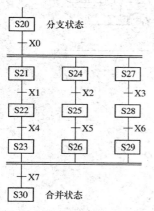

图 5-12　并行性分支与汇合

并行性分支，如图 5-13 所示，对图 5-13（a）的编程与对一般状态图的编程一样，先进行驱动处理，然后进行转移处理。转移的处理要从左到右依次进行。图 5-13（b）所示为用指令表编写的分支程序。

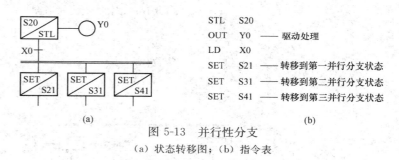

图 5-13　并行性分支
（a）状态转移图；（b）指令表

（二）并行性汇合的编程方法

图 5-14（a）所示为并行性汇合的状态转移图，它们的编程与一般状态转移图编程一样，先进行驱动处理，然后进行转移处理。转移处理从左到右依次进行。图 5-14（b）即为用指令表编写的汇合程序。STL 指令最多只能连续使用 8 次。

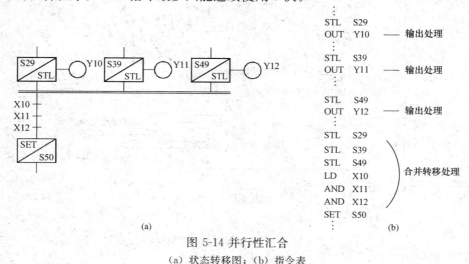

图 5-14 并行性汇合
（a）状态转移图；（b）指令表

三、编程实例

现以图 5-15 所示的按钮人行道为例介绍并行性分支与汇合的编程方法。

图 5-16 为按钮人行道系统的状态转移图,其工作原理如下:当 PLC 由停机转入运行时,

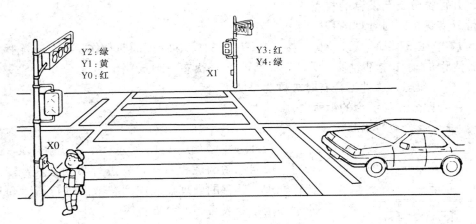

图 5-15　按钮人行道示意图

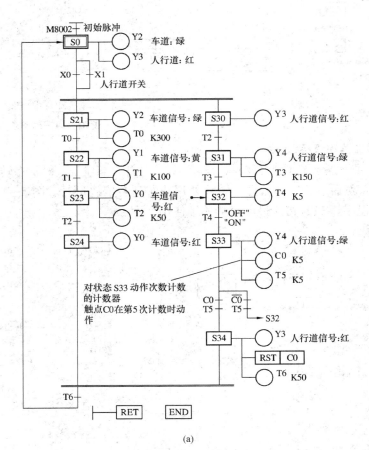

(a)

图 5-16　按钮人行道系统状态转移图(一)

(a)状态转移图;

0	LD	M8002		21	OUT	Y0		44	OUT	Y4
1	SET	S0		22	OUT	T2	K50	45	OUT	C0	K5
2	STL	S0		24	LD	T2		47	OUT	T5	K5
3	OUT	Y2		25	SET	S24		48	LD	C0
4	OUT	Y3		26	STL	S24		49	AND	T5
5	LD	X0		27	OUT	Y0		50	SET	S34
6	OR	X1		28	STL	S30		51	LDI	C0
7	SET	S21		29	OUT	Y3		52	AND	T5
8	SET	S30		30	LD	T3		53	OUT	S34
9	STL	S21		31	SET	S31		54	STL	S34
10	OUT	Y2		32	STL	S31		55	OUT	Y3
11	OUT	T0	K300	33	OUT	Y4		56	RST	C0
12	LD	T0		34	OUT	T3	K150	57	OUT	T6	K50
13	SET	S22		36	LD	T3		59	STL	S24
14	STL	S22		37	SET	S32		60	STL	S34
15	OUT	Y1		38	STL	S32		61	LD	T6
16	OUT	T1	K100	39	OUT	T4	K5	62	OUT	S0
18	LD	T1		41	LD	T4		63	RET	
19	SET	S23		42	SET	S33		64	END	
20	STL	S23		43	STL	S33				

(b)

图 5-16　按钮人行道系统状态转移图（二）

（b）指令表

初始状态 S0 动作，则车道为绿灯，人行道为红灯。当人行道按钮 X0 或 X1 闭合后，系统进入并行性运行状态，车道为绿灯，人行道为红灯，并且开始延时。30s 后车道变为黄灯，再经 10s 变为红灯。5s 后人行道变为绿灯，15s 后人行道绿灯开始闪烁，同时计数器 C0 开始计数，绿灯每亮 0.5s、灭 0.5s，计数器记录一次，当记录 5 次后计数器触点接通，状态由 S33 向 S34 转移，人行道变为红灯，5s 后返回初始状态。

图 5-16 分别为按钮人行道系统状态转移图和指令表。

第五节　分支与汇合的组合及其编程

一、不正确的分支与汇合的组合及其处理

图 5-17 所示的四例状态转移图是不正确的，它们都是在上一个汇合完成到下一个分支开始之间没有状态元件，这样的状态转移图无法执行，需进行修改。修改的方法是在汇合与分支之间，加入一个虚拟状态，使其上一个汇合真正完成后，再进入下一支分支，如图5-18所示。虚拟状态在这里没有实质性意义，只是从状态转移图的结构上具备合理性。S100 和 S103 的转移触点可以省略。

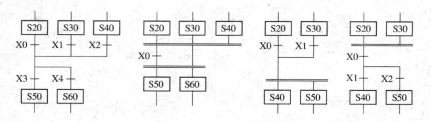

图 5-17　不正确的分支与汇合的组合

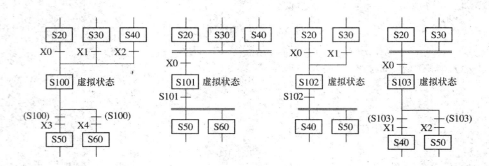

图 5-18　正确的分支与汇合的组合

四种示例状态转移图的编程如下：

```
STL   S20       STL   S20       STL   S20       STL   S20
LD    X0        STL   S30       LD    X0        STL   S30
SET   S100      STL   S40       SET   S102      LD    X0
STL   S30       LD    X0        STL   S30       SET   S103
LD    X1        SET   S101      LD    X1        STL   S103
SET   S100      STL   S101      SET   S102      LD    S103
STL   S40       LD    S101      STL   S102      AND   X1
LD    X2        SET   S60       LD    S102      SET   S40
SET   S100                      SET   S40       LD    S103
STL   S100                      SET   S50       AND   X2
LD    S100                                      SET   S50
AND   X3
STL   S50
LD    S100
AND   X4
SET   S60
```

　　图 5-19 所示状态转移图也是不正确的，原因是在图中出现了流程交叉。因此，需将该图修改成图 5-20，注意修改前后其转移图功能不发生改变，但其编程程序是不一样。该状态转移图的指令表大家自行分析。

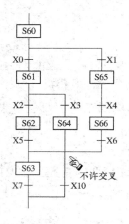

图 5-19　不合理的转移图

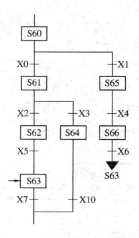

图 5-20　正确的转移图

二、正确的分支与汇合的组合及其编程

　　图 5-16 就是一个分支与汇合组合状态转移图，它是在并行性分支后，嵌套选择性分支。

图 5-21（a）所示转移图为选择性分支与汇合交叉并行性分支与汇合，这是一个正确的转移图，其指令表见表 5-21（b）。

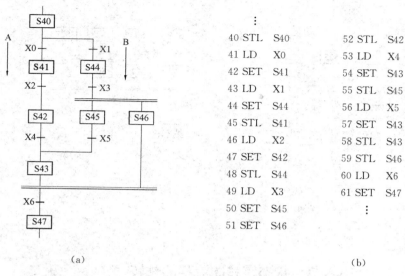

40 STL	S40	52 STL	S42
41 LD	X0	53 LD	X4
42 SET	S41	54 SET	S43
43 LD	X1	55 STL	S45
44 SET	S44	56 LD	X5
45 STL	S41	57 SET	S43
46 LD	X2	58 STL	S43
47 SET	S42	59 STL	S46
48 STL	S44	60 LD	X6
49 LD	X3	61 SET	S47
50 SET	S45		
51 SET	S46		

（a）　　　　　　　　　　　　（b）

图 5-21　选择性分支与汇合交叉并行性分支与汇合
（a）转移图；（b）指令表

图 5-22 所示是并行性分支与汇合交叉选择性分支与汇合，其指令表如下。

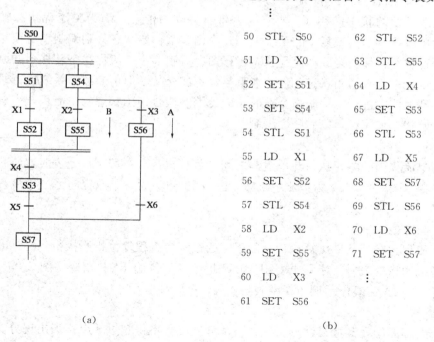

50 STL	S50	62 STL	S52
51 LD	X0	63 STL	S55
52 SET	S51	64 LD	X4
53 SET	S54	65 SET	S53
54 STL	S51	66 STL	S53
55 LD	X1	67 LD	X5
56 SET	S52	68 SET	S57
57 STL	S54	69 STL	S56
58 LD	X2	70 LD	X6
59 SET	S55	71 SET	S57
60 LD	X3		
61 SET	S56		

（a）　　　　　　　　　　　　（b）

图 5-22　并行性分支与汇合交叉选择性分支与汇合
（a）转移图；（b）指令表

图 5-23、图 5-24 所示状态转移图也是正确的，指令表自行分析。

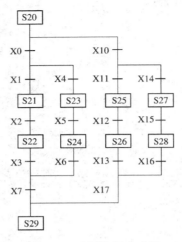

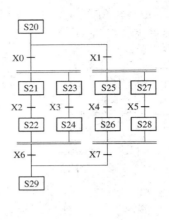

图 5-23　选择性嵌套选择
性分支与汇合

图 5-24　选择性嵌套并
行性分支与汇合

第六节　状态转移图流程的跳转、
重复、复位及分支限数

一、单流程与多流程状态转移图

由一个初始状态开始的状态转移图，不管是否带有分支与汇合，均为单流程状态转移图。前述各例均为单流程。在比较复杂的系统中，允许用多个初始状态分别编制单流程状态转移图。多个单流程状态转移图构成多流程状态转移图。编制多个单流程状态转移图的原则是：初始状态不能重复；所有通用状态元件不能重复，不能交叉，但可断续；系统执行时按照初始状态号由小到大依次进行。编制指令表时，应先编制低号初始状态的单流程，完成后再编制高一号的初始状态单流程，以后顺序编制。

二、流程跳转

流程跳转分为单流程内的跳转执行与单流程之间的跳转执行。在编制指令表时，所有跳转均使用 OUT 指令。图 5-25 （a）为单流程跳转，图 5-25 （b）为一单流程向另一单流程的跳转。

三、流程重复与复位

流程重复指单流程内在某条件反复执行某段程序的过程。流程复位指当执行到终结时状态的自动清零。在编制指令表时，流程重复用 OUT 指令，复位用 RST 指令，图 5-25 （c）为重复示例，图 5-25 （d）为复位示例。指令表略。

四、分支限数

在单流程状态转移图中，其选择性分支或并行性分支支数不得超过 8 个。当出现分支与汇合的组合时，其总支数不得超过 16 个，如图 5-26 所示。

图中虚线补充解释为：直接从汇合线或汇合前状态向其他远状态的跳转或复位是不允许的。若确需要时，需加入虚拟状态，使跳转或复位点不直接接触汇合线。

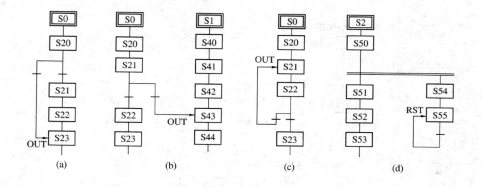

图 5-25　状态转移图的流程变化

（a）单流程跳转；（b）一单流程向另一单流程跳转；（c）重复；（d）复位

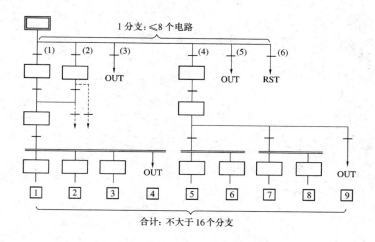

图 5-26　分支限数

习 题 及 思 考 题

5-1　选择性分支与并行性分支有何区别？

5-2　图 5-10 机械手传送系统是怎样识别大小球的？

5-3　在图 5-11 状态转移图中，如果去掉 T0 定时器，系统能否正常工作？

5-4　在图 5-16 状态转移图中，状态继电器 S32、S33 完成的是什么功能？简述其过程。

5-5　现有 5 行 7 列 35 个彩泡组成的点阵，请自行编号并设计状态转移图，按照中文"王"字的书写顺序，依次以 0.2s 的间隔点亮，形成"王"字。

5-6　写出图 5-27 状态转移图的对应指令表。

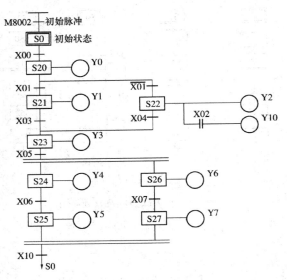

图 5-27　题 5-6 图

第六章　PLC 功 能 指 令 系 统

可编程序控制器的基本指令是基于继电器、定时器、计数器类软元件，主要用于逻辑功能处理的指令。步控指令用于顺序逻辑控制系统。但在工业自动化控制领域中，许多场合需要数据运算和特殊处理。因此，PLC 制造商逐步在 PLC 中引入了功能指令（Functional Instruction），或称为应用指令（Applied Instruction），功能指令主要用于数据的传送、运算、变换及程序控制等功能。

三菱 FX 系列 PLC 的功能指令用功能符号 FNC00-FNC□□□表示，各条指令有相对应的助记符表示其功能意义。例如，FNC45，表示的助记符为 MEAN，其指令含义为求平均值。FNC12，表示的助记符号为 MOV，其指令含义为数据传送。功能编号（FNC）与助记符是一一对应的。不同型号的 FX 系列 PLC，其所拥有的功能指令条数不相等。FX 系列 PLC 的功能指令见附录二。

第一节　功能指令的表示形式及含义

一、功能指令的表示形式

功能指令和基本指令不同。功能指令类似一个子程序，直接由助记符（功能代号）表达本条指令要做什么。FX 系列 PLC 在梯形图中使用功能框表示功能指令。图 6-1 是功能指令的梯形图表达形式。图中 X0 是执行该条指令的条件，其

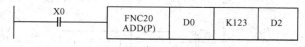

图 6-1　功能指令的梯形图表达形式

后的方框为功能框，分别含有功能指令的名称和参数，参数可以是相关数据、地址或其他数据。这种表达方式直观明了，对学过计算机程序的人马上就可以悟出指令的功能。当 X0 合上后（可称 X0 为 ON 或 X0＝1），数据寄存器 D0 的内容加上 123（十进制），然后送数据寄存器 D2 中。

二、功能指令的含义

使用功能指令需要注意功能框中各参数所指的含义，现以加法指令来说明。图 6-2 所示为加法指令（ADD）的指令格式和相关参数形式，表 6-1 为加法指令、参数说明。

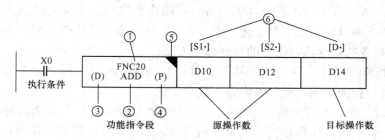

图 6-2　加法指令指令格式及参数形式

图 6-2、表 6-1 标注①～⑦说明如下：

①为功能代号（FNC）。每条功能指令都有一固定的编号，FX_{1S}、FX_{1N}、FX_{2N}、FX_{2NC} 的功能指令代号从 FNC00～FNC246。例如 FNC00 代表 CJ，FNC01 代表 CALL，…… FNC246 代表两个数据比较。

表 6-1　　　　　　　　　　　　　　　　加法指令、参数说明

指令名称	助记符/功能号	操 作 数			程 序 步 长⑦
		[S1·]	[S2·]	[D·]	
加 法	FNC20 (D) ADD (P) (16/32)	K、H KnX、KnY、KnM、KnS、 T、C、D、V、Z		KnY、KnM、KnS、 T、C、D、V、Z	ADD、ADD (P) ——7 步 (D) ADD、(D) ADD (P) ——13 步

② 为助记符。功能指令的助记符是该条指令的英文缩写词。如加法指令英文写法为 "Addition instruction"，简写为 ADD；交替输出指令 "Alternate output" 简写为 ALT 等。采用这种方式，便于了解指令功能，容易记忆和掌握。

③为数据长度（D）指示。功能指令中大多数涉及数据运算和操作，而数据的表示以字长表示，有 16 位和 32 位之分。因此有（D）表示的即为 32 位数据操作指令，无（D）表示的则为 16 位数据操作指令，如图 6-3 所示。图 6-3（a）所示指令功能为 16 位数据操作，即将（D10）的内容传送到（D12）中；图 6-3（b）所示指令功能为 32 位数据操作，即将（D21，D20）（32 位）的内容传送到（D23，D22）中。

图 6-3　16 位/32 位数据传送指令实例
(a) 16 位数据操作；(b) 32 位数据操作

④为脉冲/连续执行指令标志（P）。功能指令中若带有（P），则为脉冲执行指令，即当条件满足时仅执行一个扫描周期。若指令中没有（P）则为连续执行指令。脉冲执行指令在数据处理中是很有用的。例如加法指令，在脉冲形式指令执行时，加数和被加数做一次加法运算，而连续形式指令执行时，每一个扫描周期都要相加一次。某些特别指令，如加 1 指令 FNC24（INC）、减 1 指令 FNC25（DEC）等，在用连续执行指令时应特别注意，它在每个扫描周期，其结果内容均在发生着变化。图 6-4 所示分别表示脉冲执行型、连续执行型指令以及加 1、减 1 指令的连续执行指令的特殊标注方法。

⑤ 为某些特殊指令连续执行的符号。如图 6-4（c）所示加 1 指令，该指令为连续执行的加 1 指令，每一扫描周期 "源" 的内容都发生变化。

⑥ 为操作数。操作数即为功能指令所涉及的参数（或称数据），分为源操作数、目标操作数及其他操作数。源操作数是指功能指令执行后，不改变其内容的操作数，用 S 表示。目标操作数是指功能指令执行后，将其内容改变的操作数，用 D 表示。既不是源操作数，又不

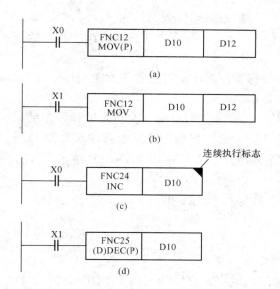

传送指令，当 X0 从 OFF→ON 时，执行一次送数，其他时刻不执行，即（D10）→（D12）

传送指令，当 X1 从 OFF→ON 时，在各扫描周期都执行，即（D10）→（D12）

加 1 指令，当 X0 从 OFF→ON 时，（D10）的内容加 1 再送（D10），每扫描一次加 1。这种有特殊符号标志，以示区别，即（D10）+1→（D10）

减 1 指令，当 X1 从 OFF→ON 时，（D11，D10）−1→（D11，D10），执行一次操作，且为 32 位数据操作

图 6-4　脉冲型、连续执行型指令图例

（a）脉冲型指令（16 位）；（b）连续执行型指令（16 位）；（c）加 1 连续执行指令（16 位）；（d）减 1 脉冲指令（32 位）

是目标操作数，则称为其他操作数，用 m、n 表示。其他操作数往往是常数，或者是对源、目标操作数进行补充说明的有关参数。表示常数时，一般用 K 表示十进制数，H 表示十六进制数。如图 6-2 所示，在一条指令中，源操作数、目标操作数及其他操作数都可能不止一个（也可以一个也没有），此时均可以用序列数字表示，以示区别。例如 S1、S2、…；D1、D2、…；m1、m2、…；n1、n2、…。

操作数若是间接操作数，即通过变址取得数据，则在功能指令操作数旁加有一点"·"，例如 [S1·]、[S2·]、[D1·]、[D2·]、[m1·] 等。

表 6-2 为功能指令操作数的含义。

表 6-2　　　　　　　　　功能指令操作数（软元件）含义

字 软 元 件	位 软 元 件	字 软 元 件	位 软 元 件
K：十进制整数	X：输入继电器（X）	KnS：状态继电器（S）的位指定*	
H：十六进制整数	Y：输出继电器（Y）	T：定时器（T）的当前值	
KnX：输入继电器（X）的位指定	M：辅助继电器（M）	C：计数器（C）的当前值	
KnY：输出继电器（Y）的位指定*	S：状态继电器（S）	D：数据寄存器（文件寄存器）	
		V、Z：变址寄存器	

＊指定的 Kn，16 位时 K1～K4，32 位时 K1～K8。

操作数可使用 PLC 内部的各种位元件，例如，X、Y、M、S 等，也可以用这些位元件的组合，以 KnX，KnY，KnM，KnS 等形式表示。数据寄存器 D 或定时器 T 或计数器 C 的当前值寄存器也可作为操作数。一般数据寄存器为 16 位，在处理 32 位数据时，将使用一对数据寄存器组合。例如将数据寄存器 D0 指定为 32 位指令的操作数时，则（D1，D0）32 位数据参与操作，其中 D1 为高 16 位，D0 为低 16 位。T、C 的当前值寄存器也可作为一般寄存器处理，其方法同数据寄存器。

需要注意的是，计数器 C200～C255 为 32 位数据寄存器，使用过程中不能当作 16 位数据进行操作。

⑦ 为程序步长。是指执行该条功能指令所需要的步数。功能指令的功能号和指令助记符占一个程序步，每一个操作数占 2 个或 4 个程序步（16 位操作数是 2 个程序步，32 位操作数是 4 个程序步）。因此，一般 16 位指令为 7 个程序步，32 位指令为 13 个程序步。

第二节　功能指令的分类与操作数说明

一、功能指令的分类

FX 系列 PLC 功能指令的分类有如下 14 类：

（1）程序流程指令。例如 CJ（条件跳转）、CALL（子程序调用）、EI（中断允许）、DI（中断禁止）等。

（2）传送与比较指令。例如 CMP（比较）、ZCP（区间比较）、MOV（传送）、BCD（码制转换）等。

（3）四则运算指令。例如 ADD（二进制加法）、SUB（二进制减法）、WOR（逻辑字或）、NEG（求补码）等。

（4）循环移位指令。例如 ROR（循环右移）、ROL（循环左移）、SFTR（位右移）、SFTL（位左移）等。

（5）数据处理指令。例如 ZRST（批次复位）、DECO（译码）、SQR（BIN 开方运算）、FLT（浮点处理）等。

（6）高速处理指令。例如 REF（输入/输出刷新）、MTR（矩阵输入）、PLSY（脉冲输出）、PWM（脉宽调制）等。

（7）方便指令。例如 IST（初始化）、SER（数据查找）、RAMP（斜坡信号）、SORT（数据排序）。

（8）外围设备（I/O）指令。例如 TKY（数字键 0～9 输入）、HKY（16 键输入）、FROM（BFM 读出）、TO（BFM 写入）。

（9）外围设备（SER）指令。例如 RS（串形数据传送）、PRUN（数据传送）、PLID（PLID 运算）、CCD（校验码）。

（10）浮点数指令。例如 EADD（二进制浮点加法）、EMUL（二进制浮点乘法）、ECMP（二进制浮点数比较）、INT（浮点取整数）等。

（11）定位指令。例如 ABS（ABS 值读出）、PLSV（可变速的脉冲输出）、DRVI（相对定位）、DRVA（绝对定位）。

（12）时钟指令。例如 TCMP（时钟数据比较）、TADD（时钟数据加法）、TRD（时钟数据读出）、TNR（时钟数据写入）等。

（13）外围设备指令。例如 GRY（格雷码变换）、RD3A（模拟块读出）、WR3A（模拟块写入）等。

（14）接点比较指令。例如 LD＝（两数相等）、LD＜＞（两数不等）、LD＞（S1 大于 S2）、LD＜（S1 小于 S2）等。

功能指令一览表见附录二。

二、功能指令操作数说明

功能指令在数据处理和运算过程中，均要用到有关数据寄存器、变址寄存器、中断指针和特殊辅助继电器等，对这些功能指令的操作数，在编程使用过程中，要很好地了解和掌握它，并按有关规则使用。

（一）数据寄存器与位组合数据

1. 数据寄存器（D）

数据寄存器是用于存储数值数据的，其值可通过应用指令、数据存取单元及编程装置进行读出或写入。这些寄存器都是 16 位（最高为符号位），可处理的数值范围为 －32768～＋32767，如图 6-5 所示。

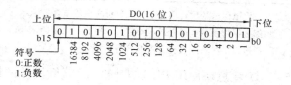

图 6-5 16 位数据寄存器

两个相邻的数据寄存器可组成 32 位数据存储器（最高位为符号位），可处理的数值范围为 －2147483648～＋2147483647，如图 6-6 所示。

在进行 32 位操作时，只要指定低位的编号即可，例如 D0。而高位则为继其之后的编号（即为 D1），即自动占有。低位地址号可以是奇数或偶数，由于考虑到外围设备的监视功能，建议低位的编号采用偶数编号。例如：用 D0 表示（D1，D0）、D4 表示（D5，D4）32 位数据寄存器的编号。

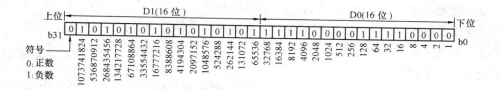

图 6-6 32 位数据存储器

数据寄存器又分一般型、停电保持型和特殊型。FX$_{1S}$、FN$_{2N}$、FX$_{2NC}$ 型 PLC 的数据寄存器如表 6-3 所示。

表 6-3 中有关内容说明如下：

（1）一般型数据寄存器一旦写入数据，只要不再写入其他数据，其内容就不会变化。但是在 PLC 从运行到停止时或停电时，所有数据将清零。只有一种情况例外，若特殊辅助继电器 M8033 被驱动，则数据可以保持。

（2）利用外围设备的参数设定，可改变 FX$_{2N}$、FX$_{2NC}$ 型 PLC 的一般型与停电保持型的分配（除停电保持专用的寄存器以外）。

若将停电保持专用的数据寄存器作为一般用途时，则要在程序的起始步使用 RST 或 ZRST 指令清除其内容。

表 6-3　　　　　　　　　　　　　**FX 系列 PLC 数据寄存器**

机　型	一般用	停电保持用	停电保持专用	文件用	特殊用	指定用
FX₁ₛ系列	D0～D129 128 点③	—	D128～D255 128 点③	根据参数设定,可以将 D1000～D2499 作为文件寄存器使用	D8000～D8255 256 点	V0 (V) ～V7 Z0 (Z) ～Z7 16 点
FX₂ₙ FX₂ₙᴄ系列	D0～D199 200 点①	D200～D511 312 点②	D512～D7 999 7 488 点③	根据参数设定,可以将 D1000 以下作为文件寄存器	D8000～D8255 256 点	V0 (V) ～V7 Z0 (Z) ～Z7 16 点③

① 非停电保持领域,通过设定参数可变更停电保持领域;

② 停电保持领域,通过设定参数可变更非停电保持领域;

③ 通过设定参数无法变更停电保持的特性。

（3）注意在使用 PLC 与计算机 PC 间链接的情况下,有一部分的数据寄存器将被链接地址所占用。

2. 位组合数据

在 FX 系列 PLC 中,是使用 4 位 BCD 码表示 1 位十进制数据。这样对于位元件来讲,4 位一个组合,表示一个十进制数。所以在功能指令中,常常用 KnX、KnY、KnM、KnS 这种位组合数据形式表达一个数,例如:

K1 X0 就表示由 X3～X0 4 个输入继电器的组合。

K2 X0 就表示由 X7～X0 8 个输入继电器的组合。

K3 Y0 就表示由 Y13～Y0 12 个输出继电器的组合。

K4 Y0 就表示由 Y17～Y10、Y7～Y0 16 个输出继电器的组合。

（二）变址寄存器（V、Z）

1. 变址寄存器的形式

变址寄存器同普通的数据寄存器一样,是进行数据读、写的寄存器,字长为 16 位,共有 16 个,分别为 V0～V7 和 Z0～Z7,如图 6-7（a）所示。

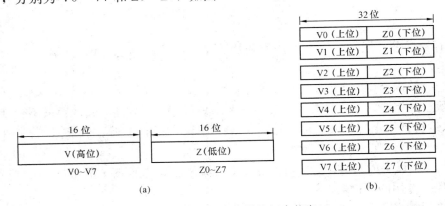

图 6-7　变址寄存器的组合状态

（a）变址寄存器；（b）组合成 32 位变址寄存器

　　变址寄存器在功能指令操作中，可以与其他的软元件编号或数值组合使用。V、Z 自身也可以组合成 32 位数据寄存器，组合状态如图 6-7 (b) 所示。

　　变址寄存器的内容，与软元件组合，可以改变软元件的地址。可以利用变址寄存器变址的软元件是 X、Y、M、S、T、P、C、D、K、H、KnX、KnY、KnM、KnS 等。例如 V=6，K20V 则为 K26（K20＋6）；若 V=7，K20V 变为 K27（K20＋7），功能指令变址寄存器的使用实例说明如图 6-8 所示。

图 6-8　功能指令变址寄存器使用实例

　　当 V=9、Z=12 时，D5V=D5+9=D14；D10Z=D10+12=D22。

　　当 X0=1 时，则 D14→D22。

　　当 V=8 时，则 D5+8=D13，D13→D22。

　　注意一点，在处理 16 位指令时，可以任意选用 V 或 Z 变址寄存器，而在处理 32 位功能指令中的软元件或处理超过 16 位范围的数值时，必须使用 Z0～Z7。

　　2. 变址寄存器有关参数的修改

　　(1) 数据寄存器编号的修改。

　　1) 16 位指令操作数的修改：如图 6-9 (a) 所示，当 X0=1 或 X0=0 时，则将 K0 或 K10 的内容向变址寄存器 V0 传送。若 X1 接通，则当 V0=0 时（D0+0=D0），则 K500 的内容向 D0 传送。若 V0=10 时，（D0+10=D10），则 K500 的内容向 D10 传送。

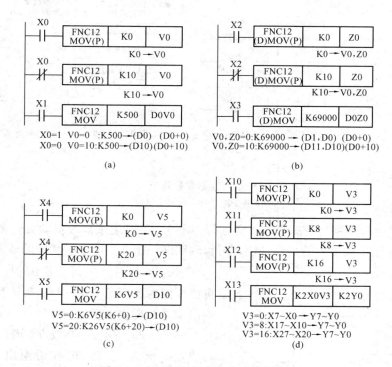

图 6-9　变址寄存器参数修改实例之一

(a) 16 位指令操作数的修改实例；(b) 32 位指令操作数的修改实例；
(c) 常数 K 的修改实例；(d) 输入/输出继电器编号的修改实例

2）32 位指令操作数的修改：如图 6-9（b）所示，因为（D）MOV 指令是 32 位操作的功能指令，因此在该指令中使用的变址寄存器也必须指定为 32 位。所以，在 32 位指令中应指定变址寄存器的 Z 侧（低位 Z0～Z7），这样就包含了与此组合的 V 侧（高位 V0～V7），使得它们作为 32 位寄存器动作。

注意一点，即使 Z0 中写入的数值不超过 16 位的数值范围（0～32 767），也必须用 32 位的指令将 V、Z 两值改写。如果只写入 Z 侧，则在 V 侧留有其他数值，会使数值产生运算错误。

（2）常数 K 的修改。常数 K 的修改情况也同软元件编号的修改一样。如图 6-9（c）所示，当 X5＝1 时，如果 V5＝0，则 K6V5＝K6（K6＋0＝K6），将 K6 的内容向 D10 传送；若 V5＝20，则 K6V5＝K26（K6＋20＝K26），将 K26 的内容向 D10 传送。

（3）输入/输出继电器（八进制软元件编号）的修改。如图 6-9（d）所示，用 MOV 指令变址，改变输入，使输入变换成 X7～X0 或 X17～X10 或 X27～X20 送至输出端 Y7～Y0。

当 X10＝1 时，K0→V3；X11＝1 时，K8→V3；X12＝1 时，K16→V3。这种变换是将变址值 0、8、16，通过八进制的运算（X0＋0＝X0）、（X0＋8＝X10）、（X0＋16＝X20），确定软元件编号，使输入端子发生变化。

（4）定时器当前值的修改。如图 6-10 所示，若要对定时器 T0～T9 当前值进行显示，可利用变址寄存器简单地构成。

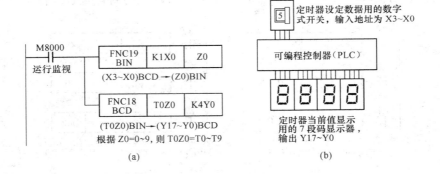

图 6-10　变址寄存器参数修改实例之二

(a) 梯形图；(b) 接线示意图

（5）使用次数有限制指令的修改。变址寄存器 V、Z 可用来修改对软元件的编号，这种方法若用于有使用次数限制的指令来说，可得到和同一指令多次编程相同的效果。

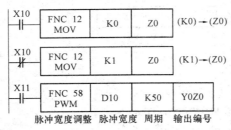

图 6-11　变址寄存器参数修改实例之三

FNC58 是只能执行一次编程的指令，在没有必要同时驱动多个输出的情况下，可用修改输出编号的方法来变更被控制的对象。

如图 6-11 所示，Y0 或 Y1 输出由 D10 的内容决定其脉冲宽度。这种切换由 X10 的 ON/OFF 状态决定。若 X10＝1，Z0＝0；X10＝0，Z0＝1。

此外，在指令执行中，即使 Z0 变化，上述的切换也无效。为了使切换有效，应将 PWM 指令的驱动再置为 OFF 一次。

（三）标志位

功能指令在操作过程中，其运算结果要影响某些特殊继电器或寄存器，通常称其为标志（位）。标志（位）又分一般标志（位）、运算出错标志（位）和功能扩展用标志（位）。

1. 一般标志（位）

在功能指令操作中，其结果将影响下列标志位：

M8020：零标志，如运算结果为 0 时动作；

M8021：借位标志，如做减法时被减数不够减时动作；

M8022：进位标志，如运算结果发生进位时动作；

M8029：指令执行结束标志。

这些标志在每次各种指令执行完毕后，将使它们接通或断开。

2. 运算出错标志（位）

如果在功能指令的结构、可用软元件及其编号范围等方面有错误时，或在运算过程中出现错误，下列标志位会动作，同时记录出错信息：

M8067：运算出错标志；

D8068：运算错误代码编号存储；

D8069：错误发生的步序号记录存储。

PLC 由 STOP→RUN 时都是瞬间清除，若出现运算错误，则 M8068 保持动作，而 D8068 中存储发生错误的步序号。

3. 功能扩展用标志（位）

在部分功能指令中，同时使用由该功能指令确定的固有特殊辅助继电器，可进行功能扩展。例如：M8160 为 FNC17（XCH）的 SWAP 功能，而 M8161 为 8 位处理模式，适用于 FNC76（ASC）、FNC80（RS）、FNC82（ASCI）、FNC83（HEX）、FNC84（CCD）指令。

图 6-12 为执行结束标志和扩展功能标志的应用实例。

（四）文件寄存器（D）

文件寄存器实际上是一类专用数据寄存器，用于存储大量的数据。例如采集数据、统计计算数据、多组控制参数等。其数量由 CPU 的监控软件决定，但可通过扩充存储卡的方法加以扩充。

数据寄存器 D1000 以后是普用的掉电保持用寄存器，通过参数设定后，可作为最大 7000 点的文件寄存器。也可通过设定参数，将 7000 点的文件寄存器分成 14 块，每块为 500 个文件寄存器。如图 6-13（a）所示为文件寄存器在内部存储器中所占存储单元的分配说明。若 D1000 以后的一部分设定为文件寄存器，则剩余部分可作为通用的掉电保持寄存器使用，如图 6-13（b）所示。

（五）指针（P/I）

指针用作跳转、中断等程序的入口地址，与跳转、子程序、中断程序等指令一起应用。地址号采用十进制数分配。按用途可分为分支用指针（P）和中断用指针（I）两类。FX_{1S}、FX_{2N}、FX_{2NC} 的指针编号参照表 6-4。

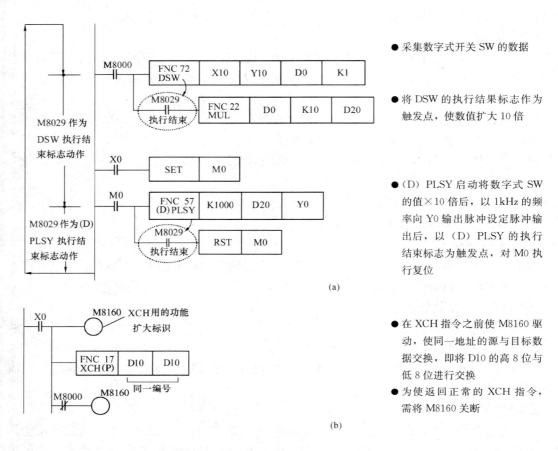

● 采集数字式开关 SW 的数据

● 将 DSW 的执行结果标志作为触发点，使数值扩大 10 倍

● (D) PLSY 启动将数字式 SW 的值×10 倍后，以 1kHz 的频率向 Y0 输出脉冲设定脉冲输出后，以 (D) PLSY 的执行结束标志为触发点，对 M0 执行复位

(a)

● 在 XCH 指令之前使 M8160 驱动，使同一地址的源与目标数据交换，即将 D10 的高 8 位与低 8 位进行交换

● 为使返回正常的 XCH 指令，需将 M8160 关断

(b)

图 6-12　标志位应用实例

（a）执行结束标志的应用实例；（b）扩展功能标志的应用实例

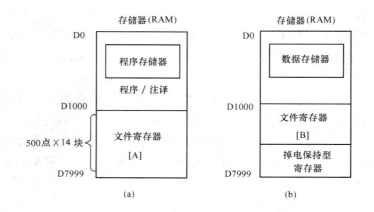

图 6-13　文件寄存器分配说明

（a）分配方式之一；（b）分配方式之二

表 6-4 指 针 编 号 表

机 型	分支用 P	结束跳转用	插入输入用 I	插入计数用 I	计数器中断用 I
FX$_{1S}$ 系列	P0～P62 63 点	P63 1 点	I00□ (X0) I10□ (X1) I20□ (X2)　6 I30□ (X3)　点 I40□ (X4) I50□ (X5)	—	—
FX$_{2N}$ FX$_{2NC}$ 系列	P0～P62 P64～P127 127 点	P63 1 点	I00□ (X0) I10□ (X1) I20□ (X2)　6 I30□ (X3)　点 I40□ (X4) I50□ (X5)	I6□□ I7□□　3 I8□□　点	I010 I040 I020 I050　6 I030 I060　点

1. 分支用指针 P

如表 6-4 所示，分支用指针 P 用于条件跳转指令、子程序调用指令，其地址号分别为 P0～P62（63 点）和 P0～P127（127 点）。而 P63 为跳转结束指针，相当于 END 指令。

图 6-14 为分支用指针 P 的应用实例。图 6-14（a）所示的是指针 P 在条件跳转中使用，如果 X1＝1，通过 FNC00（CJ）指令跳转到指定的标号 P0 位置，执行随后的程序。图 6-14（b）所示的是指针 P 在子程序调用中使用，如果 X1＝1，执行以 FNC01（CALL）指令的标号 P1 位置的子程序，以 FNC02（SRET）指令返回原位置。

在编程时，指针号不能重复使用。

P63 是跳转结束指针，在程序中不编程，如图 6-15 所示。

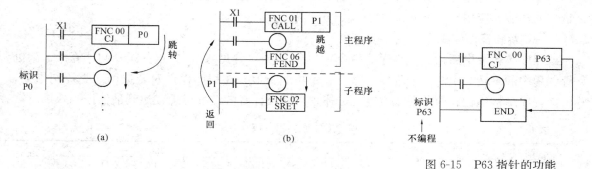

图 6-14 分支用指针 P 的应用实例
(a) 条件转移；(b) 子程序调用

图 6-15 P63 指针的功能

P63 是使用 FNC00（CJ）指令时，意味着向 END 跳转的特殊指针。因此，一般情况下，若用 P63 作为编程的地址时，程序会发生错误。

2. 指针 I

中断用指针有以下三种类型，与应用指令 FNC03（IRET）中断返回、FNC04（EI）开中断和 FNC05（DI）关中断一起组合使用。

（1）输入中断用。I00□～I50□，共 6 点。指针的格式表示如下：

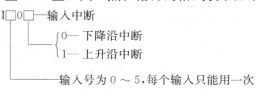

输入中断是接收外界信号（例如 X0～X5）所引起的中断，它是不受可编程控制器的扫描周期的影响。触发该输入信号，执行中断子程序。通过输入中断可处理比扫描周期更短的信号，因而可在顺控过程中作必要的优先处理或短时脉冲处理。

脉冲可以是上升沿起作用，也可以是下降沿起作用。

（2）定时器中断用。I6□□、I7□□、I8□□，共 3 点，指针的格式表示如下：

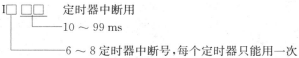

定时器中断为机内信号中断，由指定编号为 6～8 的专用定时器控制。设定时间在 10～99ms 间选取，每隔设定时间中断一次。例如：I820 为每隔 20ms 就执行标号为 I820 后面的中断程序一次，在 IRET 指令执行时返回。

（3）计数器中断用。I010～I060 共 6 点。它是根据 PLC 内置的高速计数器的比较结果，执行中断子程度。主要用于利用高速计数器优先处理计数结果的控制。

第三节 功 能 指 令 说 明

前两节分别介绍了功能指令的形式、含义、分类及操作数的有关说明。不同型号的 FX 系列 PLC，其功能指令条数不一样。对 FX$_{2N}$ PLC 来说，功能指令有 128 条，本节将对这些指令的功能、应用作简要介绍。

一、跳转及中断指令说明

程序跳转及中断指令（程序流指令）共有 10 条，详见表 6-5。这些指令同计算机、微机等课程中的跳转、中断、子程序、循环指令功能类似。在程序设计时若选用这类控制指令，可使程序结构优化、简单明了，能充分体现程序设计者的编程思想，达到最佳控制效果。

表 6-5   程 序 流 程 指 令

FNC No.	指令助记符	指令名称及功能
00	CJ	条件跳转，程序跳到 P 指针指定处，P63 为 END
01	CALL	子程序调用，指定 P 指针，可嵌套 5 层以下
02	SRET	子程序返回，从子程序返回，与 CALL 配对
03	IRET	中断返回，从中断程序返回主程序
04	EI	中断允许（开中断）
05	DI	中断禁止（关中断）
06	FEND	主程序结束
07	WDT	监视定时器刷新
08	FOR	循环，可嵌套 5 层
09	NEXT	循环结束

（一）条件跳转指令［CJ（FNC00）］

1. 指令格式

该指令的指令名称、助记符、功能号、操作数及程序步长见表 6-6。

表 6-6　　　　　　　　　　　　条件跳转指令表

指令名称	助记符/功能号	操作数［D·］	程序步长	备　注
条件跳转	FNC00 CJ（P）	FX₁s：P0～P63 FX₁N、FX₂N、FX₂NC：P0～P127 P63 为 END，不作跳转标记	16 位—3 步，标号 P—1 步	① 16 位指令 ② 连续/脉冲执行

2. 指令说明

图 6-16 为条件跳转指令在梯形图中的具体应用格式。

（1）如图 6-16 所示，若 X0 为 ON，程序跳转到标号 P8 处，X0 为 OFF，则顺序执行程序，这称为有条件转移。若执行条件使用 M8000，则称之为无条件跳转，因为 M8000 为常闭触点。

（2）一个标号只能出现一次，多于一次则会出错。两条跳转指令可以使用同一标号。

使用 CJ（P）跳转指令时，跳转只执行一个扫描周期。

（3）编程时，标号占一行，对有意向 END 步跳转的指针 P63 编程时，程序中不要对标号 P63 编程，如图 6-17 所示。其中图 6-17（a）为梯形图，

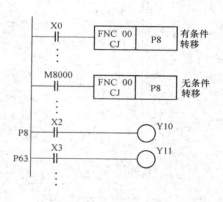

图 6-16　条件跳转指令的基本应用

图 6-17（b）、（c）为指令表程序，但图 6-17（b）程序中编写了 P63 是不正确的，而应写成如图 6-17（c）中所示程序。

（4）程序运行时，当 X0 为 OFF 时，程序正常运行，X1＝0，Y0＝1，X2＝1，T0 定时 2.5s，Y1＝1，X3＝0，C0 计 5 次，Y2＝1。若 X0 为 ON 时，则跳到 P63（END）处，使继电器输出，定时器、计数器值均保持不变。此时，若 X0 为 ON 时，又继续执行程序，继电器输出根据输入条件动作，而定时器、计数器继续往下定时或计数。

表 6-7 为跳转指令在执行图 6-18 程序时的工作状态表，读者可通过此程序进行论证。

表 6-7　　　　　　　　　　　　**图 6-8 程序执行状态表**

类　型	跳转前的触点状态	跳转后触点状态	跳转后线圈状态
Y、M、S	X1、X2、X3 OFF	X1、X2、X3 ON	Y1、M1、S1 OFF
	X1、X2、X3 ON	X1、X2、X3 OFF	Y1、M1、S1 ON
10、100ms 定时器	X4 OFF	X4 ON	定时器不动作
	X4 ON	X4 OFF	时钟中断，X0 "OFF" 后继续
1ms 定时器	X5 OFF、X6 OFF	X6 ON	定时器不动作，时钟继续运行
	X5 OFF、X6 ON	X6 OFF	X0 "OFF" 后触点动作
计数器	X7 OFF、X10 OFF	X10 ON	计数器不工作
	X7 OFF、X10 ON	X10 OFF	计数中断，X0 "OFF" 后继续
应用指令	X11 OFF	X11 ON	跳转过程中不执行 FNC 指令
	X11 ON	X11 OFF	但是，FNC52～58 继续工作

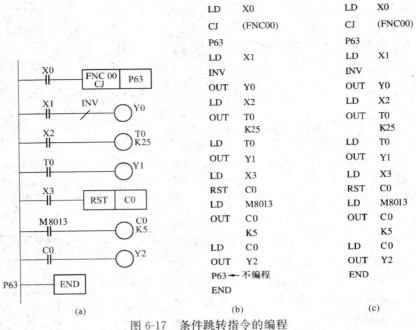

LD	X0	LD	X0
CJ	(FNC00)	CJ	(FNC00)
P63		P63	
LD	X1	LD	X1
INV		INV	
OUT	Y0	OUT	Y0
LD	X2	LD	X2
OUT	T0	OUT	T0
	K25		K25
LD	T0	LD	T0
OUT	Y1	OUT	Y1
LD	X3	LD	X3
RST	C0	RST	C0
LD	M8013	LD	M8013
OUT	C0	OUT	C0
	K5		K5
LD	C0	LD	C0
OUT	Y2	OUT	Y2
P63 ← 不编程		END	
END			

(a)   (b)   (c)

图 6-17　条件跳转指令的编程
(a) 梯形图；(b) 不正确；(c) 正确

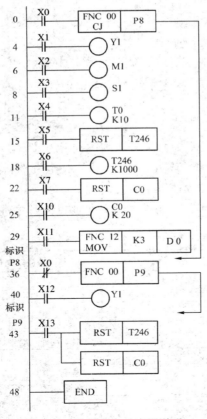

图 6-18　跳转指令的应用说明

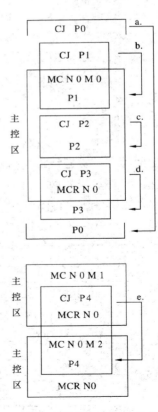

图 6-19　跳转与主控指令的关系

（5）跳转指令与主控指令在使用时其关系如图 6-19 所示。图中标注 a. ～e. 说明如下：

1）对跳过整个主控区（MC-MCR）的跳转不受任何限制。

2）从主控区外跳转到主控区内时，跳转独立于主控操作，CJ P1 执行时，不论 M0 状态如何，都作 ON 状态处理。

3）在主控区（指令）内部跳转时，若 M0 为 OFF，跳转不可能执行。若 M0 为 ON 时，按跳转指令执行。

4）从主控区内跳转到主控区外时，若 M0 为 OFF，跳转不可能执行。若 M0 为 ON 时，跳转条件满足可以跳转。此时，MCR 忽略，但不会出错。

5）从一个主控区跳到另一个主控区内时，当 M1 为 ON 时，可以跳转。执行跳转时，不论 M2 的实际状态如何，均看作 M2＝ON，MCR N0 被忽略。

3. 应用举例

跳转指令在程序设计时是很有用的，比如手动和自动两种控制方式，在工业控制中经常会遇到的。图 6-20 即为采用 CJ 指令完成的手动和自动控制切换程序，其中 X0 为切换方式开关，X1 为手动计数脉冲，M8013 为秒脉冲，X10 为清零开关。

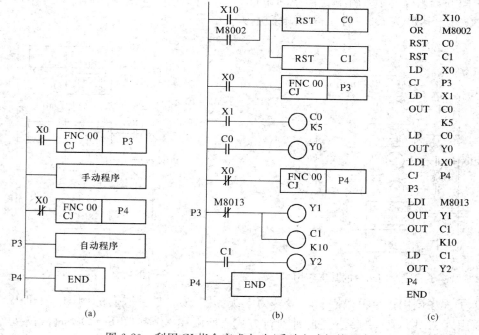

图 6-20　利用 CJ 指令完成自动/手动方式切换程序

(a) 手动/自动流程图；(b) 手动/自动方式编程实例梯形图；(c) 手动/自动方式编程指令表

当 X0 为 OFF 时，执行手动程序，X1 输入 5 个脉冲信号，Y0 有输出。当 X0 为 OFF 时，执行自动程序，Y1 为观察秒脉冲的输出，C1 对秒脉冲（M8013）计数，计满 10 个数时，Y2 有输出。

（二）子程序调用指令 [CALL-SRET（FNC01、FNC02）]

1. 指令格式

该指令的指令名称、助记符、功能号、操作数及程序步长见表 6-8。

表 6-8   子程序调用指令表

指令名称	助记符/功能号	操 作 数	程序步长	备注
子程序调用	FNC01 CALL (P)	指针 P0~P62（允许变址） FX_{1N}、FX_{2N}、FX_{2NC}：P0~P127 P63 为 END，不作指针，嵌套为 5 级	CALL (P) —3 步 P 指针—1 步	
子程序返回	FNC02 SRET	无	1 步	

2. 指令说明

（1）FNC01（CALL）为子程序调用指令，其操作数对 FX_{0S}、FX_{0N}、FX_{1S}、FX_2 型 PLC 来说，其指针仅为 P0~P62。FX_{1N}、FX_{2N}、FX_{2NC} 型 PLC 的指针从 P0~P127，P63 为 END 标号，不作指针，标号在程序中仅能使用一次。CALL 指令在程序中的基本使用格式如图 6-21所示。

（2）子程序调用 CALL 指令一般安排在主程序中，主程序的结束有 FEND 指令。子程序的开始端有 P×× 指针，最后由 SRET 返回指令返回主程序。

（3）图 6-21 中，X0 为调用子程序的条件。当 X0 为 ON 时，调用 P10~SRET 段子程序，并执行。当 X0 为 OFF 时，程序顺序执行。

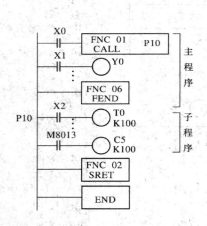

图 6-21　子程序调用指令的基本应用

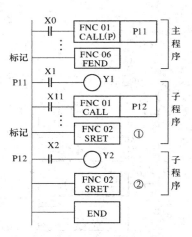

图 6-22　子程序的嵌套

（4）子程序调用指令可以嵌套，最多为 5 级。图 6-22 是一嵌套的例子。子程序 P11 的调用因采用 CALL（P）指令，是脉冲执行方式，所以在 X0 由 OFF→ON 时，仅执行一次。即当 X0 从 OFF→ON 时，调用 P11 子程序。P11 子程序执行时，当若 X11＝1 时，又要调用 P12 子程序并执行，当 P12 子程序执行完毕后，又返回到 P11 原断点处执行 P11 子程序，当执行到 SRET①处，又返回到主程序。

3. 应用举例

应用子程序调用指令，可以优化程序结构，提高编程效果。如图 6-23 所示为一调用子程序实例。当 X1 为 OFF 时，若 X0 为 ON 时，调用 P0（1 s）子程序执行；若 X0 为 OFF 时，调用 P1（2 s）子程序执行；当 X1 为 ON 时，不能调用 P0、P1 子程序，而调用 P2（4s）子程序执行。

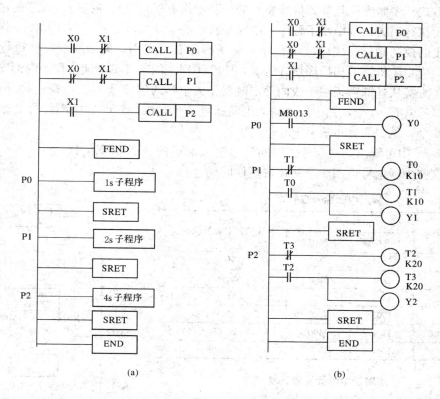

图 6-23　子程序调用应用实例

（a）流程图；（b）梯形图

（三）中断指令 ［IRET、EI、DI（FNC03、FNC04、FNC05）］

1. 指令格式

该指令组的指令名称、助记符、功能号、操作数及程序步长见表 6-9。

表 6-9　　　　　　　　　　　　　中　断　指　令　表

指令名称	助记符/功能号	操 作 数	程序步长
中断返回	FNC 03 IRET	无	1 步
中断允许	FNC04 EI	无	1 步
中断禁止	FNC 05 DI	无	1 步

2. 指令说明

（1）IRET 为中断返回指令，EI 为中断允许指令，DI 为中断禁止指令，在程序中的应用如图 6-24 所示。EI～FEND 之间为允许中断区间，I001、I101 分别为中断子程序 I 和中断子程序 II 的指针标号。

（2）FX 系列 PLC 中断有三类中断，一是外部输入中断；二是内部定时器中断；三是计数器中断方式。中断方式是计算机所特有的一种工作方式，是指在执行主程序的过程中，中断主程序的执行而去执行中断子程序。中断子程序的功能实际上和子程序功能一样，也是完成某一特定的控制功能。但中断子程序又和子程序有所区别，即中断响应（执行中断子程序）的时间应小于机器的扫描周期。因而，中断子程序的条件都不能由程序内部安排的条件引出，而是直接从外部输入端子或内部定时器作为中断的信号源。

中断标号共有 15 个，其中外部输入中断标号 6 个，内部定时器中断标号 3 个，计数器中断标号 6 个，见表 6-10～表 6-12。

从表 6-10 中可看出，对应外部中断信号输入端子的有 X0～X5（6 个）。每个输入只能用一次，这些中断信号可用于一些突发事件的场合。

表 6-10　　　输入中断标号指针表

输入编号	指针编号		中断禁止特殊辅助继电器
	上升中断	下降中断	
X0	I001	I000	M8050
X1	I101	I100	M8051
X2	I201	I200	M8052
X3	I301	I300	M8053
X4	I401	I400	M8054
X5	I501	I500	M8055

表 6-11　　　定时器中断标号指针表

输入编号	中断周期	中断禁止特殊辅助继电器
I6□□	在指针名称的□□部分中，输入 10～99 的整数。I610 为每 10ms 执行一次定时器中断	M8056
I7□□		M8057
I8□□		M8058

　注　M8050～M8058 = "0" 允许，M8050～M8058 = "1" 禁止。

定时器中断的有 3 个中断标号（适用于 FX_{2N}、FX_{2NC} PLC），分别为 I6××～I9××，×× 分别为 10～99 的整数，时间为毫秒，如 I610 意味着每 10 ms 执行一次中断。若在程序中要对某一中断信号源禁止封锁，可将对应的某一特殊辅助继电器（M8050～M8058）置"1"即可。

（3）对于计数器中断信号源，仅适用于 FX_{2N}、FX_{2NC} PLC，其中断标号指针如表 6-12 所示。当 M8059 = "1" 时，禁止所有计数器中断。当 M8059 = "0" 时，允许计数器中断。

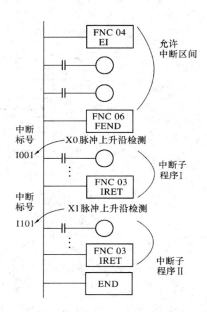

图 6-24　中断指令的使用说明

表 6-12　　　计数器中断标号指针表

指针编号	中断禁止继电器
I010	
I020	
I030	M8059 = "0" 允许
I040	M8059 = "1" 禁止
I050	
I060	

（4）当多个中断信号同时出现时，中断指针号低的有优先权。

（5）IRET 为中断子程序返回指令。每个中断子程序后均有 IRET 作为结束返回标志。

中断子程序一般出现在主程序后面。

（6）中断子程序可以进行嵌套，最多为二级。

3. 应用举例

（1）外部中断子程序。图 6-25 所示为一外部输入中断子程序。在主程序执行时，若特殊辅助继电器 M8050＝0 时，标号为 I001 的中断子程序允许执行。当 PLC 外部输入端 X0 有上升沿信号时，中断就执行一次，执行完毕后，返回主程序。本程序中，Y10 由 M8013 驱动，每秒闪一次，而 Y0 输出是当 X0 在上升沿脉冲时，驱动其为"1"信号，此时 Y11 输出就由 M8013 当时状态所决定。若 X10＝1，使 M8050 为"1"状态，则 I001 中断禁止。

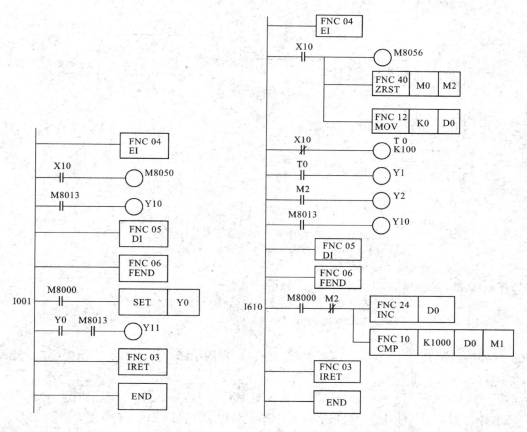

图 6-25　外部输入中断子程序　　　　图 6-26　定时器中断子程序实例

（2）定时器中断子程序。图 6-26 所示为一实验性质的定时器中断子程序。中断标号为 I610，即每 10 ms 中断一次。程序中每执行一次中断程序使数据存储器 D0 内容加 1，当加到 1000 时使 Y2 置 1。为了说明该中断程序的正确与否，在主程序中加入了定时电路 T0，T0 设定值为 K100，且 T0 触点控制输出端 Y1。当 X10 为 ON→OFF 时，延时 10 s 后，Y1、Y2 应同时为"1"状态。

图 6-27 为采用定时器中断产生斜坡信号程序。斜坡输出指令是用于产生线性变化的模拟量输出的指令，在电动机等设备的软启动控制中很有用处，如电梯启动时的升速。RAMP（FNC67）为斜坡输出指令，D1 存放斜坡初值，D2 存放斜波终值，D3 为当前值数据存储单

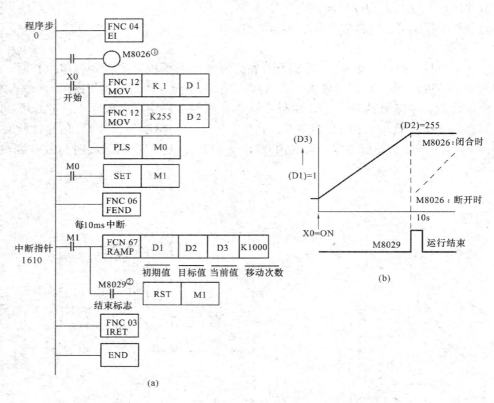

图 6-27　定时器中断产生斜坡信号程序实例

(a) 梯形图；(b) 波形图及说明

①M8026 控制 RAMP 指令保持否？

若 M8026＝1，执行 RAMP 斜坡指令，当 D3 的值＝D2 值时，保持；

若 M8026＝0，执行 RAMP 斜坡指令，当 D3 的值＝D2 值时，立即返回初始值 D1。

②执行结束后，M8029 动作，RAMP 指令的输入条件断开。

元（存放中间结果），K1000 即为运行次数。所以，利用中断完成此斜坡输出需要时间为 10 ×1000＝10000ms，即 10s。

（3）计数器中断子程序。这种中断方式仅对 FX$_{2N}$、FX$_{2NC}$ PLC 适用。如图 6-28 所示是利用高速计数器 C255 的当前计数值实现的中断子程序。当 M8059 为 ON 时，允许中断，高速计数器计到 1000 时，执行中断子程序。

（四）主程序结束指令［FEND（FNC06）］

1. 指令格式

该指令的指令名称、助记符、功能号、操作数及程序步长见表 6-13。

表 6-13　　　　　　　　　　　　　主程序结束指令表

指令名称	助记符/功能号	操作数	程序步长	备　注
主程序结束	FNC06 FEND	无	1 步	结束指令

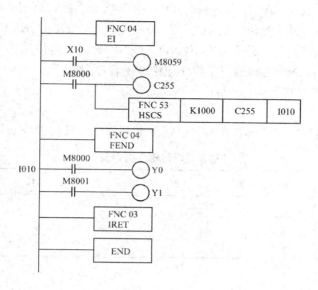

图 6-28　计数器中断子程序实例

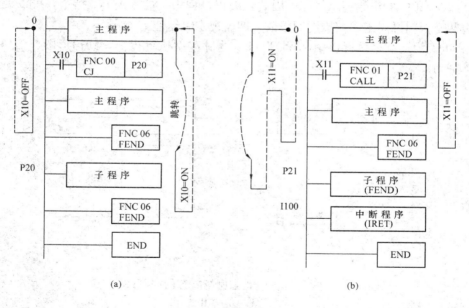

图 6-29　主程序结束指令的应用

(a) 指令在 CJ 跳转中的应用；(b) 指令在 CALL 子程序调用指针的应用

2. 指令说明

（1）主程序结束指令作为主程序的结束指令，执行此指令，功能同 END 指令。图 6-29 所示为主程序结束指令在程序中的应用。跳转（CJ）指令的程序中，用 FEND 作为主程序及跳转程序的结束。而在调用子程序（CALL）中，子程序、中断子程序应写在 FEND 指令之后，且其结束端均用 SRET 和 IRET 作为返回指令。

（2）若 FEND 指令在 CALL 或 CALL（P）指令执行之后，SRET 指令执行之前出现，则程序认为是错误的。另一类似的错误是 FEND 指令处于 FOR－NEXT 循环之中。

（3）子程序及中断子程序必须写在 FEND 与 END 之间，若使用多个 FEND 指令的话，则在最后的 FEND 与 END 之间编写子程序或中断子程序。

（五）监视定时器刷新指令［WDT（FNC07）］

1. 指令格式

该指令的指令名称、助记符、功能号、操作数及程序步长见表 6-14。

表 6-14　　　　　　　　　　监视定时器刷新指令表

指令名称	助记符/功能号	操　作　数	程序步长	备　注
监视定时器刷新	FNC07 WDT（P）	无	1 步	连续/单步执行

2. 指令说明

（1）WDT 指令是在 PLC 顺序执行程序中，进行监视定时器刷新的指令。当 PLC 的运算周期超过监视定时器规定的某一值时（如 FX_2 PLC 为 100ms、FX_{2N} 为 200ms），PLC 将停止工作，此时 CPU 的出错指示灯亮。因此，编程过程中，插入 WDT 指令，可以说明 PLC 的运行周期是否超过规定的扫描周期数值，即监视定时器值。

（2）WDT 为连续型执行指令，WDT（P）为脉冲型执行指令，其梯形图、工作波形图如图 6-30 所示。

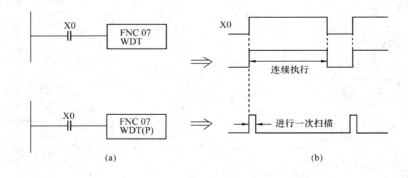

图 6-30　监视定时器刷新指令工作状态

(a) 梯形图；(b) 工作波形图

（3）若改变监视定时器 D8000 的内容，可通过如图 6-31 所示程序进行，在这之后的 PLC 程序将采用新的监视定时器时间执行监视。图 6-31 中将监视定时器数值改变为 300ms。

（4）在 CJ 跳转指令指针的步号比 CJ 指令小时，可在指针后编写 WDT 指令。

（5）如图 6-32 所示，利用 WDT 指令，可以将 240ms 的程序一分为二。这样，前后两个部分都在

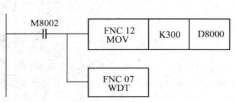

图 6-31　修改监视定时数值

监视定时器 D8000 规定的 200ms 以下，程序即可正常运行。

（六）循环指令〔FOR、NEXT（FNC08、FNC09）〕

1. 指令格式

该指令的指令名称、助记符、功能号、操作数及程序步长见表 6-15。

2. 指令说明

（1）FOR 为循环开始指令，NEXT 为循环结束指令。这两条指令是成对出现的，如图 6-33 所示，使用了 FOR－NEXT 3 次循环（A、B、C）。

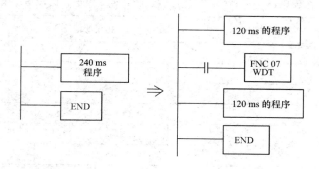

图 6-32　监视定时器刷新指令的应用

表 6-15　　　　　　　　　　　　　　　循 环 指 令 表

指令名称	助记符/功能号	操 作 数	程序步长	备 注
循环开始	FNC 08 FOR	K、H、KnH、KnY、KnM、KnS、T、C、D、V、Z	3 步	可嵌套 5 层
循环结束	FNC 09 NEXT	无	1 步	

（2）循环次数 n 在 1～32767 时有效，在 n 为－32767～0 时，n 将当作 1 处理。如 n＝K4，则此 FOR－NEXT 循环执行 4 次；如 n＝D0Z 为 6 时，则对应的 FOR－NEXT 循环执行为 6 次；如 n＝K1X0 为 7 时，则对应的 FOR－NEXT 循环执行 7 次。因此图 6-33 中，一共执行 $4 \times 6 \times 7 = 168$ 次。

（3）FOR－NEXT 循环次数一共可以嵌套 5 层，图 6-33 中采用 3 层嵌套。

（4）循环次数多时，PLC 的扫描周期会延长，有可能出现大于监视定时器指定的数值，有时会出错，所以编程时要注意这一情况。

（5）编写程序时，若 NEXT 指令编写在 FOR 指令之前，或 FOR 指令无对应的 NEXT 指令，或在 FEND、END 指令以后再有 NEXT 指令，或 FOR 指令与 NEXT 指令的个数不相等时，都会出错。

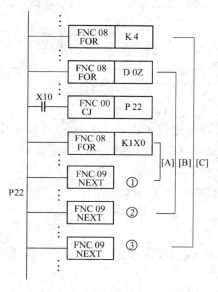

图 6-33　循环指令的应用

二、传送、比较指令说明

传送、比较指令共有 10 条，见表 6-16。

表 6-16　　　　　　　　　　　传送、比较指令表

FNC No.	指令助记符	指令名称及功能
10	CMP	比较指令
11	ZCP	区间比较指令
12	MOV	传送指令
13	SMOV	位传送指令
14	CML	反相传送指令
15	BMOV	块传送指令
16	FMOV	多点传送指令
17	XCH	数据交换指令
18	BCD	BCD 码变换指令
19	BIN	BIN 码变换指令

表 6-16 中的指令对 FX_{2N}、FX_{2NC} 型 PLC 来说均适用，而对其他 FX 系列 PLC 是有选择性的。应用时可根据机型选择，这类指令在程序中使用是十分频繁的。

（一）比较指令 ［CMP、ZCP（FNC10、FNC11）］

1. 指令格式

该指令的指令名称、助记符、功能号、操作数及程序步长见表 6-17。

表 6-17　　　　　　　　　　　比 较 指 令 表

指令名称	助记符/功能号	操 作 数 [S1·][S2·]	[D·]	程序步长	备 注
比较	FNC10 (D) CMP (P)	K、H KnX、KnY、KnM、KnS、T、C、D、V、Z	Y、M、S	16 位—7 步 32 位—13 步	① 16/32 位指令 ② 连续/脉冲执行
区间比较	FNC 11 (D) ZCP (P)	K、H KnX、KnY、KnM、KnS、T、C、D、V、Z	Y、M、S	16 位—7 步 32 位—13 步	① 16/32 位指令 ② 连续/脉冲执行

2. 指令说明

（1）比较指令（CMP）。

1）比较指令是将源操作数［S1］、［S2］的数据进行比较，比较结果送到目标操作数［D］中，如图 6-34 所示。当 X0 为 OFF 时，不执行 CMP 指令，M0、M1、M2 保持不变；当 X0 为 ON 时，［S1］、［S2］进行比较，即 C20 计数器值与 K100（数值 100）比较。若 C20 当前值小于 100，则 M0=1，Y0=1；若 C20 当前值等于 100，则 M1=1，Y1=1；若 C20 当前值大于 100，则 M2=1，Y2=1。

2）比较的数据均为二进制数，且带符号位比较，如−5＜2。

3）比较的结果影响目标操作数（Y、M、S），若把目标操作数指定其他继电器（例如 X、D、T、C），则会出错。

4）若要清除比较结果时，需要用 RST 和 ZRST 复位指令，如图 6-35 所示。

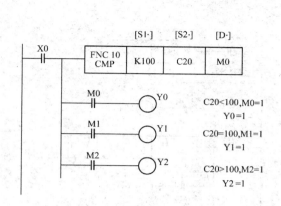

图 6-34 比较指令使用说明

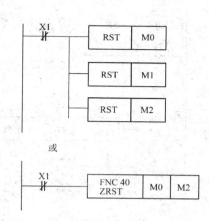

图 6-35 比较结果复位

（2）区间比较指令（ZCP）。

1）区间比较指令使用说明如图 6-36 所示。它是将一个数据 [S] 与两个源操作数 [S1]、[S2] 进行代数比较，比较结果影响目标操作数 [D]。X0 为 ON，C30 的当前值与 K100 和 K120 比较，若 C30＜100 时，则 M3＝1，Y0＝1；若 100≤C30≤120 时，则 M4＝1，Y1＝1；若 C30＞120 时，则 M5＝1，Y2＝1。

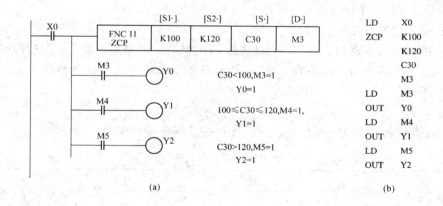

图 6-36 区间比较指令使用说明

(a) 梯形图；(b) 指令表

2）区间比较指令，数据均为二进制数，且带符号位比较。

3. 应用举例

比较指令应用如图 6-37 所示。图 6-37 (a) 是 CMP 指令的应用，当 X0＝1 时，若 C0 计数器计数个数小于 10 时，即 C0＜10，Y0＝1；计数器 C0＝10 时，Y1＝1；当计数器 C0＞10时，Y2＝1。当计数器 C0 计数到 15 时，此时 Y3 为 ON。

图 6-37 (b) 为 ZCP 指令的应用。X1 为 ON，当计数器 C1 计数个数为如下数值时，Y4、Y5、Y6 将有相应的状态。

（1）C1＜10，Y4＝1；

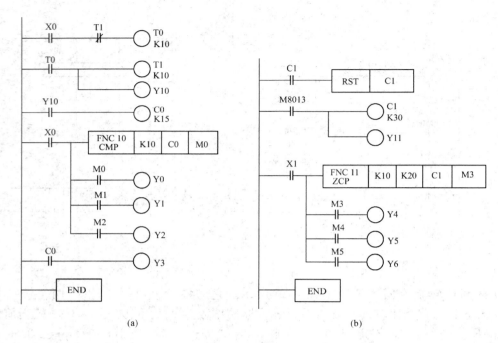

图 6-37　比较指令应用实例

(a) CMP 指令的应用；(b) ZCP 指令的应用

(2) 10≤C1≤20，Y5＝1；

(3) C1＞30，Y6＝1。

Y11 为内部秒脉冲 M8013 的输出。当计数器 C1＝30 时，C1 清零，在下一个扫描周期，PLC 又开始循环工作。不难看出，Y4、Y5、Y6 三输出 (ON) 均为 10 s，Y11 为秒脉冲输出指示。

（二）传送指令 [MOV（FNC12）]

1. 指令格式

该指令的指令名称、助记符、功能号、操作数及程序步长见表 6-18。

表 6-18　　　　　　　　　传　送　指　令　表

指令名称	助记符/功能号	操　作　数		程序步长	备　注
		[S·]	[D·]		
传送	FNC12 (D) MOV (P)	K、H KnX、KnY、KnM、 KnS、T、C、D、 V、Z	K、H KnY、KnM、KnS、 T、C、D、V、Z	16 位—5 步 32 位—9 步	① 16/32 位指令 ② 单 次/连 续 执行

2. 指令说明

（1）如图 6-38 (a) 所示为传送指令的基本格式，MOV 指令的功能是将源操作数送到目标操作数中，即当 X0 为 ON 时，[S] → [D]。

（2）指令执行时，K100 十进制常数自动转换成二进制数。当 X0 断开时，指令不执行，D10 数据保持不变。

（3）MOV 指令为连续执行型，MOV（P）指令为脉冲执行型。编程时若 [S] 源操作

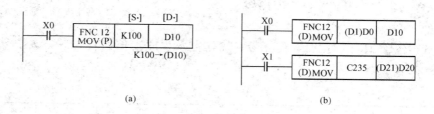

图 6-38　传送指令的基本形式

(a) 基本格式；(b) 32 位指令传送格式

数是一个变数，则要用脉冲型传送指令 MOV (P)。

(4) 对于 32 位数据的传送，需要用 (D) MOV 指令，否则用 MOV 指令会出错，如图 6-35 (b) 所示为一个 32 位数据传送指令。

当 X0 合上，则 (D1，D0) → (D11，D10)；当 X1 合上，则 (C235) 32 位 → D21，D20。

3. 应用举例

MOV 指令在定时器、计数器指令中的应用实例如图 6-39 所示。图 6-39 (a) 所示是读出计数器 C0 的当前值送 D20 中。图 6-39 (b) 中是将 K200→D12 中，K200 即表示 T20 的定时数值。

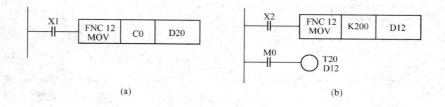

图 6-39　传送指令的应用实例

(a) 读出计数器当前值；(b) 定时器数值的间接传送

又如将 PLC 输入端 X0～X3 的状态送到输出端 Y0～Y3，可用 MOV 指令编写程序，如图6-40所示。

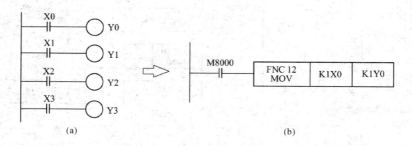

图 6-40　利用传送指令进行位软元件的数值传送

(a) 基本指令编程方法；(b) 功能指令编程方法

(三) 位传送指令 [SMOV (FNC13)]

1. 指令格式

该指令的指令名称、助记符、功能号、操作数及程序步长见表 6-19，该指令仅适用于 FX_{2N}、FX_{2NC} PLC。

表 6-19　　　　　　　　　　位 传 送 指 令 表

指令名称	助记符/功能号	操 作 数		程序步长	备　注
		[S・]	[D・]		
位传送	FNC13 SMOV (P)	K、H、KnX、KnY、KnM、KnS、T、C、D、V、Z、X、Y、M、S	KnY、KnM、KnS、T、C、D、V、Z	16 位—11 步	① 16 位指令 ② 连续/脉冲执行

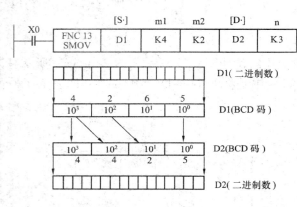

图 6-41　位传送指令说明

2. 指令说明

如图 6-41 所示，当 X0 为 ON 时，将 [S] 源数据 (D1) 中的二进制数先转换成 BCD 码，然后再把 BCD 码传送至 [D] 目的地址 D2 单元中，再把目的地址单元中的 BCD 码数转换成二进制数。

图 6-41 中，将源数据 (D1) 中的数据（已转换成 BCD 码）第 4 位（因为 m1＝K4）起的低 2 位部分（因 m2＝K2）一起向目标 D2 中传送，传送至 D2 的第 3 位和第 2 位（因 n＝K3）。(D2) 中的 10^3、10^0 位原数据不变。传送完毕后，再转换成二进制数。

BCD 码的数值若超过 9999 范围则会出错。

3. 应用举例

位传送指令的应用如图 6-42 所示，即将 D1 的第 1 位（BCD）传送到 D2 的第 3 位（BCD）并自动转换成 BIN 码，这样 3 位 BCD 码数字开关的数据被合成后，以二进制方式

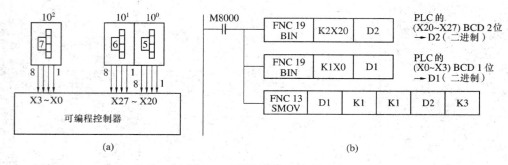

图 6-42　位传送指令的应用

(a) 将与不连续的输入端子相连的 3 个数字开关的数据组合；(b) 梯形图

存入 D2 中。

（四）反相传送指令 ［CML（FNC14）］

1. 指令格式

该指令的指令名称、助记符、功能号、操作数及程序步长见表 6-20，该指令仅适用于 FX$_{2N}$、FX$_{2NC}$PLC。

表 6-20　　　　　　　　　　　　　　　　反 相 传 送 指 令 表

指令名称	助记符/功能号	操 作 数		程序步长	备 注
		[S·]	[D·]		
反相传送（或取反传送）	FNC14 (D) CML (P)	K、H KnX,KnY,KnM,KnS、 T,C,D,V,Z,X,Y,M,S	KnY,KnM,KnS、 T,C,D,V,Z	16 位—5 步 32 位—9 步	① 16/32 位指令 ② 脉冲/连续执行

2. 指令说明

（1）如图 6-43 所示为反相传送指令功能说明。当 X0 为 ON 时，将 ［S］ 的反相送 ［D］，即把操作数源数据（二进制数）每位取反后送到目标操作数中。若数据源为常数时，将自动地转换成二进制数。

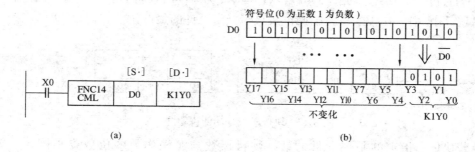

图 6-43　反相传送指令功能说明
(a) 指令格式；(b) 功能说明

（2）CML 为连续执行型指令，CML（P）为脉冲执行型指令。

（3）本指令可作为 PLC 的反相输入或反相输出指令，如图 6-44 所示应用实例。

（五）块传送指令 ［BMOV（FNC15）］

1. 指令格式

该指令的指令名称、助记符、功能号、操作数及程序步长见表 6-21。

表 6-21　　　　　　　　　　　　　　　　块 传 送 指 令

指令名称	助记符/功能号	操 作 数		程序步长	备 注
		[S·]	[D·]		
块传送（或成批传送）	FNC 15 BMOV (P)	K、H、KnX、KnY、KnM、 KnS、 T、 C、D	KnY、KnM、 KnS、T、C、D	16 位—7 步	① 16 位指令 ② 连续/脉冲执行 n≤512

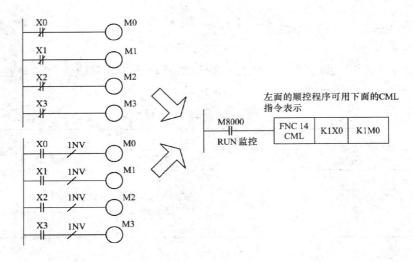

图 6-44　反相传送指令的应用

2. 指令说明

(1) 块传送指令是成批传送数据，将操作数中的源数据〔S〕传送到目标操作数〔D〕中，传送的长度由 n 指定。如图 6-45 所示，当 X0 为 ON 时，将 D7、D6、D5 的内容传送到 D12、D11、D10 中。在指令格式中操作数只写指定元件的最低位，如 D5、D10。

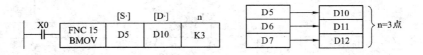

图 6-45　块传送指令功能说明之一

(2) 若块传送指定的是位元件的话，则目标数与源操作数的位数要相同，如图 6-46 所示。

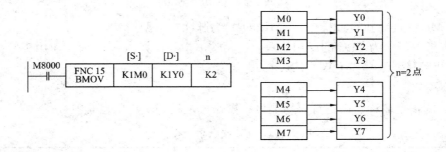

图 6-46　块传送指令功能说明之二

(3) 在传送数据的源与目标地址号范围重叠时，为了防止输送源数据在未传输前被改写，PLC 将自动地确定传送顺序，如图 6-47 所示。

(4) 若特殊辅助继电器 M8024 置于 ON 时，BMOV 指令的数据将从〔D〕→〔S〕，若 M8024 为 OFF 时，块传送指令仍恢复到原来的功能，如图 6-48 所示。

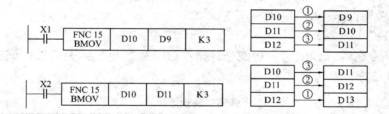

图 6-47 块传送指令功能说明之三

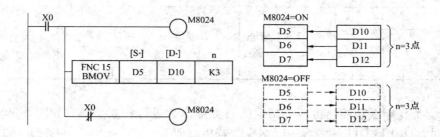

图 6-48 块传送指令功能说明之四

（六）多点传送指令 [FMOV（FNC16）]

1. 指令格式

该指令的指令名称、助记符、功能号、操作数及程序步长见表 6-22。该指令仅适用于 FX_2、FX_{2N}、FX_{2NC} PLC。

表 6-22　　　　　　　　　　　　多点传送指令表

指令名称	助记符/功能号	操 作 数		程序步长	备 注
		[S·]	[D·]		
多点传送	FNC16 (D) FMOV (P)	K、 H、 KnX、KnY、KnM、KnS、T、C、D、V、Z	KnY、KnM、KnS、T、C、D、V、Z	16位—7步 32位—13步	① 16/32 位指令 ② 连续/脉冲执行 n≤512

2. 指令说明

（1）多点传送指令的功能为数据多点传送指令，其功能说明如图 6-49 所示，当 X0 为 ON 时，将 K1 送至 D0～D9（n＝K10）。

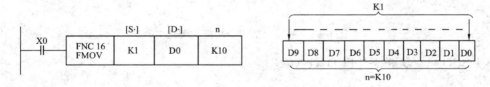

图 6-49 多点传送指令功能说明

（2）如果元件号超出允许的元件号范围，数据仅传送到允许的范围内。

（七）数据交换指令 ［XCH（FNC17）］

1. 指令格式

该指令的指令名称、助记符、功能号、操作数及程序步长见表 6-23，该指令仅适用于 FX_{2N}、FX_{2NC} PLC。

表 6-23 **数据交换指令表**

指令名称	助记符/功能号	操 作 数		程序步长	备 注
		[D1·]	[D2·]		
数据交换	FNC17 (D) XCH (P)	KnY、KnM、KnS T、C、D、V、Z	KnY、KnM、KnS、 T、C、D、V、Z	16 位—5 步 32 位—9 步	① 16/32 位 指令 ② 连续/脉冲执行

2. 指令说明

（1）数据交换指令功能是将两个指定的目标操作数进行相互交换。如图 6-50 所示，当 X0 为 ON 时，D10 与 D11 的内容进行交换。若执行前（D10）＝100、（D11）＝150，则执行该指令后，（D10）＝150，（D11）＝100。

（2）该指令的执行可用脉冲执行型指令 ［XCH（P）］，才达到一次交换数据的效果。若采用连续执行型指令 ［XCH］，则每个扫描周期均在交换数据，这样最后的交换结果就不能确定，编程时要注意这一情况。

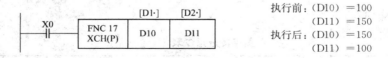

图 6-50 数据交换指令功能说明之一

（3）当特殊继电器 M8160 接通，若 ［D1］ 与 ［D2］ 为同一地址号时，则其低 8 位与高 8 位进行交换，如图 6-51 所示。32 位指令亦相同。

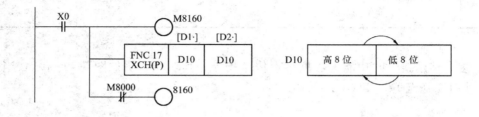

图 6-51 数据交换指令功能说明之二

（八）BCD 码变换指令 ［BCD（FNC18）］

1. 指令格式

该指令的指令名称、助记符、功能号、操作数及程序步长见表 6-24。

表 6-24　　　　　　　　　　　　　BCD 码变换指令表

指令名称	助记符/功能号	操作数		程序步长	备注
		[S·]	[D·]		
BCD 码变换	FNC 18 (D) BCD (P)	K、H、KnX、KnY、KnM、KnS、T、C、D、V、Z	KnY、KnM、KnS、T、C、D、V、Z	16 位—5 步 32 位—9 步	① 16/32 位指令 ② 连续/脉冲执行

2. 指令说明

（1）BCD 变换指令是将源操作数中的二进制数变换成 BCD 码送至目标操作数中，如图 6-52 所示。当 X0 为 ON 时，将 D12 中的二进制数转换成 BCD 码送到输出口 Y7～Y0 中。

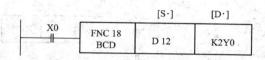

图 6-52　BCD 码变换指令功能说明

（2）使用 BCD 或 BCD（P）16 位指令时，若 BCD 码转换结果超过 9999 的范围就会出错。使用（D）BCD 或（D）BCD（P）32 位指令时，若 BCD 码转换结果超出 99999999 的范围，同样也会出错。

（3）若将 PLC 的二进制数据转换成 BCD 码并用 LED 七段显示器显示，可用 BCD 码指令，如图 6-53 所示。

（九）二进制变换指令［BIN（FNC 19）］

1. 指令格式

该指令的指令名称、助记符、功能号、操作数及程序步长见表 6-25。

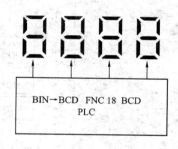

图 6-53　BCD 码指令应用举例

表 6-25　　　　　　　　　　　　　二进制变换指令表

指令名称	助记符/功能号	操作数		程序步长	备注
		[S·]	[D·]		
二进制变换	FNC19 (D) BIN (P)	KnX、KnY、KnM、KnS、T、C、D、V、Z	KnY、KnM、KnS、T、C、D、V、Z	16 位—5 步 32 位—9 步	① 16/32 位指令 ② 连续/脉冲执行

2. 指令说明

（1）BIN 指令与 BCD 指令相反，它是将 BCD 码转换成二进制数，即源操作数［S］中的 BCD 码转换成二进制数存入目标操作数［D］中。

（2）如图 6-54 所示，当 X0 为 ON 时，源操作数 K2X0 中 BCD 码转换成二进制数送到目标操作单元 D13 中去。

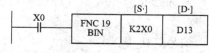

图 6-54　二进制变换指令功能说明

（3）BCD 码的数值范围：16 位操作时为 0～9999，32 位操作时为 0～99999999。

（4）如果数据源不是 BCD 码，则 M8067 为 "1"，指示运算错误，同时，运算错误锁存特殊辅助继电器

M8068 不工作。

（5）常数 K 自动进行二进制变换处理。

（十）应用实例

比较、传送类指令是功能指令中使用最频繁的指令，其应用实例很多，这里仅举几个典型应用实例，以便读者掌握它的应用方法。

1. 电动机的 Y/△启动控制

控制梯形图如图 6-55 所示。

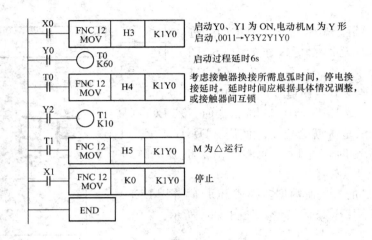

图 6-55　电动机 Y/△启动控制程序

设置启动按钮为 X0，停止按钮为 X1；电路主（电源）接触器 KM1 接于输出口 Y0，电动机 Y 接法，接触器 KM2 接于输出口 Y1，电动机△接法，接触器 KM3 接于输出口 Y2。依电动机 Y/△启动控制要求，通电时，应 Y0、Y1 为 ON（传送常数为 3），电动机 Y 形启动；当转速上升到一定程度，断开 Y0、Y1，接通 Y2（传送常数为 4）。然后接通 Y0、Y2（传送常数为 5），电动机△形运行。停止时，传送常数应为 0。另外，启动过程中的每个状态间应有时间间隔。

本例使用向输出端口送数的方式实现控制。

2. 四路七段显示控制程序

本例是利用功能指令的功能，节省 PLC 的输出点数，而达到多位显示的目的。如图 6-56（a）所示，为一 4 位显示（带译码器），Y0～Y3 为 BCD 码，Y4～Y7 为片选信号，显示的数据分别存放在数据寄存器 D0～D3 中。其中 D0 为千位，D1 为百位，D2 为十位，D3 为个位。X5 为运行、停止开关。

本例编程方法可以节省输出端，原来此显示需要 16 个输出，如用图 6-56 所示程序可以节省输出端 50%。

3. 多谐振荡电路

用程序构成一个闪光信号灯，改变输入口所接置数开关可改变闪光频率（即信号灯亮 t s，熄 t s）。

设定开关 4 个，分别接于 X0～X3，X10 为启停开关，信号灯接于 Y0。

梯形图如图 6-57 所示。图中第一行为变址寄存器清零，上电时完成。第二行从输入口

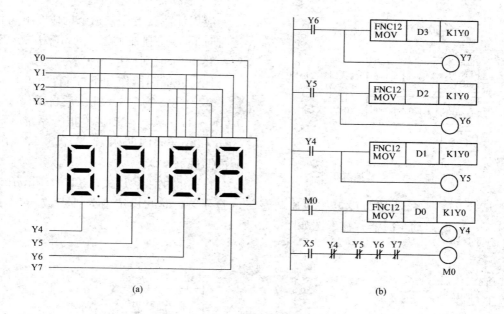

图 6-56 七段数显控制程序

(a) I/O 接线示意图；(b) 梯形图

读入设定开关数据，变址综合后送到定时器 T0 的设定值寄存器 D0，并和第三行配合产生 D0 时间间隔的脉冲。

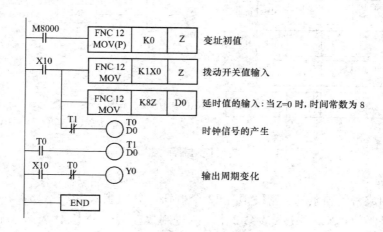

图 6-57 多谐振荡电路

4. 彩灯的交替控制程序

有一组灯 L1～L8，要求隔灯显示，每 2s 变换一次，反复进行。用一个开关实现启停控制。

设置启停开关接于 X0，灯 L1～L8 接于 PLC 输出端 Y0～Y7。

控制梯形图如图 6-58 所示。这是以向输出口送数的方式来实现控制要求的。

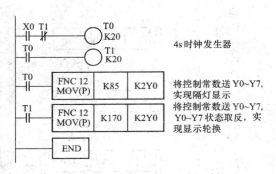

图 6-58　彩灯交替控制程序

5. 定时报时器控制程序

应用计数器与比较指令构成 24h 可设定定时时间的控制器，每 15min 为一设定单位，共 96 个时间单位。

现将此控制器作如下控制：①6：30 电铃（Y0）每秒响 1 次，6 次后自动停止。②9：00～17：00，启动住宅报警系统（Y1）。③18：00 开园内照明（Y2）。④22：00 关园内照明（Y2）。

设 X0 为启停开关；X1 为 15min 快速调整与试验开关；X2 为格数设定的快速调整与试验开关；时间设定值为钟点数×4。使用时，在 0：00 时启动定时器，梯形图如图 6-59 所示。

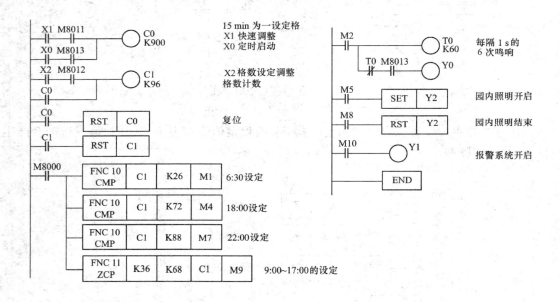

图 6-59　定时控制器梯形图及说明

6. 密码锁控制程序设计

用比较器构成密码锁系统。密码锁有 12 个按钮，分别接入 X0～X13，其中 X0～X3 代表第 1 个十六进制数；X4～X7 代表第 2 个十六进制数；X10～X13 代表第 3 个十六进制数。根据设计要求，每次同时按 4 个键，分别代表 3 个十六进制数，共按 4 次，如与密码锁设定值都相符合，3 s 后可开启锁，10 s 后重新锁定。

密码锁的密码由程序设定。假定为 H2A4、H1E、H151、H18A，从 K3X0 上送入的数据应分别和它们相等，这可以用比较指令实现判断，梯形图如图 6-60 所示。

如上用十二键排列组合设计的密码锁，具有较高的保密性和实用性。

三、四则逻辑运算指令说明

四则逻辑运算指令共有 10 条，见表 6-26。

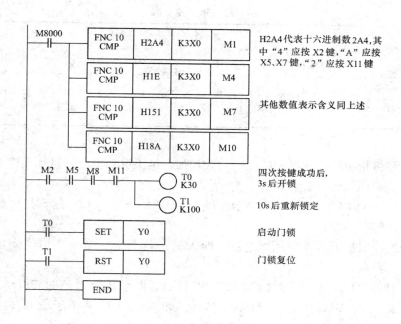

图 6-60 密码锁的梯形图及说明

表 6-26 四则逻辑运算指令表

FNC No.	指令助记符	指令名称及功能
20	ADD	加法指令
21	SUB	减法指令
22	MUL	乘法指令
23	DIV	除法指令
24	INC	递增（加 1 指令）
25	DEC	递减（减 1 指令）
26	WAND	字逻辑与指令
27	WOR	字逻辑或指令
28	WXOR	字逻辑异或指令
29	NEG	求补指令

表 6-26 中的指令对 FX_{2N}、FX_{2NC} PLC 来说均适用。而对于其他 FX 系列 PLC 则需要选择性应用。

（一）加法指令［ADD（FNC20）］

1. 指令格式

该指令的指令名称、助记符、功能号、操作数及程序步长见表 6-27。

表 6-27 加 法 指 令 表

指令名称	助记符/功能号	操 作 数			程序步长	备 注
		[S1·]	[S2·]	[D·]		
加法	FNC20 (D) ADD (P)	KnX、KnY、KnM、KnS、 T、C、D、V、Z		KnY、KnM、KnS、 T、C、D、V、Z	16 位—7 步 32 位—13 步	① 16/32 位指令 ② 连续/脉冲 执行

2. 指令说明

加法指令是将指定的源元件中的二进制数相加,结果送到指定的目标元件中去。加法指令功能说明如图 6-61 (a) 所示。

当执行条件 X0 由 OFF→ON 时,(D10) + (D12) → (D14)。运算是代数运算,例如 5+ (−8) =−3。

加法指令操作时影响 3 个常用标志位,即 M8020 零标志、M8021 借位标志、M8022 进位标志。

如果运算结果为 0,则零标志 M8020 置 1;如果运算结果超过 32767 (16 位) 或 2147483647 (32 位),则进位标志 M8022 置 1;如果运算结果小于−32767 (16 位) 或 −2147483647 (32 位),则借位标志 M8021 置 1。

在 32 位运算中,被指定的字元件是低 16 位元件,而下一个元件为高 16 位元件。

源和目标可以用相同的元件号。若源和目标元件号相同而采用连续执行的 ADD、(D) ADD 指令时,加法的结果在每个扫描周期都会改变。

若指令使用脉冲执行型时,如图 6-61 (b) 所示。当 X1 每从 OFF→ON 变化时,D0 的数据加 1,这与 INC (P) 指令的执行结果相似。其不同之处在于用 ADD 指令时,零位、借位、进位标志按上述方法置位。

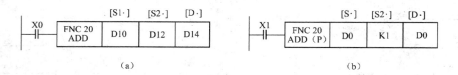

图 6-61 加法指令功能说明
(a) 加法指令连续执行;(b) 脉冲型加法指令格式

(二) 减法指令 [SUB (FNC 21)]

1. 指令格式

该指令的指令名称、助记符、功能号、操作数及程序步长见表 6-28。

表 6-28 减 法 指 令 表

指令名称	助记符/功能号	操 作 数			程序步长	备 注
		[S1·]	[S2·]	[D·]		
减法	FNC 21 (D) SUB (P)	K、H KnX、KnY、KnM、KnS T、C、D、V、Z		KnY、KnM、KnS T、C、D、V、Z	16 位—7 步 32 位—13 步	① 16/32 位指令 ② 连续/脉冲 执行

2. 指令说明

减法指令是将指定的源元件中 [S1]、[S2] 的二进制数相减,结果送到指定的目标 [D] 中,即 [S1] － [S2] → [D]。减法指令功能说明如图 6-62 所示。

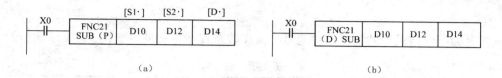

图 6-62　减法指令功能说明

(a) 脉冲型减法指令;(b) 连续执行的 32 位减法指令

如图 6-62 (a) 所示,当 X0 合上时,(D10) － (D12) → (D14) 且执行一次运算,且为 16 位指令运算。图 6-62 (b) 所示为连续执行的 32 位减法指令运算,即当 X0 合上时,(D11, D10) － (D13, D12) → (D15, D14),且连续执行。运算是代数运算,例如 5－(－8)＝13。

各种标志的动作、32 位运算中软元件的指定方法,连续执行型和脉冲执行型的差异等均与上述加法指令相同。

(三) 乘法指令 [MUL (FNC 22)]

1. 指令格式

该指令的指令名称、助记符、功能号、操作数及程序步长见表 6-29 所示。

表 6-29

乘 法 指 令 表

指令 名称	助记符/功能号	操 作 数			程序步长	备 注
		[S1 ·]	[S2 ·]	[D ·]		
乘法	FNC 22 (D) MUL (P)	K、H KnX、KnY、KnM、KnS、 T、C、D、Z	KnY、KnM、KnS、 T、C、D	16 位—7 步 32 位—13 步	① 16/32 位指令 ② 连续/脉冲执行

2. 指令说明

乘法指令是将指定的源操作元件中的二进制数相乘,结果送到指定的目标操作元件中去。乘法指令功能说明如图 6-63 所示。它分 16 位和 32 位两种运算。

若为 16 位运算,执行条件 X0 由 OFF→ON 时, (D0) × (D2) → (D5, D4)。源操作数是 16 位,目标操作数是 32 位。当 (D0) ＝8、(D2) ＝9 时, (D5, D4) ＝72。最高位为符号位,0 为正,1 为负。

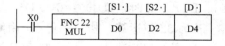

图 6-63　乘法指令使用说明

若为 32 位运算,执行条件 X0 由 OFF→ON 时, (D1, D0) × (D3, D2) → (D7, D6, D5, D4)。源操作数是 32 位,目标操作数是 64 位。当 (D1, D0) ＝150、(D3, D2) ＝189 时,(D7, D6, D5, D4) ＝28 350。最高位为符号位,0 为正,1 为负。

如将位组合元件用于目标操作数时,限于 K 的取值,只能得到低位 32 位的结果,不能得到高位 32 位的结果。这时，应将数据移入字元件再进行计算。

用字元件时，也不可能监视 64 位数据，只能通过监视高 32 位和低 32 位。V、Z 不能用于 [D] 目标操作元件中。

（四）除法指令 [DIV（FNC 23）]

1. 指令格式

该指令的指令格式、助记符、功能号、操作数及程序步长见表 6-30。

表 6-30　　　　　　　　　　　　　除　法　指　令　表

指令名称	助记符/功能号	操作数范围			程序步长	备　注
		[S1·]	[S2·]	[D·]		
除法	FNC 23 (D) DIV (P)	K、H KnX、KnY、KnM、KnS T、C、D、Z		KnY、KnM、KnS T、C、D	16 位—7 步 32 位—13 步	① 16/32 位指令 ② 连续/脉冲执行

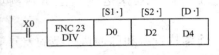

图 6-64　除法指令功能说明

2. 指令说明

除法指令是将指定的源元件中的二进制数相除，[S1] 为被除数，[S2] 为除数，商送到指定的目标元件 [D] 中去，余数送到 [D] 的下一个目标元件。DIV 除法指令功能说明如图 6-64 所示。除法指令分 16 位和 32 位两种情况进行操作，具体运算结果如图 6-65 所示。

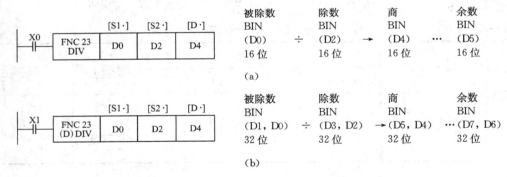

图 6-65　除法指令的应用

(a) 16 位运算；(b) 32 位运算

若为 16 位运算。执行条件 X0 由 OFF→ON 时，(D0) ÷ (D2) → (D4)。当 (D0) = 19，(D2) = 3 时，(D4) = 6，(D5) = 1。V 和 Z 不能用于 [D] 中。

若为 32 位运算，执行条件 X1 由 OFF→ON 时，(D1、D0) ÷ (D3、D2)，商在 (D5、D4)，余数在 (D7、D6) 中。V 和 Z 不能用于 [D] 中。

另外除数为 0 时，运算错误，不执行指令。若 [D] 指定位元件，得不到余数。

商和余数的最高位是符号位。被除数或余数中有一个为负数时，商为负数；被除数为负数时，余数为负数。

（五）加 1 指令 [INC（FNC 24）]

1. 指令格式

该指令的指令名称、助记符、功能代号、操作数及程序步长见表 6-31。

表 6-31　　　　　　　　　　　　加　1　指　令　表

指令名称	助记符/功能号	操 作 数 [D·]	程序步长	备 注
加1	FNC 24 (D) INC (P)	KnY、KnM、KnS T、C、D、V、Z	16位—3步 32位—5步	① 16/32 位指令 ② 连续/脉冲执行

2. 指令说明

加 1 指令功能说明如图 6-66 所示。当 X0 由 OFF→ON 变化时，由 [D] 指定的元件 D10 中的二进制数自动加 1。

图 6-66　加 1
指令功能说明

若用连续指令时，每个扫描周期加 1。

16 位运算时，+32767 再加 1 就变为 −32768，但标志不置位。同样，在 32 位运算时，+2147483647 再加 1 就变为 −2147483648，标志也不置位。

（六）减 1 指令 [DEC（FNC 25）]

1. 指令格式

该指令的指令名称、助记符、功能号、操作数及程序步长见表 6-32。

表 6-32　　　　　　　　　　　　减　1　指　令　表

指令名称	助记符/功能号	操 作 数 [D·]	程序步长	备 注
减1	FNC25 (D) DEC (P)	KnY、KnM、KnS T、C、D、V、Z	16位—3步 32位—5步	① 16/32 位指令 ② 连续/脉冲执行

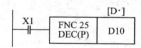

图 6-67　减 1
指令功能说明

2. 指令说明

减 1 指令功能说明如图 6-67 所示。当 X1 由 OFF→ON 变化时，由 [D] 指定的元件 D10 中的二进制数自动减 1。

若用连续指令时，每个扫描周期减 1。

在 16 位运算时，−32768 再减 1 就变为 +32767，但标志不置位。

同样，在 32 位运算时，−2147483648 再减 1 就变为 +2147483647，标志也不置位。

（七）字逻辑与、或、异或指令 [WAND、WOR、WXOR（FNC 26、FNC27、FNC28）]

1. 指令格式

这三条指令的指令名称、助记符、功能号、操作数及程序步长见表 6-33。

2. 指令说明

这三条指令均为字逻辑运算，各自的操作见表 6-34。

表 6-33　　　　　　　　字逻辑与、或、异或指令表

指令名称	助记符/功能号	操作数			程序步长	备注
		[S1·]	[S2·]	[D·]		
字逻辑与 (WAND)	FNC 26 (D) WAND (P)	K、H、 KnX、KnY、KnM、 KnS、T、C、D、V、Z		KnY、KnM、KnS T、C、D、V、Z	16位—7步 32位—13步	① 16/32 位指令 ② 连续/脉冲 执行
字逻辑或 (WOR)	FNC 27 (D) WOR (P)					
字逻辑 异 或 (WXOR)	FNC 28 (D) WXOR (P)					

表 6-34　　　　　　　　字逻辑与、或、异或指令功能说明表

指令名称	指令格式	指令功能
字逻辑与 (WAND)	X0 — FNC 26 WAND — D10 — D12 — D14	各位进行与运算： (D10) ∧ (D12) → (D14) 1·1=1, 0·1=0, 1·0=0, 0·0=0
字逻辑或 (WOR)	X0 — FNC 27 WOR — D10 — D12 — D14	各位进行或运算： (D10) ∨ (D12) → (D14) 1+1=1, 1+0=1, 0+1=1, 0+0=0
字逻辑异或 (WXOR)	X0 — FNC 28 WXOR — D10 — D12 — D14	各位进行异或运算： (D10) ⊕ (D12) → (D14) 1⊕1=0, 0⊕0=0, 1⊕0=1, 0⊕1=1

当 X0 合上时，相应的逻辑与、或、异或按 16 位、32 位进行操作运算。

（八）求补指令 [NEG（FNC 29）]

1. 指令格式

该指令的指令名称、助记符、功能号、操作数及程序步长见表 6-35。该指令仅适用于 FX$_{2N}$、FX$_{2NC}$ PLC。

表 6-35　　　　　　　　求　补　指　令　表

指令名称	助记符/功能号	操作数 [D·]	程序步长	备注
求　补	FNC29 (D) NEG (P)	KnY、KnM、KnS T、C、D、V、Z	16位—3步 32位—5步	① 16/32 位指令 ② 连续/脉冲执行

2. 指令说明

该指令为求补码运算，如图 6-68 所示为求补指令功能说明，其操作为(D10)+1→ (D10)。

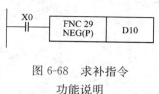

若使用脉冲型指令，则进行一次性操作；而当执行连续型指令时，则每一个扫描周期均执行该指令，这一点编程时，要特别注意。

图 6-68　求补指令功能说明

（九）应用实例

1. 四则运算式的实现

某控制程序中要进行算式 $\dfrac{38X}{255}+2$ 的运算。

式中"X"代表输入端口 K2X0 送入的二进制数，运算结果需送输出口 K2Y0；X020 为起停开关，其梯形图如图 6-69 所示。

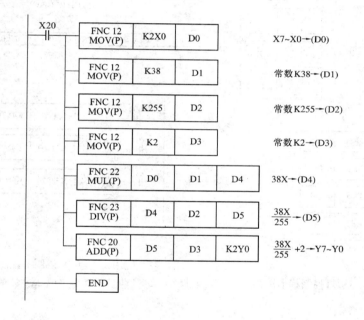

图 6-69　四则运算式应用举例控制梯形图

2. 使用乘除运算实现移位（扫描）控制

用乘除法指令实现灯组的移位循环。有一组灯 15 盏，接于 Y0～Y16，要求当 X0 为 ON，灯正序每隔 1s 单个移位，并循环；当 X1 为 ON 且 Y0 为 OFF 时，灯反序每隔 1s 单个移位，至 Y0 为 ON 停止，控制梯形图如图 6-70 所示。

上述程序是利用乘 2、除 2 实现目标数据中"1"的移位的。

3. 彩灯亮、灭循环控制

本彩灯功能用加 1、减 1 指令及变址寄存器完成正序彩灯亮至全亮，反序熄至全熄的循环变化。彩灯状态变化的时间单元为 1 s，用 M8013 实现。梯形图如图 6-71 所示，图中 X1 为彩灯的控制开关，彩灯共 12 盏。

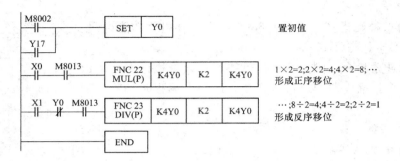

图 6-70　灯组移位控制梯形图

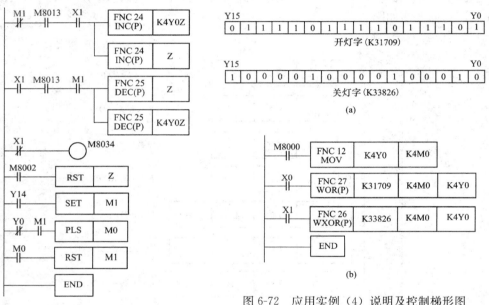

图 6-71　彩灯控制梯形图

图 6-72　应用实例（4）说明及控制梯形图
(a) 指示灯在 K4Y0 的分布图；(b) 指示灯测试电路梯形图

4. 指示灯的测试电路

某机场装有 16 盏指示灯，用于各种场合的指示，接于 K4Y0。一般情况下总是有的指示灯是亮的，有的指示灯是灭的。但机场有时候需将灯全部打开，也有时需将灯全部关闭。现需设计一种电路，用一个开关打开所有的灯，用另一个开关熄灭所有的灯。16 盏指示灯在 K4Y0 的分布如图 6-72（a）中开灯字所示。相关控制梯形图如图 6-72（b）所示。程序采用字逻辑控制指令来完成这一功能。先将所有的指示灯设一个状态字，随时将各指示灯的状态送入。再设一个开灯字，一个熄灯字。开灯字内置 1 的位和灯在 K4Y0 中的排列顺序相同。熄灯字内置 0 的位和 K4Y0 中灯的位置相同。开灯时将开灯字和灯的状态字相"或"，灭灯时将熄灯字和灯的状态字相"异或"，即可实现控制要求的功能。

四、循环移位与移位指令说明

FNC 30～FNC 39 共 10 条指令是进行位数据或字数据向指定方向移动、移位的指令，见表 6-36。

表 6-36   **循环移位与移位指令表**

FNC No.	指令助记符	指令名称及功能
30	ROR	循环右移指令
31	ROL	循环左移指令
32	RCR	带进位的循环右移指令
33	RCL	带进位的循环左移指令
34	SFTR	位右移指令
35	SFTL	位左移指令
36	WSFR	字右移指令
37	WSFL	字左移指令
38	SFWR	移位写入（先入先出写入）指令
39	SFRD	移位读出（先入先出读出）指令

（一）循环右移指令〔ROR（FNC 30）〕

1. 指令格式

该指令的指令名称、助记符、功能号、操作数及程序步长见表 6-37。

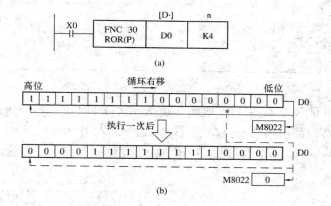

图 6-73   循环右移指令功能说明

（a）指令格式；（b）指令执行示意图

表 6-37   **循 环 右 移 指 令 表**

指令名称	助记符/功能号	操 作 数		程序步长	备 注
		[D·]	n		
循环右移	FNC 30 (D)ROR(P)	KnY、KnM、KnS T、C、D、V、Z	K、H n≤16（16 位） n≤32（32 位）	16 位—5 步 32 位—9 步	① 16/32 位指令 ② 连续/脉冲执行 ③ 影响标志： M 8022

2. 指令说明

循环右移指令功能说明如图 6-73 所示。当 X0 为 ON 时，[D] 内的各位数据向右移 n 位，最后一次从最低位移出的状态存于进位标志 M8022 中。

循环右移指令中的 [D] 可以是 16 位数据寄存器，也可以是 32 位数据寄存器。

ROR（P）为脉冲型指令，ROR 为连续型指令，其循环移位操作每个周期执行一次。

若在目标元件中指定"位"数，则只能用 K4（16 位指令）和 K8（32 位指令）表示，如图 6-74 所示。

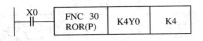

图 6-74　16 位循环移位指令

（二）循环左移指令 [ROL（FNC 31）]

1. 指令格式

该指令的指令名称、助记符、功能号、操作数及程序步长见表 6-38。

表 6-38　　　　　　　　　　循 环 左 移 指 令 表

指令名称	助记符/功能号	操 作 数		程序步长	备　注
		[D·]	n		
循环左移	FNC 31 (D)ROL(P)	KnY、KnM、KnS T、C、D、V、Z	K、H n≤16（16 位） n≤32（32 位）	16 位—5 步 32 位—9 步	① 16/32 位指令 ② 连续脉冲执行 ③ 影响标志：M8022

2. 指令说明

循环左移指令功能说明如图 6-75 所示。当 X0 为 ON 时，[D] 内的各位数据向左移 n 位，最后一次从最高位移出的状态也存于进位标志 M8022 中。

同循环右移指令一样，[D] 可以是 16 位或 32 位数据寄存器，有脉冲型和连续型指令。

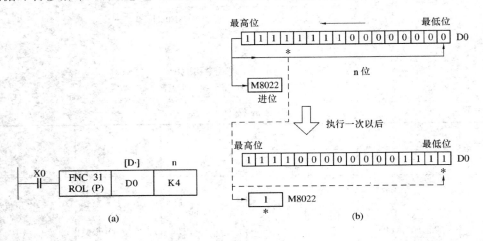

图 6-75　循环左移指令功能说明

（a）指令格式；（b）指令执行示意图

若目标元件 D 指定"位"数，则用 K4（16 位指令）和 K8（32 位指令）。

（三）带进位的循环右移、左移指令〔RCR、RCL（FNC 32、FNC 33）〕

1. 指令格式

该指令的指令名称、助记符、功能号、操作数及程序步长见表 6-39。这两条指令仅适用于 FX$_{2N}$、FX$_{2NC}$ PLC。

表 6-39　　　　　　　　　　　带进位的循环右移、左移指令表

指令名称	助记符/功能号	操 作 数		程序步长	备 注
		[D·]	n		
带进位的循环右移	FNC 32 (D)RCR(P)	KnY、KnM、KnS、T、C、D、V、Z	K、H n≤16（16 位）n≤32（32 位）	16 位—5 步 32 位—9 步	① 16/32 位指令 ② 连续/脉冲执行 ③ 影响标志：M8022
带进位的循环左移	FNC 33 (D)RCL(P)				

2. 指令说明

带进位的循环右移、左移指令功能说明如图 6-76 所示。

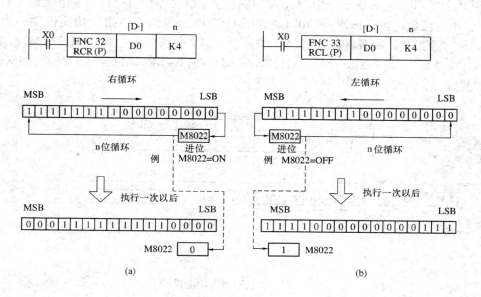

图 6-76　带进位的循环右移、左移指令功能说明
(a) 循环右移；(b) 循环左移

在图 6-76（a）中，当 X0 为 ON 时，（D0）中的各位数据（各位）向左移 n 位，n＝K4 即移动 4 位，此时，移位是带着进位 M8022 一起移位的。RCL（P）是脉冲型指令，而 RCL 为连续型指令，每个周期均要执行一次。图 6-76（b）所示是带进位的循环右移指令功能说明，其功能同左移情况。

21　　[D] 中的数据寄存器可以是 16 位或 32 位的数据寄存器。若用位元件表示，则用 K4（16 位）或 K8（32 位）表示。

例如：K4Y10，K8M0。

（四）位右移、位左移指令 [SFTR、SFTL（FNC 34、FNC 35）]

1. 指令格式

这二条指令的指令名称、助记符、功能号、操作数及程序步长见表 6-40。

表 6-40　　　　　　　　　　位移位指令表

指令名称	助记符/功能号	操作数				程序步长	备注
		[S·]	[D·]	n1	n2		
位右移	FNC 34 SFTR(P)	X、Y、M、S	Y、M、S	K、H n2≤n1≤1024		16 位—7 步	① 16 位指令 ② 连续/脉冲执行
位左移	FNC 35 SFTL(P)						

2. 指令说明

SFTR 和 SFTL 这两条指令使位元件中的状态向右、向左移位，n1 指定位元件长度，n2 指定移位的位数，且 n2≤n1≤1024。如图 6-77 所示为位右移指令功能说明。当 X0 为 ON 时，执行该指令，向右移位。每次 4 位向前一移，其中 X3～X0→M15～M12，M15～M12→M11～M8，M11～M8→M7～M4，M7～M4→M3～M0，M3～M0 移出，即从高位移入，低位移出。

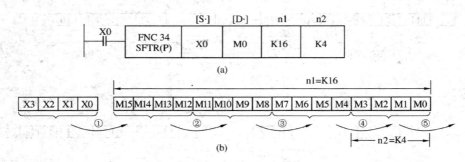

图 6-77　位右移指令功能说明

（a）指令格式；（b）位右移状态图

用 SFTR（P）脉冲型指令时，仅执行一次，而用 SFTR 连续指令执行时，移位操作是每个扫描周期执行一次。

位左移指令功能说明如图 6-78 所示。当 X0 为 ON 时，数据向左移位，每次向左移四位，其中 X3～X0→M3～M0，M3～M0→M7～M4，M7～M4→M11～M8，M11～M8→M15～M12，M15～M12 移出。

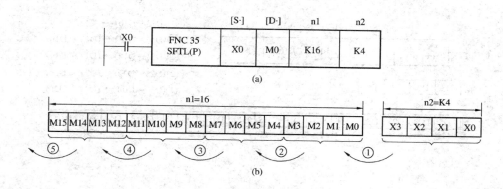

图 6-78 位左移指令功能说明

(a) 指令格式；(b) 位左移状态图

（五）字右移、左移指令 [WSFR、WSFL（FNC 36、FNC 37）]

1. 指令格式

该指令的指令名称、助记符、功能号、操作数及程序步长见表 6-41。这两条指令仅适用于 FX$_{2N}$、FX$_{2NC}$ PLC。

表 6-41   **字 移 位 指 令 表**

指令名称	助记符/功能号	操 作 数				程序步长	备 注
		[S·]	[D·]	n1	n2		
字右移	FNC 36 WSFR(P)	KnX、KnY、KnM、KnS、T、C、D	KnY、KnM、KnS、T、C、D	K、H n2≤n1≤512		16 位—9 步	① 16 位指令 ② 连续/脉冲执行
字左移	FNC 37 WSFL(P)						

2. 指令说明

字右移指令的功能与位移位指令功能类同，字移位时以字为单位向右或向左移位。如图 6-79 所示为字移位指令功能说明。图 6-79 (a) 中，当 X0 为 ON 时，(D3～D0) → (D25～D22)，(D25～D22) → (D21～D18)，(D21～D18) → (D17～D14)，(D17～D14) → (D13～D10)，(D13～D10) 移出。n1=K16，是指定 D 的长度为 16 个。D 中出现的是最低位的数据地址，n2=K4 是指每次向前移动的一组数据，这里为 4 个，另外 n2≤n1≤512。

图 6-79 (b) 中，当 X0 为 ON 时，4 个字一组向左移位，(D3～D0) → (D13～D10)，(D13～D10) →(D17～D14)，(D17～D14) → (D21～D18)，(D21～D18) → (D25～D22)，(D25～D22) 移出。n1、n2 的概念与字右移情况相同。

该指令分为连续型和脉冲型两种执行方式。当使用脉冲型指令，X0 为 ON 时，只执行一次。而当用连续型指令时，每个扫描周期均执行一次，使用时应注意。

另外，若用位指定的元件进行的字移位指令，是以 8 个数为一组进行，例如 K1X0 代表 X7～X0，K2X0 代表 X17～X10、X7～X0。如图 6-80 所示即为用位元件进行的字右移指令功能说明。

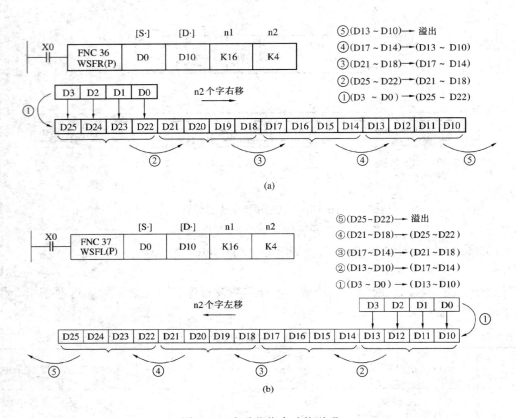

图 6-79　字移位指令功能说明

（a）字右移指令；（b）字左移指令

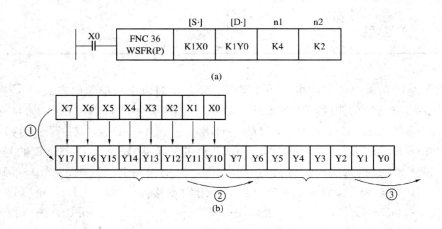

图 6-80　以位元件进行的字右移指令功能说明

（a）指令格式；（b）功能说明

（六）移位写入（先入先出写入）指令〔SFWR（FNC 38）〕

1. 指令格式

该指令的指令名称、助记符、功能号、操作数及程序步长见表 6-42。

表 6-42 先入先出写入指令表

指令名称	助记符/功能号	操 作 数			程序步长	备 注
		[S·]	[D·]	n		
移位写入 （先入先 出写入）	FNC 38 SFWR(P)	K、H KnX、KnY、 KnM、KnS T、C、D、V、Z	KnY、KnM、 KnS T、C、D	K、H 2≤n≤512	16 位—7 步	① 16 位指令 ② 连续/脉 冲执行

2. 指令说明

先入先出写入指令是先入先出控制的数据写入指令，其功能说明如图 6-81 所示。当 X0 由 OFF→ON 时，将 [S] 所指定的 D0 的数据存储在 D2 内，[D] 所指定的指针 D1 的内容置成 1（D1 必须先清零）。此时，若改变了 D0 的数据，则当再一次 X0 由 OFF→ON 时，又将 D0 的数据存储在 D3 中，而 D1 指针的内容被置成 2。依此类推，源操作数 D0 的数据依次写入数据存储器 D4、D5、…中。D1 内的数为数据存储点数，如超过 n-1，则不处理，同时进位标志 M8022 动作。

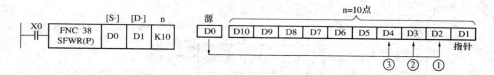

图 6-81 移位写入（先入先出写入）指令功能说明

若是连续指令执行时，则在各个扫描周期都执行。

（七）移位写入（先入先出读出）指令 [SFRD（FNC 39）]

1. 指令格式

该指令的指令名称、助记符、功能号、操作数及程序步长见表 6-43。

表 6-43 先入先出读出指令表

指令名称	助记符/功能号	操 作 数			程序步长	备 注
		[S·]	[D·]	n		
移位写入 （先入先 出读出）	FNC 39 SFRD（P）	KnY、KnM、 KnS T、C、D	KnY、KnM、 KnS T、C、D、V、Z	K、H 2≤n≤512	16 位—7 步	① 16 位指令 ② 连续/脉 冲执行

2. 指令说明

如图 6-82 所示为先入先出读出指令功能说明。当 X0 为 ON 时，D2 中的数据送到 D20，同时 D1 的值减 1，D10～D3 的数据向右移一个字。若用连续指令 SFRD，每一扫描周期数据都要右移一个字。

数据总是从 D2 中读出，指针 D1 为 0 时，不再执行上述处理，零标志 M8020 置 1。执行本指令过程中，D0 的数据保持不变。

（八）应用实例

1. 霓虹灯顺序控制

现有 8 盏（L1～L8）霓虹灯管接于 K2Y0，要求当 X0 为 ON 时，霓虹灯 L1～L8 以正

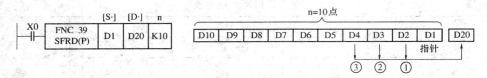

图 6-82　先入先出读出指令功能说明

序每隔 1s 轮流点亮，当 Y7 亮后，停 5s；然后，反向逆序每隔 1s 轮流点亮，当 Y0 再亮后，停 5s，重复上述过程。当 X1 为 ON 时，霓虹灯停止工作。

控制梯形图如图 6-83 所示。

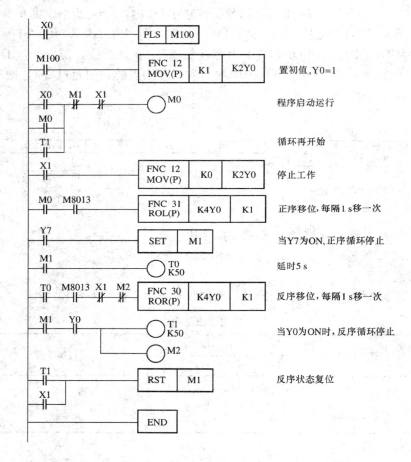

图 6-83　霓虹灯移位控制梯形图

2. 步进电动机的控制

以位移指令实现步进电动机正反转和调速控制。假设以三相三拍步进电动机为例，脉冲序列由 Y10～Y12（晶体管输出）送出，作为步进电动机驱动电源功放电路的输入。

程序中采用积算定时器 T246 为脉冲发生器，设定值为 K2～K500，定时为 2～500 ms，则步进电动机可获得 500～2 步/s 的变速范围。X0 为正反转切换开关（X0 为 OFF 时，正转；X0 为 ON 时，反转），X2 为启动按钮，X3 为减速按钮，X4 为增速按钮。

梯形图如图 6-84 所示。以正转为例，程序开始运行前，设 M0 为零。M0 提供移入

Y10、Y11、Y12 的"1"或"0"，在 T246 的作用下最终形成 011、110、101 的三拍循环。T246 为移位脉冲产生环节，INC 指令及 DEC 指令用于调整 T246 产生的脉冲频率。T0 为频率调整时间限制。

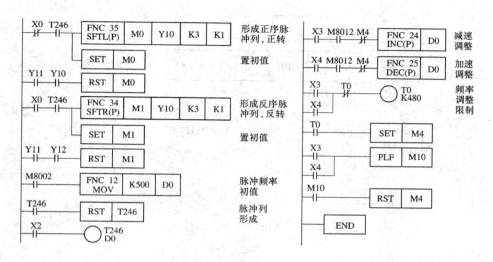

图 6-84　步进电动机控制梯形图及说明

调速时，按住 X3（减速）或 X4（增速）按钮，观察 D0 的变化，当变化值为所需速度值时，释放。如果调速需经常进行，可将 D0 的内容显示出来。

3. 0～9 数码显示控制

0～9 数显经常要用到，若用位移位指令实现其控制，是比较方便的。其真值表见表 6-44所示。显示器的七段 a、b、c、d、e、f、g 分别用 PLC 的 Y0～Y6 控制，内部辅助继电器 M0～M4 作为时序发生电路用元件。控制梯形图如图 6-85 所示。

M4～M0 为左移移位寄存器，根据表 6-44 可列出下列显示下列逻辑表达式。

表 6-44　　　　　　　　　　　七段显示（0～9）状态真值表

PLC 内部辅助继电器					显示 f‖b e‖c	PLC 输出						
M4	M3	M2	M1	M0		Y0(a)	Y1(b)	Y2(c)	Y3(d)	Y4(e)	Y5(f)	Y6(g)
0	0	0	0	0	0	1	1	1	1	1	1	0
0	0	0	0	1	1	0	1	1	0	0	0	0
0	0	0	1	1	2	1	1	0	1	1	0	1
0	0	1	1	1	3	1	1	1	1	0	0	1
0	1	1	1	1	4	0	1	1	0	0	1	1
1	1	1	1	1	5	1	0	1	1	0	1	1
1	1	1	1	0	6	0	0	1	1	1	1	1
1	1	1	0	0	7	1	1	1	0	0	0	0
1	1	0	0	0	8	1	1	1	1	1	1	1
1	0	0	0	0	9	1	1	1	0	0	1	1

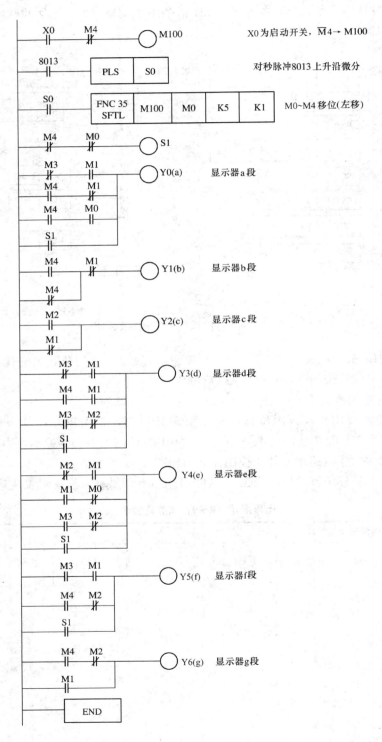

图 6-85　七段码显示控制梯形图

$Y0(a)=\overline{M4}\cdot\overline{M0}+\overline{M3}\cdot M1+M4\cdot\overline{M1}+M4\cdot M0$

$Y1(b)=\overline{M4}+M4\cdot\overline{M1}$

$Y2(c)=\overline{\overline{M2}\cdot M1}=M2+\overline{M1}$

$Y3(d)=\overline{M4}\cdot\overline{M0}+\overline{M3}\cdot M1+M4\cdot M1+M3\cdot\overline{M2}$

$Y4(e)=\overline{M4}\cdot\overline{M0}+\overline{M2}\cdot M1+M1\cdot\overline{M0}+M3\cdot\overline{M2}$

$Y5(f)=\overline{M4}\cdot\overline{M0}+M3\cdot M1+M4\cdot\overline{M2}$

$Y6(g)=M1+M4\cdot\overline{M2}$

4. 产品入库出库(FIFO)控制

下列程序主要是将产品按入库顺序将产品取出的控制梯形图。产品按十六进制编号(小于等于 4 位),允许最大的库存量是 99 件。程序的有关说明如图 6-86 右边的注释。

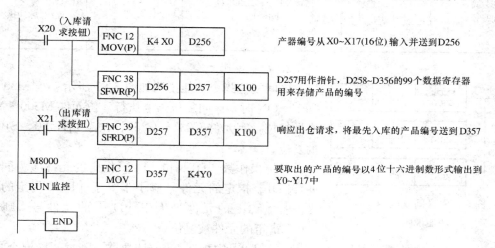

图 6-86 产品入库出库梯形图

五、数据处理指令说明

数据处理指令的功能编号从 FNC40~FNC49,具体见表 6-45。数据处理指令能进行更加复杂的数据操作处理或作为特殊用途的指令使用。

表 6-45　　　　　　　　　　　　　数据处理指令表

FNC No.	指令助记符	指令名称及功能
40	ZRST	全部复位(区间复位)指令
41	DECO	译码指令
42	ENCO	编码指令
43	SUM	ON 位数求和(求 1 位数总和)指令
44	BON	ON 位数判断(置 1 位判断)指令
45	MEAN	平均值指令
46	ANS	报警信号置位指令
47	ANR	报警信号复位指令
48	SQR	数据开方运算(平方根)指令
49	FLT	BIN 整数→二进制浮点数转换(浮点操作)指令

（一）全部复位指令［ZRST(FNC 40)］

1. 指令格式

全部复位指令（又称区间复位指令）的指令名称、助记符、功能号、操作数及程序步长见表6-46。

表 6-46   **全 部 复 位 指 令 表**

指令名称	助记符/功能号	操 作 数		程序步长	备 注
		［D1·］	［D2·］		
全部复位 （区间复位）	FNC 40 ZRST(P)	Y、M、S、T、C、D (D1≤D2)		16 位—5 步	① 16 位指令 ② 连续/脉冲执行

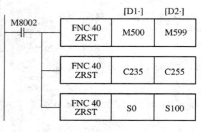

图 6-87　区间复位指令
功能说明

2. 指令说明

区间复位指令功能说明如图 6-87 所示。当 M8002 由 OFF→ON 时，区间复位指令执行。位元件 M500～M599 成批复位，字元件 C235～C255、状态元件 S0～S100 成批复位。

目标操作数［D1］和［D2］指定的元件应为同类元件，［D1］指定的元件号应小于等于［D2］指定的元件号。若［D1］的元件号大于［D2］的元件号，则只有［D1］指定的元件被复位。

该指令为 16 位处理，但是可在［D1］、［D2］中指定 32 位计数器。不过不能混合指定，即不能在［D1］中指定 16 位计数器，在［D2］中指定 32 位计数器。

（二）译码指令［DECO（FNC 41）］

1. 指令格式

该指令的指令名称、助记符、功能号、操作数及程序步长见表6-47。

表 6-47   **译 码 指 令 表**

指令名称	助记符/功能号	操 作 数			程序步长	备 注
		［S·］	［D·］	n		
译 码	FNC 41 DECO(P)	K、H X、Y、M、S T、C、D、V、Z	Y、M、S T、C、D	K、H 1≤n≤8	16 位—7 步	① 16 位指令 ② 连续/脉冲执行

2. 指令说明

（1）当［D］是指定位元件时，以源［S］为首地址的 n 位连续的位元件所表示的十进制码值为 Q，DECO 指令把以［D］为首地址目标元件的第 Q 位（不含目标元件位本身）置1，其他位置 0。功能说明如图 6-88（a）所示，源数据 $Q=2^0+2^1=3$，因此从 M10 开始的第 3 位 M13 为 1。当源数据 Q 为 0，则第 0 位（即 M10）为 1。

若 n=0 时，程序不执行；n=0～8 以外时，出现运算错误。若 n=8 时，［D］位数为

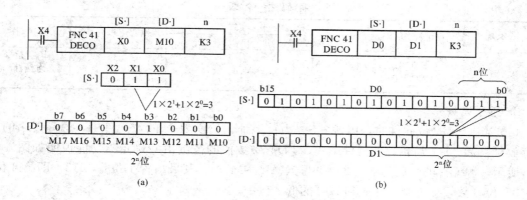

图 6-88 译码指令功能说明

(a) 使用说明之一；(b) 使用说明之二

$2^8 = 256$。驱动输入 X4 为 OFF 时，不执行指令，上一次解码输出置 1 的位保持不变。

若指令是连续执行型，则在各个扫描周期都执行，要注意这一点。

(2) 当 [D] 是字元件时，以源 [S] 所指定字元件的低 n 位所表示的十进制码 Q，DECO 指令把以 [D] 所指定目标字元件的第 Q 位（不含最低位）置 1，其他位置 0。功能说明如图 6-88 (b) 所示，源数据 $Q = 2^0 + 2^1 = 3$，因此 (D1) 的第 3 位为 1。当源数据为 0 时，第 0 位为 1。

若 n = 0 时，程序不执行；n = 0~4 以外时，出现运算错误。若 n = 4 时，[D] 位数为 $2^4 = 16$。驱动输入 X4 为 OFF 时，不执行指令，上一次解码输出置 1 的位保持不变。

若指令是连续执行型，则在各个扫描周期都会执行，要注意这一点。

解码指令应用如图 6-89 所示，根据 D0 所存储的数值，将 M 组合元件的同一地址号接通，在 D0 中存储 0~15 的数值。取 n = K4，则与 D0 (0~15) 的数值对应，M0~M15 有相应的 1 点接通。

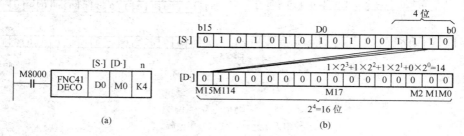

图 6-89 译码指令应用举例

(a) 梯形图；(b) 功能说明

n 在 K1~K8 间变化，则可以与 0~255 的数值对应。但是为此解码所需的目标的软元件范围被占用，务必要注意，不要与其他控制重复使用。

（三）编码指令 [ENCO (FNC 42)]

1. 指令格式

该指令的指令名称、助记符、功能号、操作数及程序步长见表 6-48。

表 6-48　　　　　　　　　　　　　　　　**编 码 指 令 表**

指令名称	助记符/功能号	操 作 数			程序步长	备 注
		[S·]	[D·]	n		
编　码	FNC 42 ENCO(P)	X、Y、M、S T、C、D、V、Z	T、C、D、V、Z	K、H $1 \leqslant n \leqslant 8$	16 位—7 步	① 16 位指令 ② 连续/脉冲 执行

2. 指令说明

(1) 当 [S] 是位元件时，以源 [S] 为首地址、长度为 2^n 的位元件中，最高置 1 的位被存放到目标 [D] 所指定的元件中去，[D] 中数值的范围由 n 确定。功能说明如图 6-90(a) 所示，源元件的长度为 $2^n = 2^3 = 8$ 位 (M10～M17)，其最高置 1 位是 M13，即第 3 位。将"3"位置数（二进制）存放到 D10 的低 3 位中。

当源数的第一个（即第 0 位）位元件为 1，则 [D] 中存放 0。当源数中无 1，出现运算错误。

若 n=0 时，程序不执行；n=1～8 以外时，出现运算错误。若 n=8 时，[S] 位数为 $2^8 = 256$。当驱动输入 X5 为 OFF 时，不执行指令，上次编码输出保持不变。

若指令是连续执行型，则在各个扫描周期都执行。

(2) 当 [S] 是字元件时，在其可读长度为 2^n 位中，最高置 1 的位被存放到目标 [D] 所指定的元件中去，[D] 中数值的范围由 n 确定。功能说明如图 6-90(b) 所示，源字元件的可读长度为 $2^n = 2^3 = 8$ 位，其最高置 1 位是第 3 位。将"3"位置数（二进制）存放到 D1 的低 3 位中。

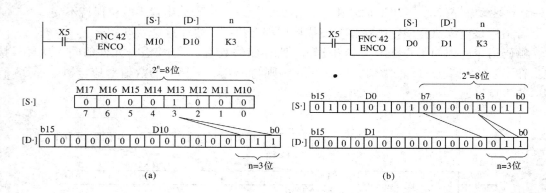

图 6-90　编码指令功能说明
(a) 使用说明之一；(b) 使用说明之二

当源数的第一个（即第 0 位）位元件为 1，则 [D] 中存放 0。当源数中无 1，则出现运算错误。

若 n=0 时，程序不执行；n=1～4 以外时，出现运算错误。若 n=4 时，[S] 位数为 $2^4 = 16$。驱动输入 X5 为 OFF 时，不执行指令，上次编码输出保持不变。

若指令是连续执行型，则在各个扫描周期都执行。

(四) 求 1 位数总和指令 [SUM (FNC 43)]

1. 指令格式

该指令的指令名称、助记符、功能号、操作数及程序步长见表 6-49，仅适用于 FX$_{2N}$、

FX_{2NC}型 PLC。

表 6-49 求 1 位数总和指令表

指令名称	助记符/功能号	操作数		程序步长	备注
		[S·]	[D·]		
求 1 位数总和	FNC 43 (D)SUM(P)	K、H KnX、KnY、 KnM、KnS T、C、D、V、Z	KnY、KnM、KnS T、C、D、V、Z	16 位—7 步 32 位—9 步	① 16/32 位指令 ② 连续/脉冲执行

2. 指令说明

如图 6-91 所示为求 1 位数总和指令功能说明。当 X0 为 ON 时，执行 SUM 指令。即将源 [S] 中的 "1" 进行求和，结果存入目标 [D] 中。源（D0）中有 9 个 "1"，则目标 [D]（D2）中存入 9，且为二进制数 1001。

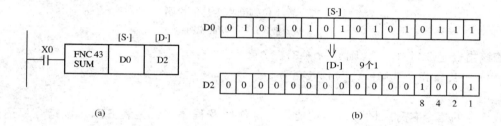

图 6-91 求 1 位数总和指令功能说明

(a) 指令格式；(b) 功能说明

若用到(D)SUM(P)32 位指令操作时，则将（D1，D0）的 32 位中 "1" 的总和数 9 写入到（D3、D2）中，其中 D3 全为 0，而 D2 中存入 9。

（五）置 1 位判断指令 [BON（FNC 44）]

1. 指令格式

该指令的指令名称、助记符、功能号、操作数及程序步长见表 6-50，该指令仅适用于 FX_{2N}、FX_{2NC}型 PLC。

表 6-50 置 1 位判断指令表

指令名称	助记符/功能号	操作数			程序步长	备注
		[S·]	[D]	n		
置 1 位判断	FNC 44 (D)BON(P)	K、H KnX、KnY、 KnM、KnS、 T、C、D、V、Z	Y、M、S	K、n 16 位操作 n=0～15 32 位操作 n=0～31	16 位—7 步 32 位—9 步	① 16/32 位指令 ② 连续/脉冲执行

2. 指令说明

如图 6-92 所示为置 1 位判断指令功能说明。当 X0 为 ON 时，执行 BON 指令，即检测源 [S] 中指定的 n 位是否为 1。若为 "1"，则影响目标 [D]，若为 "0" 则不影响目标 [D]。图 6-92 中，若源 [S] D10 中的 b15 位为 "1"，则 M0＝ON（1），若 b15＝"0"，则

M0＝OFF（0）。

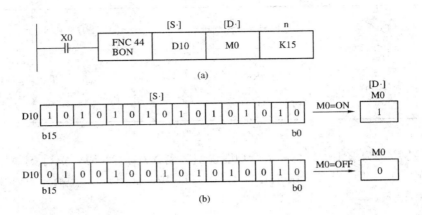

图 6-92　置 1 位判断指令功能说明

（a）指令格式；（b）功能说明

若该指令是 32 位操作，则 n＝0～31。

（六）平均值指令［MEAN（FNC 45）］

1. 指令格式

该指令的指令名称、助记符、功能号、操作数及程序步长见表 6-51。该指令仅适用于 FX$_{2N}$、FX$_{2NC}$ 型 PLC。

表 6-51　　　　　　　　　　　　　　平均值指令表

指令名称	助记符/功能号	操作数			程序步长	备注
		[S·]	[D·]	n		
平均值	FNC 45 (D)MEAN(P)	KnX、KnY、KnS、KnM T、C、D	KnY、KnM、KnS T、C、D、V、Z	K、H n=1~64	16 位—7 步 32 位—13 步	① 16/32 位指令 ② 连续/脉冲执行

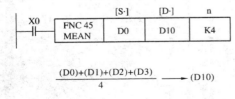

$$\frac{(D0)+(D1)+(D2)+(D3)}{4} \longrightarrow (D10)$$

图 6-93　平均值指令功能说明

2. 指令说明

如图 6-93 所示为平均值指令功能说明。当 X0 为 ON 时，源［S］指定的 n 个数据的代数和被 n 除所得的商（即平均值）送到［D］指定的目标中，而除得的余数舍去。n 在 1～64 之内，超过 64 则出错。

（七）报警信号置位指令［ANS（FNC 46）］

1. 指令格式

该指令的指令名称、助记符、操作数及程序步长见表 6-52。该指令仅适用于 FX$_2$、FX$_{2N}$、FX$_{2NC}$ 型 PLC。

表 6-52　　　　　　　　　　　报警信号置位指令表

指令名称	助记符/功能号	操作数			程序步长	备注
		[S·]	[D·]	m		
报警信号置位	FNC 46 ANS	T (T0～T199)	S (S900～S999)	m=1～32767	16 位—7 步	① 16 位指令 ② 连续执行

2. 指令说明

如图 6-94 所示为报警信号置位指令功能说明。当 X0、X1 同时接通 1s 以上，则 S900 被置位（置 1），以后即使 X0 或 X1 断开，S900 仍为 1 状态，但定时器被复位。

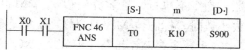

图 6-94　报警信号置位指令功能说明

若信号报警器 S900～S999 中，任意有一个为 ON 时，则报警信号动作，继电器 M8048 为 ON。

（八）报警信号复位指令 [ANR（FNC 47）]

1. 指令格式

该指令的指令名称、助记符、功能号、操作数及程序步长见表 6-53。

表 6-53　　　　　　　　　　　报警信号复位指令表

指令名称	助记符/功能号	操作数 D	程序步长	备注
报警信号复位	FNC 47 ANR(P)	无	1 步	连续/脉冲执行

2. 指令说明

如图 6-95 所示为报警信号复位指令功能说明。当 X3 为 ON 时，则报警信号器 S900～S999 中正在动作的报警位被复位。若超过 1 个报警信号位被置 1，则元件号最低的那个报警信号被复位。X3 再一次变为 ON 时，下一个被置 1 的报警器复位。

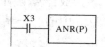

图 6-95　报警信号复位指令功能说明

若采用 ANR（P）指令，仅为脉冲指令，X3 接通一次，进行一次操作。若采用 ANR 指令，则为连续执行指令。当 X3 为 ON 时，每个扫描周期执行一次，这一点要注意。

（九）数据开方运算指令 [SQR（FNC 48）]

1. 指令格式

该指令的指令名称、助记符、功能号、操作数及程序步长见表 6-54，该指令仅适用于 FX2、FX2N、FX2NC 型 PLC。

表 6-54　　　　　　　　　　　平 方 根 指 令 表

指令名称	助记符/功能号	操作数		程序步长	备注
		[S·]	[D·]		
平方根	FNC 48 (D)SQR(P)	K、H、D	D	16 位—5 步 32 位—9 步	① 16/32 位指令 ② 连续/脉冲执行

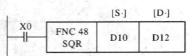

图 6-96　平方根指令功能说明

2. 指令说明

　　如图 6-96 所示为数据开方运算平方根指令功能说明。当 X0 为 ON时，将源 [S] 的内容进行开方，结果送目标 [D] 中，即 $\sqrt{(D10)} \rightarrow (D12)$。

　　该指令中（D10）中存放的数只有正数才有效。若为负数，指令不执行，且运算错误标志 M8067 为 ON。此外，运算结果为整数，小数舍去。舍去小数时，标志位 M8021 为 ON。若运算结果是全"0"时，零标志位 M8020 为 ON。

　　（十）浮点操作指令 [FLT（FNC 49）]

　　1. 指令格式

　　该指令的指令名称、助记符、功能号、操作数及程序步长见表 6-55。

表 6-55　　　　　　　　　　　　浮 点 操 作 指 令 表

指令名称	助记符/功能号	操 作 数		程序步长	备 注
		[S·]	[D·]		
浮点操作	FNC 49 (D) FLT (P)	D	D	16 位—5 步 32 位—9 步	① 16/32 位指令 ② 连续/脉冲执行

　　2. 指令说明

　　如图 6-97 所示为浮点操作指令功能说明。当 X0 为 ON 时，将源 [S] 中的数据转换成浮点数存入目标数 [D] 中，即将 D10 中的二进制数转换成浮点数存入 D12 中。

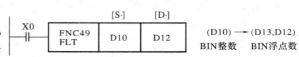

图 6-97　浮点操作指令功能说明

　　该指令还有 32 位操作和脉冲指令操作，使用时要注意这一点。

　　FLT 指令的逆指令为 INT（FNC 129），即把浮点数转换成二进制数操作。

六、高速处理指令说明

　　高速处理指令共有 10 条，其功能号、指令名称见表 6-56。利用这些指令可以有效地进行 PLC 的高速处理和中断处理。

表 6-56　　　　　　　　　　　　高 速 处 理 指 令

FNC No.	指令助记符	指令名称及功能
50	REF	输入输出刷新指令
51	REFF	刷新及滤波时间调整指令
52	MTR	矩阵输入指令
53	HSCS	比较置位（高速计数器置位）指令
54	HSCR	比较复位（高速计数器复位）指令
55	HSZ	区间比较（高速计数器区间比较）指令
56	SPD	速度检测指令
57	PLSY	脉冲输出指令
58	PWM	脉宽调制指令
59	PLSR	可调脉冲输出指令

（一）输入、输出刷新指令 [REF（FNC 50）]

1. 指令格式

该指令的指令名称、助记符、功能号、操作数及程序步长见表 6-57。

表 6-57　　　　　　　　　　　　　　输入、输出刷新指令表

指令名称	助记符/功能号	操作数		程序步长	备注
		[D·]	n		
输入、输出刷新	FNC 50 REF（P）	X、Y	K、H	16 位—5 步	① 16 位指令 ② 连续/脉冲执行

2. 指令说明

如图 6-98 所示为输入、输出刷新指令功能说明。FX 系列 PLC 是采用 I/O 批处理的方法，即输入数据在程序处理之前成批读入到映像寄存器的，而输出数据是在 END 结束指令执行后由输出映像寄存器通过锁存器到输出端子的。刷新指令用于在某段程序处理时开始读入最新输入信息或用于在某一操作结束之后立即将操作结果输出。刷新又分输入刷新和输出刷新两种。

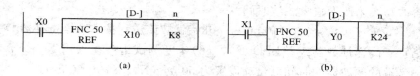

图 6-98　输入、输出刷新指令功能说明

(a) 输入刷新；(b) 输出刷新

图 6-98 (a) 是输入刷新指令应用说明。当 X0 为 ON 时，X10～X17（n＝K8，指定的 8 点）被刷新。图 6-98 (b) 是输出刷新指令应用说明。当 X1 为 ON 时，输出端 Y0～Y7、Y10～Y17、Y20～Y27 共 24 点（n＝K24 指定的 24 点）被刷新。

要说明的是，目标元件 [D] 的首元件号必须是 10 的倍数，即 X0、X10、X20、…或 Y0、Y10、Y20、…刷新点数 n 应为 8 的倍数，即 8、16、24、32、40、…、256，否则会出错。

（二）刷新及滤波时间调整指令 [REFF（FNC 51）]

1. 指令格式

该指令的指令名称、助记符、功能号、操作数及程序步长见表 6-58。

表 6-58　　　　　　　　　　　　刷新及滤波时间调整指令表

指令名称	助记符/功能号	操作数 n	程序步长	备注
刷新及滤波时间调整	FNC 51 REFF（P）	K、H	16 位—3 步	① 16 位指令 ② 连续/脉冲执行

2. 指令说明

一般 PLC 的输入端都有约 10 ms 的 RC 滤波器，主要是为了防止输入接点的振动或噪声的影响。然而，很多输入是电子开关，没有抖动和噪声，可以高速输入，此时 PLC 的输

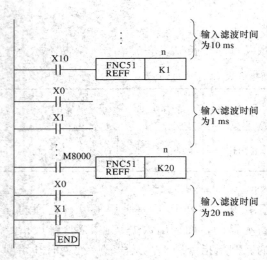

图 6-99　刷新及滤波时间
调整指令功能说明

入端的滤波器又成了高速输入的障碍，因此需要调整滤波时间。

FX 系列 PLC 的输入端 X0～X17 使用了数字滤波器，通过指令 REFF 可将其值改变为 0～60 ms 范围内。

如图 6-99 所示为刷新及滤波时间调整指令功能说明。当 X10 为 ON 时，X0～X17 的映像寄存器被刷新，输入滤波时间为 1 ms。而在此指令 REFF 执行前，滤波时间为10ms。

当 M8000 为 ON 时，REFF 指令被执行，因为 n 取 K20，所以，这条指令执行以后的输入端滤波时间为 20 ms。

当 X10 为 OFF 时，REFF 指令不执行，X0～X17 的滤波时间为 10 ms。

另外，也可以通过 MOV 指令把 D8020 数据寄存器的内容改写，来改变输入滤波时间。

因为 X0～X17 的初始滤波值（10 ms）一开始就被传送到特殊数据寄存器 D8020 中。此外，当中断指针、高速计数器或者 SPD(FNC 56)速度测试指令在采用 X0～X7 作为输入条件时，这些输入端的滤波器的时间已自动设置为 50 μs（X0、X1 为 20 μs）。

本指令有 REFF 连续执行和 REFF（P）脉冲执行两种方式。

（三）矩阵输入指令［MTR（FNC 52）］

1. 指令格式

该指令的指令名称、助记符、功能号、操作数及程序步长见表 6-59。

表 6-59　　　　　　　　　　矩 阵 输 入 指 令 表

指令名称	助记符/功能号	操　作　数				程序步长	备　注
		[S]	[D]		n		
			[D1]	[D2]			
矩阵输入	FNC 52 MTR	X	Y	Y、M、S	K、H n=2～8	16 位—9 步	① 16 位指令 ② 连续执行

2. 指令说明

如图 6-100 所示为矩阵输入指令功能说明。当 M0 合上时，可以分别将 8×3 的矩阵输入开关信号存到内部继电器中，即存入 M30～M37、M40～M47、M50～M57 中。

图 6-100（a）为矩阵输入指令格式，图 6-100（b）为硬件接线，图 6-100（c）为时序波形图。

本例中 n＝3，所以存储 8×3＝24 个开关状态。

［S］指定输入起点地址，从 X20 开始，占有 8 个输入点。

［D1］指定输出起点地址，占有［n］指定的晶体管输出点数，如本例中 n＝K3，则为 3 个输出点，分别为 Y20、Y21、Y22。

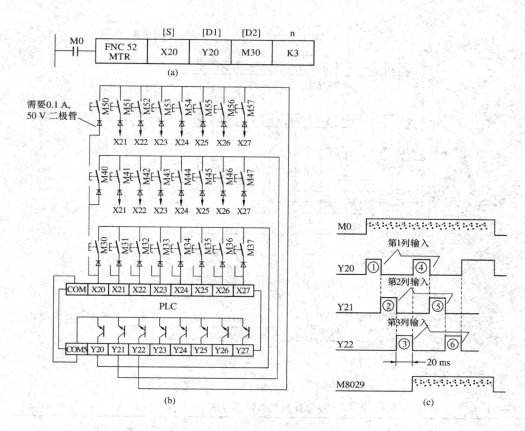

图 6-100 矩阵输入指令功能说明

(a) 指令格式；(b) 硬件接线；(c) 时序图

[D2] 指定存放状态的起点地址，本例中为 M30。

Y20～Y22 依次输出一定宽度的脉冲，当 Y20 接通时，读入第一行的输入状态，存到 M30～M37 中；当 Y21 接通时，读入第二行的输入状态，存到 M40～M47 中；当 Y22 接通时，读入第三行的输入状态，存到 M50～M57 中；依次类推，反复执行。对于每个输出，其I/O处理采用中断方式立即执行，时间间隔为 20 ms，允许输入滤波器的延迟时间为 10ms。另外执行指令完成后，指令结束标志 M8029 置 1。

矩阵输入矩阵指令最多存储开关信号是 8×8，最少存储开关信号为 8×2。

当读入 8×8＝64 点输入时，读取总的时间需要 20 ms×8 列＝160 ms，所以，这种矩阵输入法不适宜高速输入操作。通常情况下，MTR 指令的输入地址是用 X20 以后的地址作为矩阵指令的输入。

若用 X0～X17 作为 MTR 指令时，总的时间只需 80 ms，但要在每个晶体管输出端加一个负载电阻，如图 6-101 所示。总之，8 列 64 点的输入以 80 ms 或 160 ms 的读取周期动作，各个开关信号的 ON/OFF 宽度必须大于如图 6-102 所示的周期值。

（四）高速计数器置位指令 [HSCS（FNC 53）]

1. 指令格式

该指令的指令名称、助记符、功能号、操作数及程序步长见表 6-60。

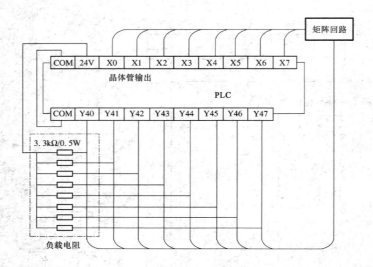

图 6-101　矩阵输入指令外接负载电阻

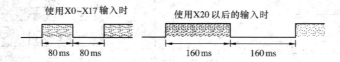

图 6-102　64 点输入时 ON/OFF 宽度

表 6-60　　　　　　　　　　　　高速计数器置位指令表

指令名称	助记符/功能号	操 作 数			程序步长	备 注
		[S1·]	[S2·]	[D·]		
高速计数器置位	FNC 53 (D) HSCS	K、H KnX、KnY、 KnM、KnS T、C、D、V、Z	C (C235—C255)	Y、M、S	32 位—13 步	① 32 位指令 ② 连续执行

	[S1·]	[S2·]	[D·]
X10 FNC53 (D)HSCS	K100	C255	Y10

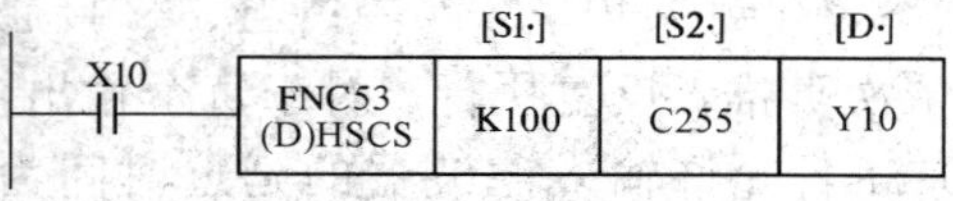

图 6-103　高速计数器置位指令功能说明

2. 指令说明

如图 6-103 所示为高速计数器置位指令功能说明。当 X10 为 1 时，高速计数器 C255 的当前值由 99 变为 100，或由 101 变为 100，Y10 立即置 1。

该指令仅有 32 位指令操作，即（D）HSCS 操作。

（五）高速计数器复位指令〔HSCR（FNC 54）〕

1. 指令格式

该指令的指令名称、助记符、功能号、操作数及程序步长见表 6-61。

表 6-61　　　　　　　　　　　　高速计数器复位指令表

指令名称	助记符/功能号	操 作 数			程序步长	备 注
		[S1·]	[S2·]	[D·]		
高速计数器复位	FNC 54 (D)HSCR	K、H KnX、KnY、 KnM、KnS T、C、D、V、Z	C (C235~ C255)	Y、M、S （与 S2 相等）	32 位—13 步	① 32 位指令 ② 连续执行

2. 指令说明

如图 6-104 所示为高速计数器复位指令功能说明。当 M8000 为 ON 时，C255 的当前值由 199 变到 200，或由 201 变为 200 时，Y10 变为 "0"。

如图 6-105 所示为高速计数器复位指令的具体应用。当高速计数器 C255 当前值计数到 300 时，C255 输出触点接通。而当 C255 的当前值计数到 400 时，C255 又立即复位，断开其输出触点。

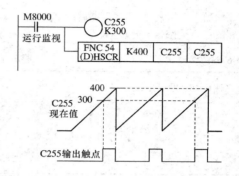

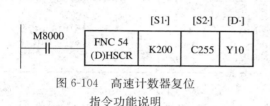

图 6-104　高速计数器复位
指令功能说明

图 6-105　高速计数器复位指令
的具体应用实例

（六）高速计数器区间比较指令 ［HSZ（FNC 55）］

1. 指令格式

该指令的指令名称、助记符、功能号、操作数及程序步长见表 6-62。

表 6-62　　　　　　　　　　高速计数器区间比较指令表

指令名称	助记符/功能号	操 作 数				程序步长	备 注
		［S1·］　　　［S2·］		［S3·］	［D·］		
高速计数器区间比较	FNC 55 (D)HSZ	K、H KnX、KnY、KnM、KnS T、C、D、V、Z		C (C235 ～C255)	Y、M、S	32 位—17 步	① 32 位指令 ② 连续执行

2. 指令说明

高速计数器区间比较指令（HSZ）与传送比较功能指令组中的区间比较指令（ZCP）相类似。如图 6-106 所示为高速计数器区间比较指令功能说明。当 X10 合上后，C251 计数器的值大小与 K1000 和 K2000 比较，满足下列条件时，相应的 Y0、Y1、Y2 有输出。

（1）K1000＞（C251）时，Y0＝ON，Y1＝OFF，Y2＝OFF；

（2）K1000≤（C251）≤K2000 时，Y0＝OFF，Y1＝ON，Y2＝OFF；

（3）（C251）＞K2000 时，Y0＝OFF，Y1＝OFF，Y2＝ON。

HSZ 指令是 32 位专用指令，所以必须以（D）HSZ 指令输入。此外 Y0、Y1、Y2 的动作仅仅是在计数器 C251 有脉冲信号输入时，其当前值从 999→1000 或 1999→2000 变化时，输出 Y0、Y1、Y2 才有变化。因此在图 6-107 所示中，若没有脉冲输入，即使 X0＝ON 时，给 C251 送 K3000，即 C251＝3000，输出 Y2 也不会变为 ON。

（七）速度检测指令 ［SPD（FNC 56）］

1. 指令格式

该指令的指令名称、助记符、功能号、操作数及程序步长见表 6-63。

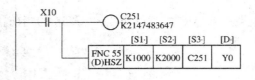

图 6-106　高速计数器区间
比较指令功能说明

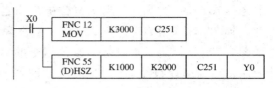

图 6-107　脉冲输入指令功能说明

表 6-63　　　　　　　　　　　　　　速度检测指令表

指令名称	助记符/功能号	操 作 数			程序步长	备 注
		[S1·]	[S2·]	[D·]		
速度检测	FNC 56 SPD	X0～X5	K、H KnX、KnY、 KnM、KnS T、C、D、V、Z	T、C、D、 V、Z	16 位—7 步	① 16 位指令 ② 连续执行

2. 指令说明

如图 6-108 所示为速度检测指令功能说明。速度检测是用来检测在给定时间内编码器的脉冲个数，从而可计算速度。

当 X10 为 ON 时，执行速度检测指令，[S1] 指定输入点，[S2] 指定计数时间，单位为毫秒。[D] 共有三个单元指定存放计数结果。其中 D0 存放计数结果，D1 存放计数当前值，D2 存放剩余时间值。

通过上述测定，转速 N 即可求出

$$N=\frac{60\times(D0)}{n\cdot t}\times10^3 \quad (r/min)$$

式中　n——脉冲个数。

需要说明的是，当输入 X0 使用后，不能再将 X0 作为其他高速计数的输入端。

(八) 脉冲输出指令 [PLSY (FNC 57)]

1. 指令格式

该指令的指令名称、助记符、功能号、操作数及程序步长见表 6-64。

表 6-64　　脉 冲 输 出 指 令 表

指令 名称	助记符/ 功能号	操 作 数		程序步长	备 注
		[S1·] [S2·]	[D·]		
脉冲 输出	FNC 57 (D)PLSY	K、H KnX、KnY、 KnM、KnS T、C、D、V、Z	Y	16 位—7 步 32 位—13 步	① 16/32 位指令 ② 连续执行

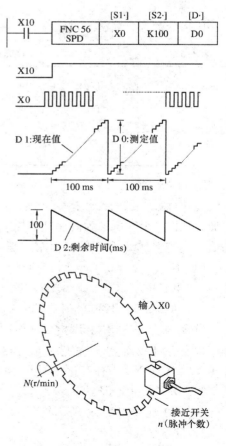

图 6-108　速度检测指令功能说明

2. 指令说明

如图 6-109 所示为脉冲输出指令功能说明。当 X10 为 ON 时，以 [S1] 指定的频率，按 [S2] 指定的脉冲个数输出，输出端为 [D] 指定的输出端。[S1] 指定脉冲频率，其中 FX₂N、FX₂NC PLC 为 2～20000Hz；FX₁S、FX₁N PLC 为 1～32767Hz（16 位指令），1～1000000Hz（32 位指令）。[S2] 指定脉冲个数，16 位指令为 1～32767，32 位指令为 1～2147483647。

[D] 指定输出口，仅为 Y0 和 Y1，PLC 机型要选用晶体管输出型的。

PLSY 指令输出脉冲的占控比为 50%。由于采用中断处理，所以输出控制不受扫描周期的影响。设定的输出脉冲发送完毕后，执行结束标志位 M8029 置 1。若 X10 为 OFF，则 M8029 也复位。

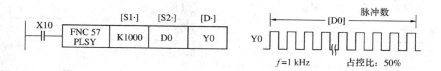

图 6-109 脉冲输出指令功能说明

另外，指令 PLSY、PLSR（FNC 59）两条指令 Y0 或 Y1 输出的脉冲个数分别保存在（D8141，D8140）和（D8143，D8142）中，Y0 和 Y1 的总数保存在（D8137，D8136）中。

（九）脉宽调制指令 [PWM（FNC 58）]

1. 指令格式

该指令的指令名称、助记符、功能号、操作数及程序步长见表 6-65。

表 6-65 脉宽调制指令表

指令名称	助记符/指令代码	操 作 数			程序步长	备 注
		[S1·]	[S2·]	[D·]		
脉宽调制	FNC 58 PWM	K、H KnX、KnY、KnM、KnS T、C、D、V、Z		Y0/Y1	16 位—7 步	① 16 位指令 ② 连续执行

2. 指令说明

脉宽调制指令（PWM）用来产生的脉冲宽度和周期是可以控制的，其功能说明如图6-110 所示。当 X0 合上时，Y0 有脉冲信号输出，其中 [S1] 是指定脉宽，[S2] 是指定周期，[D] 是指定脉冲输出口。要求 [S1] ≤ [S2]。[S1] 的范围为 0～32767ms，[S2] 在 1～32767ms 内，[D] 只能指定 Y0、Y1。

PWM 指令仅适用于晶体管方式输出的 PLC。

通过 PWM 指令编程，可以控制变频器，从而控制电动机的速度。但在 PLC 与变频器之间需加一个平滑电路，用 PWM 指令调制波形，变成直流电压输出，具体电路如图 6-111 所示。

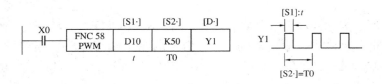

图 6-110　脉宽调制指令功能说明

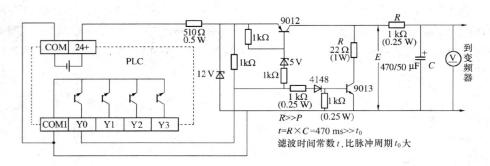

图 6-111　PLC 与平滑电路的连接电路

（十）可调脉冲输出指令 [PLSR（FNC 59）]

1. 指令格式

该指令的指令名称、助记符、功能号、操作数及程序步长见表 6-66。

表 6-66　　　　　　　　　　带加减功能脉冲输出指令功能表

指令名称	助记符/功能号	操 作 数			程序步长	备 注
		[S1·]　　[S2·]　　[S3·]		[D·]		
加减功能 脉冲输出	FNC 59 (D) PLSR	K、H KnX、KnY、KnM、KnS T、C、D、V、Z		Y (Y0、Y1)	16 位—7 步 32 位—17 步	① 16/32 位指令 ② 连续执行

2. 指令说明

如图 6-112 所示为可调脉冲输出指令（或称带加减功能的脉冲输出指令）功能说明。当 X10 为 ON 时，从 [D] 输出一频率从 0 加速到达 [S1] 指定的最高频率，到达最高频率后，再减速到达 0。输出脉冲的总数量由 [S2] 指定，加速、减速的时间由 [S3] 指定。

[S1] 的设定范围从 $10 \sim 20000\,\text{Hz}$；[S2] 的设定范围，若是 16 位操作，[S2] 从 $110 \sim 32767$，若是 32 位操作，[S2] 从 $110 \sim 2147483647$。若 [S2] 设定值小于 110 时，脉冲不能正常输出；[S3] 为加减速度时间，从 $0 \sim 5000\,\text{ms}$，其值应大于 PLC 扫描周期最大值（D8012）的 10 倍，且应满足

$$\frac{9000 \times 5}{[\text{S1}]} \leqslant [\text{S3}] < \frac{[\text{S2}] \times 818}{[\text{S1}]}$$

加减速的变速次数固定为 10 次；[D] 用来指定脉冲输出的元件号（Y0 或 Y1）。

当 X10 为 OFF 时，中断输出，再次 X10 为 ON 时，从初始值开始动作。在指令执行过程中，改写操作数，指令运行不受影响。变更内容只有从下一次指令驱动开始有效。

当 [S2] 设定的脉冲数输出结束时，执行结束标志继电器 M8029 动作（为 ON）。

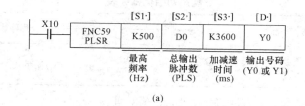

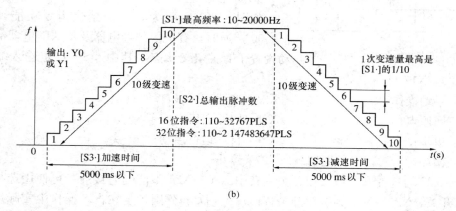

图 6-112 带加减功能的脉冲输出指令功能说明

（a）指令格式；（b）指令输出时序说明

本指令在程序中只能使用一次，且要选择晶体管方式输出的 PLC。此外，Y0、Y1 输出的脉冲数存入以下特殊数据寄存器。

[D8141，D8140] 存放 Y0 的脉冲总数；[D8143，D8142] 存放 Y1 的脉冲总数；[D8137，D8136] 存放 Y0 和 Y1 的脉冲数之和。要清除以上数据寄存器的内容，可通过传送指令做到，即（D）MOV K0××××可清除。

对于 FX$_{1S}$、FX$_{1N}$PLC 来说，[S1] 为 10～10000Hz，[S2] 同上述 FX$_{2N}$PLC 数值，[S3] 从 50～5000ms，[D] 为 Y0 或 Y1（晶体管方式输出）。

七、方便指令说明

在 PLC 编程时，有时使用方便指令可以简化很多编程步骤，使程序结构简单明了。FX$_{2N}$ 系列 PLC 从 FNC 60～FNC 69 为其方便指令，具体见表 6-67。

表 6-67　　　　　　　　　　　　　　　　方便指令一览表

FNC No.	指令助记符	指令名称及功能	FNC No.	指令助记符	指令名称及功能
60	IST	状态初始化指令	65	STMR	特殊定时器指令
61	SER	数据查找指令	66	ALT	交替输出指令
62	ABSD	绝对值凸轮顺控指令	67	RAMP	斜坡信号输出指令
63	INCD	增量凸轮顺控指令	68	ROTC	旋转工作台控制指令
64	TTMR	示教定时器指令	69	SORT	数据排序指令

（一）状态初始化指令 [IST（FNC 60）]

1. 指令格式

该指令的指令名称、助记符、功能号、操作数及程序步长见表 6-68。

表 6-68   **状态初始化指令表**

指令名称	助记符/功能号	操 作 数			程序步长	备 注
		[S·]	[D1·]	[D2·]		
状 态 初始化	FNC 60 IST	X、Y、M	S20～S899 D1<D2		16 位—7 步	① 16 位指令 ② 连续执行

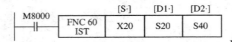

图 6-113　状态初始化指令功能说明

2. 指令说明

如图 6-113 所示为状态初始化指令功能说明。当 M8000 接通时，有关内部继电器及特殊继电器的状态自动设置了有关定义状态，其中［S］指定输入端运行模式，即 X20～X17 自动定义：

X20：手动操作；　　　　　　X24：连续运行（自动）；

X21：回原点；　　　　　　　X25：回原点启动；

X22：单步；　　　　　　　　X26：自动运行启动；

X23：循环运行一次（单周期）；　X27：停止。

X20～X27 为选择开关或按钮开关，其中 X20～X24 不能同时接通，可使用选择开关或其他编码开关，X25～X27 为按钮开关；［D1］、［D2］分别指定在自动操作中实际用到的最小、最大状态序号。

IST 指令被驱动后，下列元件将被自动切换控制。若在这以后，M8000 变为 OFF，这些元件的状态仍保持不变。

M8040：禁止转移；　　　　　S0：手动操作初始状态；

M8041：转移开始；　　　　　S1：回原点初始状态；

M8042：启动脉冲；　　　　　S2：自动运行初始状态。

M8047：STL（步控指令）监控有效。

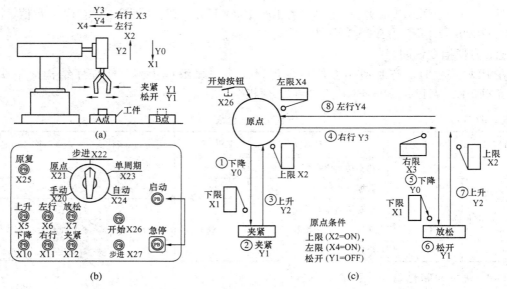

图 6-114　机械手工作示意图及状态图

（a）工作示意图；（b）控制面板；（c）工作流程图

本指令在程序中只能使用一次，应放在步进顺控指令之前。若在 M8043 置 1（回原点）之前改变操作方式，则所有输出将变为 OFF。

3. 应用举例

如图 6-114 所示为一机械手将物体从 A 点搬至 B 点的工作示意图。图 6-114（a）为机械手工作示意图，图 6-114（b）为机械手控制操作面板，图 6-114（c）为其工作流程图，从①～⑧。

机械手的工作流程为原点→下降→夹紧→上升→右行→下降→松开→上升→左行→原点。

下降/上升，左行/右行中使用双螺线管的电磁阀。夹紧使用的是单螺线管的电磁阀。该机械手的程序如图 6-115 所示。

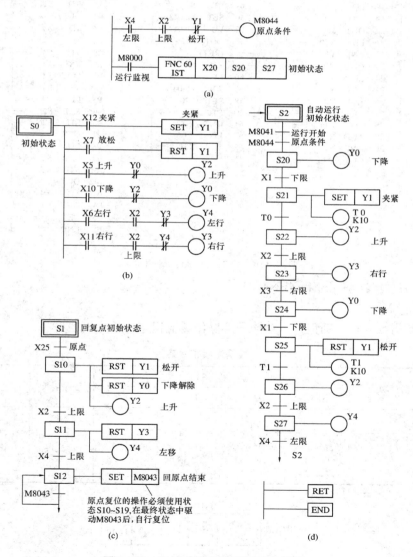

图 6-115　机械手控制梯形图（状态图）

（a）初始化程序；（b）手动操作程序；（c）回原点程序；（d）自动运行程序

图 6-115 所示梯形图转换成指令表程序如图 6-116 所示。

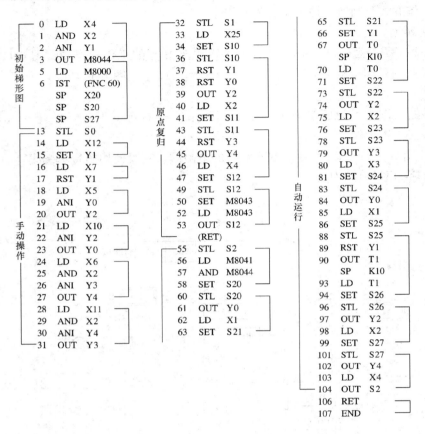

初始梯形图

0	LD	X4
1	AND	X2
2	ANI	Y1
3	OUT	M8044
5	LD	M8000
6	IST	(FNC 60)
	SP	X20
	SP	S20
	SP	S27

手动操作

13	STL	S0
14	LD	X12
15	SET	Y1
16	LD	X7
17	RST	Y1
18	LD	X5
19	ANI	Y0
20	OUT	Y2
21	LD	X10
22	ANI	Y2
23	OUT	Y0
24	LD	X6
25	AND	X2
26	ANI	Y3
27	OUT	Y4
28	LD	X11
29	AND	X2
30	ANI	Y4
31	OUT	Y3

原点复归

32	STL	S1
33	LD	X25
34	SET	S10
36	STL	S10
37	RST	Y1
38	RST	Y0
39	OUT	Y2
40	LD	X2
41	SET	S11
43	STL	S11
44	RST	Y3
45	OUT	Y4
46	LD	X4
47	SET	S12
49	STL	S12
50	SET	M8043
52	OUT	M8043
53	OUT	S12
	(RET)	
55	STL	S2
56	LD	M8041
57	AND	M8044
58	SET	S20
60	STL	S20
61	OUT	Y0
62	LD	X1
63	SET	S21

自动运行

65	STL	S21
66	SET	Y1
67	OUT	T0
	SP	K10
70	LD	T0
71	SET	S22
73	STL	S22
74	OUT	Y2
75	LD	X2
76	SET	S23
78	STL	S23
79	OUT	Y3
80	LD	X3
81	SET	S24
83	STL	S24
84	OUT	Y0
85	LD	X1
86	SET	S25
88	STL	S25
89	RST	Y1
90	OUT	T1
	SP	K10
93	LD	T1
94	SET	S26
96	STL	S26
97	OUT	Y2
98	LD	X2
99	SET	S27
101	STL	S27
102	OUT	Y4
103	LD	X4
104	OUT	S2
106	RET	
107	END	

图 6-116　机械手控制程序指令表

(二)数据查找指令 [SER (FNC 61)]

1. 指令格式

该指令的指令名称、助记符、功能号、操作数及程序步长见表 6-69。

表 6-69　　　　　　　　数据查找指令表

指令名称	助记符/功能号	操作数				程序步长	备注
		[S1·]	[S2·]	[D·]	n		
数据查找	FNC 61 (D)SER(P)	KnX、KnY、KnM、KnS T、C、D	K、H KnX、KnY、KnM、KnS T、C、D、V、Z	KnY、KnM、KnS T、C、D	K、H、D	16位—9步 32位—17步	① 16/32 位指令 ② 连续/脉冲执行

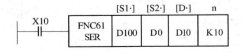

图 6-117　数据查找指令功能说明

2. 指令说明

数据查找指令可以方便地查找一个指定的数据，如图 6-117 所示为数据查找指令功能说明。[S1] 指定查找数据的首址，n 为数据的长度，[S2] 指定查找的数据值，[D] 用来存放搜索结果，当 X10 合上时，执行该指令。

图 6-117 中，当 X10 为 ON 时，将 D100～D109 中的每一个值与 D0 的内容相比较，见表 6-70 所示，结果存放在 D10～D14 中，存放的数据分别有 5 个比较数字，见表 6-71。

表 6-70　　　　　数据查找指令检索表构成和数据表

被检索元件	被检索数据例	比较数据	数据的位置	最 大 值	相　同	最小值
D100	(D100) = K100		0		相同	
D101	(D101) = K111		1			
D102	(D102) = K100		2		相同	
D103	(D103) = K98		3			
D104	(D104) = K123		4			
D105	(D105) = K66	D0 = K100	5			最小
D106	(D106) = K100		6		相同	
D107	(D107) = K95		7			
D108	(D108) = K210		8	最大		
D109	(D109) = K88		9			

[S1·]指定起始元件序号
n 指定被检索数据个数
[S2·]指定元件内容
[S1·]指定的元件顺序

表 6-71　　　　检 索 结 果 表

元件号	内　容	备　注
D10	3	相同数据个数
D11	0	相同数据位置(初始)
D12	6	相同数据位置(最后)
D13	5	最小值的位置
D14	8	最大值的位置

D:指定初始元件序号
占用连续 5 点

（1）D10 中存放数据中检索到相同值的个数（未找到为 0），本例中为 3。

（2）D11 中存放数据中检索到相同值开始的数据位置号（未找到为 0），本例中为 0（已找到 0）。

（3）D12 中存放数据中检索到相同值最后的数据位置号（未找到为 0），本例中为 6。

（4）D13 中存放检索最小值的位置。

（5）D14 中存放检索最大值的位置。

（三）绝对值凸轮顺控指令 [ABSD（FNC 62）]

1. 指令格式

该指令的指令名称、助记符、功能号、操作数及程序步长见表 6-72。

表 6-72　　　　　　　　　　　　绝对值凸轮顺控指令表

指令名称	助记符/功能号	操作数				程序步长	备　注
		[S1·]	[S2·]	[D·]	n		
绝对值凸轮顺控	FNC 62 (D)ABSD	KnX、KnY、KnM、KnS T、C、D	C	Y、M、S	K、H 1≤n≤64	16 位—9 步 32 位—17 步	① 16/32 位指令 ② 连续执行

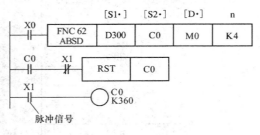

图 6-118　绝对值凸轮顺
控指令功能说明

2. 指令说明

如图 6-118 所示为绝对值凸轮顺控指令功能说明，即当 X0 合上时，执行该指令，且在 [D] 指定的输出点中输出。输出点的个数由 n 指定，本例中 M0、M1、M2、M3 为输出点。当 X0 断开后，输出点的状态保持不变，该指令在程序中只能用一次。

（D300）、（D307）的值应提前输入，（C0）的计数值应与（D300）～（D307）比较。

ABSD 指令产生一组对应于计数器数值变化的输出波形。X1 为脉冲计数信号，计数器 C0 计到某一数值时若与 D300～D307 某一值相等，则使其对应的输出端信号为 ON 和 OFF，如图 6-119 所示。其中 ON/OFF 的比较值 M0 对应 D300 和 D301。M1 对应 D302 和 D303，M2 对应 D304 和 D305，M3 对应 D306 和 D307，见表 6-73。若 n＝K5 则 [S1] 指定的源即为 D300～D309，[D] 指定的输出口有 M0～M4 共 5 个。

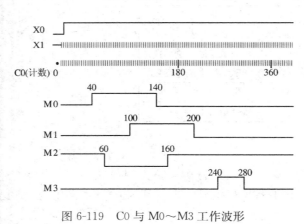

图 6-119　C0 与 M0～M3 工作波形

表 6-73　（D300）～（D307）对应
上升与下降输出点表

上升点	下降点	输出点
D300＝40	D301＝140	M0
D302＝100	D303＝200	M1
D304＝160	D305＝60	M2
D306＝240	D307＝280	M3

X1 为一序列脉冲信号。

（四）增量凸轮顺控指令 [INCD（FNC 63）]

1. 指令格式

该指令的指令名称、助记符、功能号、操作数及程序步长见表 6-74。

表 6-74　　　　　　　　　　　　**增量凸轮顺控指令表**

指令名称	助记符/功能号	操作数				程序步长	备注
		[S1·]	[S2·]	[D·]	n		
增量凸轮顺控	FNC 63 INCD	KnX、KnY、KnM、KnS T、C、D	C	Y、M、S	K、H 1≤n≤64	16位—9步	① 16 位指令 ② 连续执行

2. 指令说明

如图 6-120 所示为增量凸轮顺控指令功能说明。当 X0 合上时，执行该指令，从 $M0 \sim M3$（n=4）输出不同的状态（波形）。其中 $D300 \sim D303$ 需要提前用 MOV 指令写入数据。当 C0 的当前值与 $D300 \sim D303$ 比较时，相应的 $M0 \sim M3$ 动作，具体过程如图 6-121 所示。

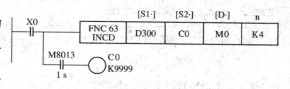

图 6-120　增量凸轮顺控指令功能说明

图 6-120 中，应先对 $D300 \sim D303$ 赋值，即（D300）=20，（D301）=30，（D302）=10，（D303）=40。

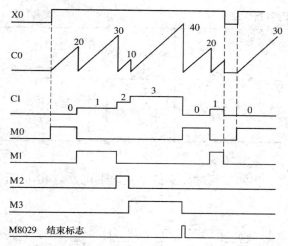

图 6-121　增量凸轮顺控指令输出波形图

当 C0 计数器当前值计数到 $D300 \sim D303$ 的设定值时自动复位，过程计数器 C1 计算复位次数。$M0 \sim M3$ 按 C1 的值依次动作。当由"n"指定的最后一过程完成后（本例中 n=K4），标志结束位 M8029 置"1"。以后周期性重复，当 X0 关断后，C0 和 C1 均复位，同时 $M0 \sim M3$ 关断，当 X0 再重新接通后，又开始运行。

本指令在程序中只能使用一次。

（五）示教定时器指令 [TTMR（FNC 64）]

1. 指令格式

该指令的指令名称、助记符、功能号、操作数及程序步长见表 6-75。

表 6-75　　　　　　　　　　　　**示教定时器指令表**

指令名称	助记符/功能号	操作数		程序步长	备注
		[D·]	n		
示教定时器	FNC 64 TTMR	D	K、H n=0～2	16位—5步	① 16 位指令 ② 连续执行

2. 指令说明

如图 6-122 所示为示教定时器指令功能说明。当 X10 合上时，执行该指令，即将 X10 合上的时间 τ_0 存入到 [D]+1（D301）中，而把测得的时间乘以由 n 指定的倍率（$10^n \tau_0$）

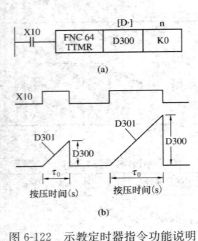

图 6-122　示教定时器指令功能说明
(a) 指令格式；(b) 波形图

存入 [D]（D300）中。因此，本例中假设 X10 合上 τ_0 s，则 τ_0 s 存入（D301）中，而 $\tau_1 = 10''\tau_0 = 10^0\tau_0 = \tau_0$ 存到（D300）中，如图 6-122（b）所示说明了这一问题。当 X10 为 OFF 时，D301 复位，而 D300 不变。

若指令中 n＝K1 或 n＝K2，则 $\tau_1 = 10^1\tau_0$ 或 $\tau_1 = 10^2\tau_0$，此时 D300 的值将随 n 发生变化，具体见表 6-76。

表 6-76　　　　　　　n 与 D300 对应值

n	D300
K0	τ_0
K1	$10\tau_0$
K2	$100\tau_0$

（六）特殊定时器指令 [STMR（FNC 65）]

1. 指令格式

该指令的指令名称、助记符、功能号、操作数及程序步长见表 6-77。

表 6-77　　　　　　　　　　　特殊定时器指令表

指令名称	助记符/功能号	操 作 数			程序步长	备 注
		[S·]	n	[D·]		
特 殊 定时器	FNC 65 STMR	T T0～T199 (100 ms)	K、H n＝1～32767	Y、M、S	16 位—5 步	① 16 位指令 ② 连续执行

2. 指令说明

特殊定时器指令是用来产生延时定时电路、单触发定时器、闪烁定时器电路，其功能说明如图 6-123 所示。

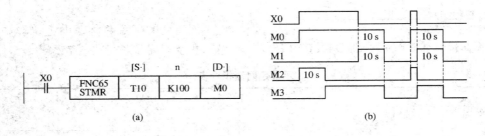

图 6-123　特殊定时器指令功能说明
(a) 指令格式；(b) 波形图

当 X0 合上时，M0～M3 输出相应的波形，其输出波形如图 6-123（b）所示。n 的值（K100）是定时器 T10 设定值。

M0 为延时定时器；M1 为输入 X0 从 ON→OFF 后的单触发定时器，M2、M3 为闪烁定时电路，X0 为 OFF，则 M0、M1、M3 延时设定值后为 OFF。

若将$\overline{\text{M3}}$串接到特殊定时器指令的输入端，则 M2、M1 的波形输出正好为闪烁电路（或正/反脉冲）输出，如图 6-124 所示。要注意程序中不能再用这些已用过的定时器。

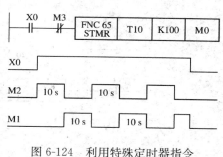

图 6-124　利用特殊定时器指令实现的闪烁电路

（七）交替输出指令〔ALT（FNC 66）〕

1. 指令格式

该指令的指令名称、助记符、功能号、操作数及程序步长见表 6-78。

表 6-78　　　　　　　　　交替输出指令表

指令名称	助记符/功能号	操作数 [D·]	程序步长	备注
交替输出	FNC 66 ALT(P)	Y、M、S	16 位—3 步	① 16 位指令 ② 连续/脉冲执行

2. 指令说明

如图 6-125 所示为交替输出指令功能说明。交替输出指令就是输入 X0 的二分频电路，其波形如图 6-125（b）所示。

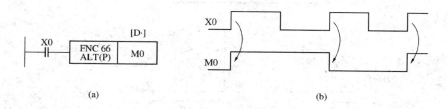

(a)　　　　　　　　　(b)

图 6-125　交替输出指令功能说明
(a) 指令格式；(b) 波形图

3. 应用举例

（1）由 1 个输入按钮进行启动、停止控制的电路如图 6-126 所示。按下 X0 时，Y1 为 1，再按下 X0 时，Y1 为 0。

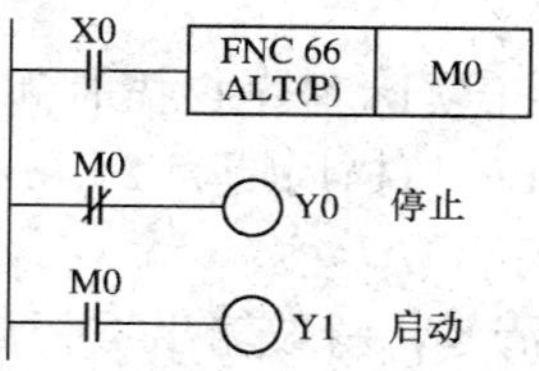

（2）闪烁电路。要产生 2 s ON、2 s OFF 的闪烁电路，其程序如图 6-127 所示。

（八）斜坡信号输出指令〔RAMP（FNC 67）〕

1. 指令格式

该指令的指令名称、助记符、功能号、操作数及程序步长见表 6-79。

图 6-126　单键启动/停止电路

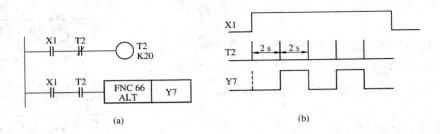

图 6-127　闪烁电路

(a) 梯形图；(b) 波形图

表 6-79　　　　　　　　　　　　　斜坡信号输出指令表

指令名称	助记符/功能号	操 作 数				程序步长	备 注
		[S1·]	[S2·]	[D·]	n		
斜坡信号输出	FNC 67 RAMP	D 2 个连号元件			K、H n=1～32 767	16 位—9 步	① 16 位指令 ② 连续执行

2. 指令说明

　　斜坡指令用来产生斜坡输出信号，如图 6-128 所示为斜坡指令的功能说明。当 X0 为 ON 时，连续执行该指令。其中斜坡初始值存放在 D1 中，斜坡的终点值存放在 D2 中。D3 存放的数据为从 D1→D2 变化的中间状态。整个变化的过程经过 n 个扫描周期，本例中 n＝ K1000，这个值存在 D4 中。

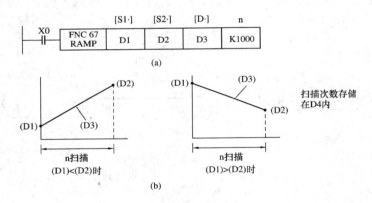

图 6-128　斜坡信号输出指令功能说明

(a) 指令格式；(b) 斜坡信号输出图

　　(D2)＞(D1)和(D2)＜(D1)的波形如图 6-128(b)所示。

　　将扫描周期时间写入 D8039 数据寄存器，该扫描周期时间稍大于实际程序扫描时间。再置 M8039 为"1"，则 PLC 进入恒扫描周期运行方式。上例中若 PLC 扫描周期为 20 ms，则(D1)→(D2)所需的时间为 20 ms×1000＝20 s。

　　当 X0 为 OFF 时，斜坡信号停止输出。若 X0 再为 ON，则 D4 清零，斜坡输出重新从 D1 值开始，输出结束达到 D2 值，标志位 M8029 为 1，D3 值回复到 D1 值。

　　RAMP 指令与模拟输出相结合可实现软启动、软停止，例如控制变频器使电动机有效地用在电梯的上、下行上。

由于 D4 是停电保持型的，因此，若在 PLC 进入 RUN 时，X0 若已经为 ON，则必须在运行前对 D4 清零。

PLC 用 M8026 特殊继电器的状态控制 RAMP 指令的输出运行方式。当 M8026 为 ON 时，斜坡信号输出为保持模式；当 M8026 为 OFF 时，斜坡信号输出为重复式。两种输出方式如图 6-129 所示。

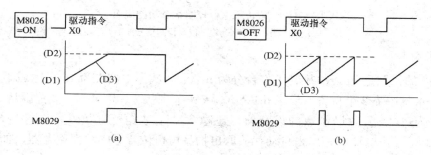

图 6-129　斜坡信号输出的两种方式

(a) M8026 为 ON 时斜坡输出；(b) M8026 为 OFF 时斜坡输出

（九）旋转工作台控制指令〔ROTC（FNC 68）〕

1. 指令格式

该指令的指令名称、助记符、功能号、操作数及程序步长见表 6-80。

表 6-80　　　　　　　　　　　　旋转工作台控制指令表

指令名称	助记符/功能号	操　作　数				程序步长	备　注
		[S・]	m1	m2	[D・]		
旋转工作台控　制	FNC 68 ROTC	D	K、H		Y、M、S	16 位—9 步	① 16 位指令 ② 连续执行

2. 指令说明

如图 6-130 所示为一旋转工作台工作示意图。旋转工作台分为 10 个位置，分别放置物品。机械手要取被指定的工件，要求工作台以最短捷径的方向转到出口处，以便机械手方便抓取，这时可以使用 ROTC 指令达到此目的。指令功能说明如图 6-131 所示。

图 1-131 中 ROTC 程序中用到的有关参数意义如下：

X0、X1、X2 为检测开关信号，其中 X2 为原点信号，当 0 号工件转到 0 号位置，X2 接通。X0、X1 为检测工作台正向、反向旋转的检测开关信号，A 相接 X0，B 相接 X1。

源操作数〔S〕指定数据寄存器，它作为旋转工作台位置检测计

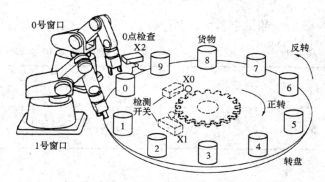

图 6-130　旋转工作台示意图

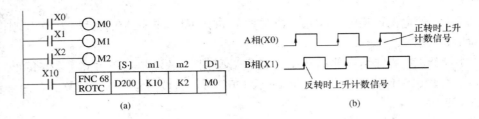

图 6-131   旋转工作台控制指令功能说明
(a) 梯形图；(b) X0、X1 位置检测信号波形

数寄存器。

m1、m2 的作用是：m1 将旋转工作台分为 m1 个区域，本例中为 10 个区域，m2 是低速旋转区域，本例中为 2 个位置。要求 m1＞m2，m1 范围从 2～32 767，m2 范围从 0～32 767。

此外，通过 [S] 源操作数的设定值，还隐含 2 个数据寄存器 [S＋1]、[S＋2]，即 D201 和 D202。其中 D201 是用来自动存放取出物品窗口位置号的数据寄存器，如本例 0 号、1 号窗口。D202 用来存放要取工件的位置号的数据寄存器。

以上条件都设定后，ROTC 指令就自动地指定一些输出信号，如正转/反转、高速/低速、停止等。[D] 所指定的 M0～M7 的输出含义如下：

M0：A 相信号
M1：B 相信号　　　编制程序使之与相应输入对应
M2：原点检测信号

M3：高速正转
M4：低速正转　　X10 变为 ON，执行 ROTC 指令，自动得到结果 M3～M7
M5：停止　　　　X10 变为 OFF 时，M3～M7 均为 OFF
M6：低速反转
M7：高速反转

旋转台控制指令 ROTC 为 ON 时，若原点检测号 M2 变为 ON，则计数寄存器 D200 清零。在开始任何操作之前必须先执行上述清零操作。

ROTC 指令只能使用一次。

（十）数据排序指令 [SORT（FNC 69）]

1. 指令格式

该指令的指令名称、助记符、功能号、操作数及程序步长见表 6-81。

表 6-81   数据排序指令表

指令名称	助记符/功能号	操 作 数					程序步长	备 注
		[S]	m1	m2	[D]	n		
数据排序	FNC 69 SORT	D	K、H	K、H	D	K、H、D	16 位—17 步	① 16 位指令 ② 连续执行

2. 指令说明

如图 6-132 所示为数据排序指令功能说明。此指令的含义就是把指定的数据内容重复排列，程序中只能用一次。本指令仅适用于 FX_2、FX_{2N}、FX_{2NC} PLC。

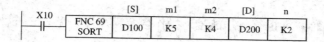

图 6-132　数据排序指令功能说明

[S] 指定排序表的首地址，即要进行排序表的第一项内容的地址；[D] 指定新排序后新表的首地址。m1 指定排序表的行数，范围从 1～32；m2 指定排序表的列数，范围从 1～6；n 是指定 m2 列中以那一列为序排列。本例中以 n＝K2，即第二列从小到大进行排序（即按身高排序），结果存入以 D200 为首地址的新表中，具体排序见表 6-82 和表 6-83。

表 6-82 　　　　　　　　　　　　　　　　排序前的数据表

行　　号	列号 m2＝K4			
	1	2	3	4
	人员编号	身高	体重	年龄
1	(D100)＝1	(D105)＝145	(D110)＝45	(D115)＝20
2	(D101)＝2	(D106)＝180	(D111)＝60	(D116)＝55
3	(D102)＝3	(D107)＝160	(D112)＝70	(D117)＝30
4	(D103)＝4	(D108)＝100	(D113)＝20	(D118)＝8
5	(D105)＝5	(D109)＝150	(D114)＝50	(D119)＝45

表 6-83 　　　　　　　　　　　　　　　　排序后的数据表

行　　号	列　　号			
	1	2	3	4
	人员编号	身高	体重	年龄
1	(D200)＝4	(D205)＝100	(D210)＝20	(D215)＝8
2	(D201)＝1	(D206)＝145	(D211)＝45	(D216)＝20
3	(D202)＝5	(D207)＝150	(D212)＝50	(D217)＝45
4	(D203)＝3	(D208)＝160	(D213)＝70	(D218)＝30
5	(D204)＝2	(D209)＝180	(D214)＝60	(D219)＝55

八、外部设备 I/O 指令说明

外部设备 I/O 指令共 10 条，从 FNC 70～FNC 79，见表 6-84。这 10 条指令主要为使用 PLC 的输入输出与外部有关开关、显示及特殊功能模块交换数据而设置的。

表 6-84 　　　　　　　　　　　　　　　　外部设备输入/输出指令

FNC No.	指令助记符	指令名称及功能	FNC No.	指令助记符	指令名称及功能
70	TKY	十键输入指令	75	ARWS	方向开关指令
71	HKY	十六键输入指令	76	ASC	ASCII 码转换指令
72	DSW	数字开关指令	77	PR	ASCII 码打印输出指令
73	SEGD	七段码译码指令	78	FROM	BFM 读出指令
74	SEGL	七段码译码分时显示指令	79	TO	BFM 写入指令

（一）十键输入指令 ［TKY（FNC 70）］

1. 指令格式

该指令的指令名称、助记符、功能号、操作数及程序步长见表 6-85。

表 6-85　　　　　　　　　　　　十键输入指令表

指令名称	助记符/功能号	操 作 数			程序步长	备 注
		［S·］	［D1·］	［D2·］		
十键 输入	FNC 70 (D)TKY	X、Y、M、S （用 10 个 连号元件）	KnY、KnM、 KnS T、C、D、V、Z	Y、M、S （用 11 个连 号元件）	16 位—9 步 32 位—17 步	① 16/32 位指 令 ② 连续执行

2. 指令说明

十键输入指令是用 10 个键输入十进制数的功能指令。该指令的功能说明如图 6-133（a）所示。其中［S］指定输入元件，［D1］指定存储元件，［D2］指定读出元件。

0～9 输入键与 PLC 的连接如图 6-133（b）所示。

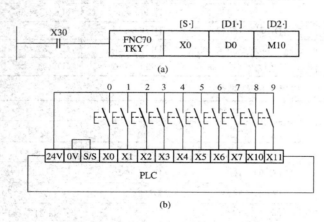

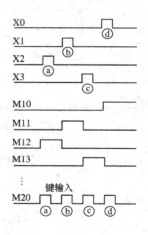

图 6-133　十键输入指令功能说明

（a）指令格式；（b）输入键盘与 PLC 的连接

图 6-134　动作时序波形图

键输入及其对应的辅助继电器的动作时序如图 6-134 所示。如以ⓐ、ⓑ、ⓒ、ⓓ顺序按下数字键，则［D1］中存的数据为 2130。如果送入数据大于 9999，则高位溢出并丢失（数据以二进制码存于［D1］，即 D0 中）。

当用（D）TKY 32 位指令时，D0 和 D1 将成对使用，若大于 9999 9999 会溢出。

当 X2 按下后，M12 置 1 并保持至另一键按下，其他键也一样。M10～M19 的动作对应于 X0～X11。任一键按下，键信号置 1 直到该键放开。当两个或更多的键被按下，先按下的键有效。

输入 X30 合上时，执行 TKY 指令，且连续执行。当输入 X30 变为 OFF 时，D0 中的数据保持不变。但 M10～M20 全部变为 OFF。

M20 为记录键接通与复位的信号。

此指令只能用一次。

（二）十六键输入指令 [HKY（FNC 71）]

1. 指令格式

该指令的指令名称、助记符、功能号、操作数和程序步长见表 6-86。

表 6-86　　　　　　　　　　　　　　十六键输入指令表

指令名称	助记符/功能号	操作数				程序步长	备注
		[S・]	[D1・]	[D2・]	[D3・]		
十六键输入	FNC 71 (D)HKY	X	Y	T、C D、V、Z	Y、M、S	16 位—9 步 32 位—17 步	① 16/32 位指令 ② 连续/脉冲执行

2. 指令说明

十六键输入指令能通过键盘上数字键和功能键输入的内容来完成输入的复合运算过程。

如图 6-135 所示为十六键输入指令功能说明。图 6-135（a）为指令形式，图6-135（b）为键盘与 PLC 的外部连接图。

[S] 指定 4 个输入元件，[D1] 指定 4 个扫描输出点。[D2] 指定键输入的存储元件，[D3] 指定读出元件。十六键输入分为数字键和功能键。

（1）数字键。输入的 0～9999 数字以 BIN 码存于 [D2]，即（D0）中。（D0）中的数大于 9999 时溢出，如图6-136（a）所示。

用（D）HKY32 位指令时，0～9999 9999 的数字存于 D1 和 D0 中。多个键同时按下时，最先按下的键有效。

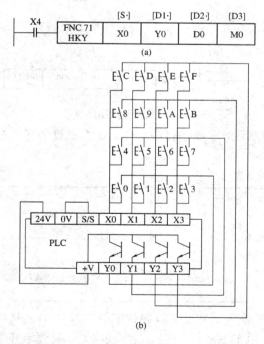

图 6-135　十六键输入指令功能说明
(a) 指令形式；(b) 与 PLC 的连接

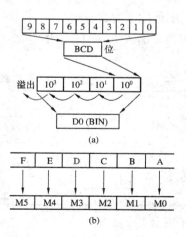

图 6-136　数字键与功能键的输入与存储
(a) 数字键；(b) 功能键

（2）功能键。功能键 A～F 与 M0～M5 的关系如图 6-136（b）所示。

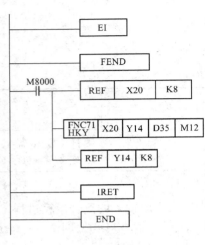

图 6-137　十六键输入指令
中使用时间中断

按下 A 键，M0 置 1 并保持。按下 D 键，M0 置 0、M3 置 1 并保持，其余类推。同时按下多个键，先按下键的有效。

（3）键扫描输出。按下键（数字键或功能键）被扫描到后标志 M8029 置 1。功能键 A～F 的任一个键被按下时，M6 置 1（不保持）。数字键 0～9 的任一个键被按下时，M7 置 1（不保持）。当 X4 变为 OFF 时，D0 保持不变，M0～M7 全部为 OFF。

扫描全部 16 键需 8 个扫描周期，HKY 指令只能用一次。

十六键输入指令 HKY 执行所需时间取决于程序执行速度。同时，执行速度将由相应的输入时间所限制。

如果扫描时间太长，则有必要设置一个时间中断，当使用时间中断程序后，必须使输入端在执行 HKY 前及输出端在执行 HKY 后重新工作。这一过程可用 REF 指令来完成。

时间中断的设置时间要稍长于输入端重新工作时间，对于普通输入，可设置 15ms 或更长一些，对高速输入设置 10ms 较好。图 6-137 在使用时间中断程序中，用 HKY 来加速输入响应的梯形图。

（三）数字开关指令［DSW（FNC 72）］

1. 指令格式

该指令的指令名称、助记符、功能号、操作数及程序步长见表 6-87。

2. 指令说明

该指令是数字开关输入指令，用来读入 1 组或 2 组 4 位数字开关的设置值。数字开关指令功能说明如图 6-138 所示。

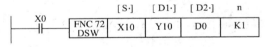

图 6-138　数字开关功能说明

［S］为指定输入点，［D1］指定选通点，［D2］指定数据存储元件，n 指定数字开关组数。

表 6-87　　　　　　　　　　　　　数字开关指令表

指令名称	助记符/功能号	操 作 数				程序步长	备 注
		［S·］	［D1·］	［D2·］	n		
数字开关	FNC 72 DSW	X	Y	T、C、D V、Z	K、H n=1、2	16 位—9 步	① 16 位指令 ② 连续执行

每组开关由 4 个拨盘组成，有时也叫 BCD 码数字开关。BCD 码数字开关与 PLC 的接线图如图 6-139 所示。上述格式中 K1=1，指一组 BCD 码数字开关，第一组 BCD 码数字开关接到 X10～X13，由 Y10～Y13 顺次选通读入，数据以 BIN 码形式存在［D2］指定的元件 D0 中。若 K2＝2，有 2 组 BCD 码数字开关，第二组 BCD 数字开关接到 X14～X17 上，由 Y10～Y13 顺次选通读入，数据以 BIN 码存在 D1 中。

当 X0 为 ON 时，Y10～Y13 顺次为 ON，一个周期完成后标志位 M8029 置 1，其时序如图 6-140 所示。

在数字开关指令 DSW 在操作中被中止后再重新开始时，是从头循环开始而不是从中止处开始。

使用 1 组 BCD 码开关的 DSW 指令梯形图编程如图 6-141 所示。

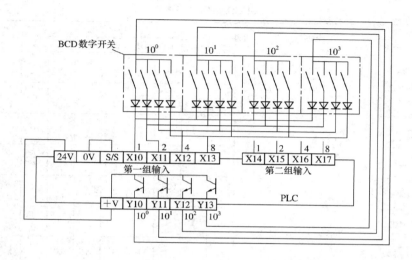

图 6-139　BCD 码数字开关与 PLC 的连接

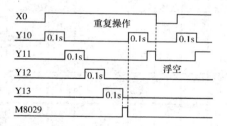

图 6-140　Y10～Y13 的时序波形

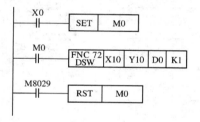

图 6-141　数字开关指令应用说明

（四）七段码译码指令 [SEGD（FNC73）]

1. 指令格式

该指令的指令名称、助记符、功能号、操作数及程序步长见表 6-88。

表 6-88　　　　　　　　　　　　　　　　七段码译码指令表

指令名称	助记符/功能号	操作数		程序步长	备注
		[S·]	[D·]		
七段码译码	FNC73 SEGD（P）	K、H KnX、KnY、KnM、KnS T、C、D、V、Z	KnY、KnM、KnS T、C、D、V、Z	16 位—5 步	①16 位指令 ②连续/脉冲执行

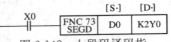

图 6-142　七段码译码指
令功能说明

2. 指令说明

七段码译码指令功能说明如图 6-142 所示。

[S] 指定元件的低 4 位（只用低 4 位）所确定的十六进制
数（0～F）经译码驱动七段显示器，译码数据存于 [D] 指定
的元件中，[D] 的高 8 位保持不变。SEGD 译码真值表见表 6-89。

表 6-89　　　　　　　　　　　　　SEGD 译码真值表

[S]		七段码显示器	[D]								显示数据
十六进制	二进制		B7	B6	B5	B4	B3	B2	B1	B0	
0	0000		0	0	1	1	1	1	1	1	0
1	0001		0	0	0	0	0	1	1	0	1
2	0010		0	1	0	1	1	0	1	1	2
3	0011		0	1	0	0	1	1	1	1	3
4	0100		0	1	1	0	0	1	1	0	4
5	0101		0	1	1	0	1	1	0	1	5
6	0110		0	1	1	1	1	1	0	1	6
7	0111		0	0	0	0	0	1	1	1	7
8	1000		0	1	1	1	1	1	1	1	8
9	1001		0	1	1	0	1	1	1	1	9
A	1010		0	1	1	1	0	1	1	1	A
B	1011		0	1	1	1	1	1	0	0	b
C	1100		0	0	1	1	1	0	0	1	C
D	1101		0	1	0	1	1	1	1	0	d
E	1110		0	1	1	1	1	0	0	1	E
F	1111		0	1	1	1	0	0	0	1	F

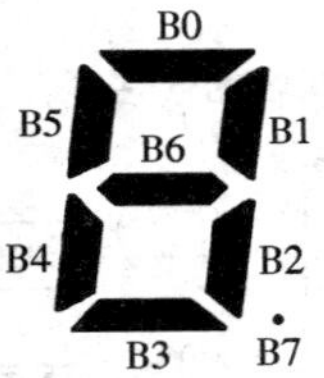

（七段码显示器示意图：B0 顶段，B5 左上，B6 中段，B1 右上，B4 左下，B2 右下，B3 底段，B7 小数点）

B0 代表位元件的首位（本例中为 Y0）和字元件的最低位

（五）七段码译码分时显示指令 [SEGL（FNC74）]

1. 指令格式

该指令的指令名称、助记符、功能号、操作数及程序步长见表 6-90。

2. 指令说明

七段码译码是分时显示指令用于控制一组或两组带锁存的七段译码器显示的指令，它的

功能说明如图 6-143 所示。

七段显示器与 PLC 的连接如图 6-144 所示。

七段显示指令 SEGL 用 12 个扫描周期显示 4 位数据（1 组或 2 组），完成 4 位显示后，标志位 M8029 置 1。

表 6-90 带锁存七段码译码指令表

指令名称	助记符/功能号	操 作 数			程序步长	备 注
		[S·]	[D·]	n		
带锁存七段码译码	FNC 74 SEGL	K、H KnX、KnY、KnM KnS、 T、C、D、V、Z	D	K、H	16 位—7 步	① 16 位指令 ② 连续执行 ③ 影响 M8029

当 X0 为 ON 时，SEGL 则反复连续执行。若 X0 由 ON 变为 OFF，则指令停止执行。当执行条件 X0 再为 ON 时，程序从头开始反复执行。

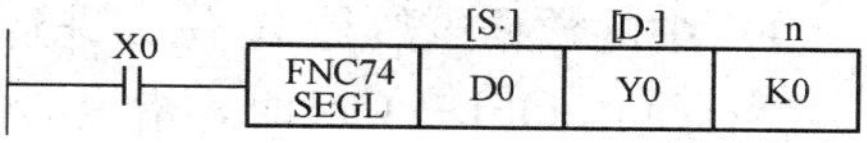

SEGL 指令只能用一次。

要显示的数据放在 D0（1 组）或 D0、D1（2 组）中。数据的传送和选通在 1 组或 2 组的情况下不同。

X0		[S·]	[D·]	n
├─┤├─	FNC74 SEGL	D0	Y0	K0

图 6-143 七段码译码分时
显示指令功能说明

当 1 组（即 n＝0～3）时，D0 中的数据 BIN 码转换成 BCD 码（0～9999）顺次送到 Y0～Y3，Y4～Y7 为选通信号。

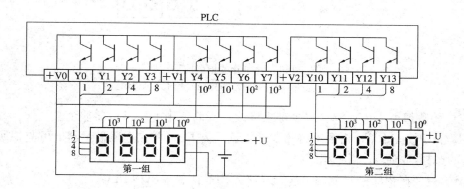

图 6-144 七段显示器与 PLC 连接

当 2 组（即 n＝4～7）时，与 1 组情况相类似，D0 的数据送 Y0～Y3，D1 的数据送 Y10～Y13。D0、D1 中的数据范围为 0～9999，选通信号仍使用 Y4～Y7。

关于参数 n 的选择与 PLC 的逻辑性质、七段显示逻辑以及显示组数有关。

（六）方向开关指令［ARWS（FNC75）］

1. 指令格式

该指令的指令名称、助记符、功能号、操作数及程序步长见表 6-91。

表 6-91 方向开关指令表

指令名称	助记符/功能号	操作数				程序步长	备 注
		[S·]	[D1·]	[D2·]	n		
方向开关	FNC75 ARWS	X、Y、M、S（4个连号元件）	T、C、D、V、Z	Y（8个连号元件）	K、H（n=0～3）	16位—9步	① 16位指令 ② 连续执行

2. 指令说明

方向开关指令用于方向开关的输入和显示。该指令的功能说明如图 6-145 所示。

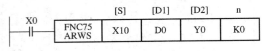

图 6-145 方向开关指令功能说明

方向开关有 4 个，如图 6-146（a）所示。位左移键和位右移键用来指定要输入的位，增加键和减少键用来设定指定位的数值，带锁存的七段显示器可以显示当前置数值。显示器与 PLC 输出端的连接如图 6-146（b）所示。

D0 中的数据虽然是 16 位二进制数，但为了方便均以 BCD 码表示（0～9999）。

当 X0 由 OFF→ON 时，指定的位是 10^3 位，每按一次右移键，指定位按以下顺序移动：$10^3 \rightarrow 10^2 \rightarrow 10^1 \rightarrow 10^0 \rightarrow 10^3$。按左移键，指定位移动顺序：$10^3 \rightarrow 10^0 \rightarrow 10^1 \rightarrow 10^2 \rightarrow 10^3$。指定位可由接到选通信号（Y4～Y7）上的 LED 来确认。

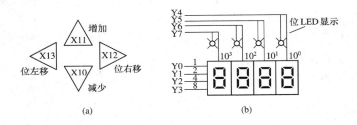

图 6-146 方向开关指令应用说明

（a）方向开关；（b）显示器与 PLC 输出端的连接

指定位的数值可由增加键、减少键来修改，当前值由七段显示器显示。

利用方向开关 ARWS 指令可将需要的数据写入 D0，并在七段显示器上可监视所写入的数据。n 的选择与 SEGL 指令相同。

ARWS 指令在程序中只能用一次，且必须用晶体管输出型 PLC。

3. 应用举例

设计定时器的设定变更与当前值显示的实例，其外接线如图 6-147 所示。操作过程如下：每次按读出/写入键，读出、写入 LED 切换灯亮。读出时，用数字开关设定定时器号码后，接通 X3。写入时，用箭头开关一边看七段码显示，一边设定数值，接通（按下）X3。控制程序如图 6-148 所示。

（七）ASCII 码转换指令 [ASC（FNC76）]

1. 指令格式

该指令的指令名称、助记符、功能号、操作数及程序步长见表 6-92。

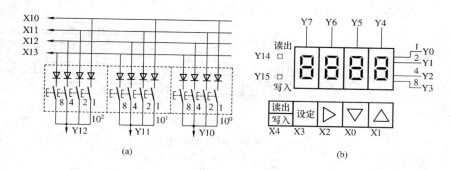

图 6-147　定时器值设定与显示线路连接图

(a) 输入；(b) 显示连接

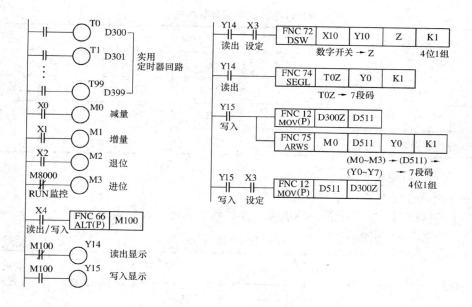

图 6-148　定时器值设定与显示参考程序

表 6-92　　　　　　　　　　　　　ASCII 码转换指令表

指令名称	助记符/功能号	操　作　数		程序步长	备　注
		[S]	[D·]		
ASCII 码转换	FNC76 ASC	8 个字符或数字	T、C、D（用 4 个连号元件）	16 位—11 步	① 16 位指令 ② 连续执行

2. 指令说明

ASCII 码转换指令就是将 [S] 中存放的字符变换成 ASCII 码，存放在 [D] 指定的单元地址中，如图 6-149 所示。当 X0 合上时，[S] 中存放的"ABCDEFGH"转换成 ASCII 码并存放在 D300～D303 中。

每一数据寄存器分别存放 2 个字符，存放格式如图 6-149 (b) 所示。当 M8161 置 1 时，

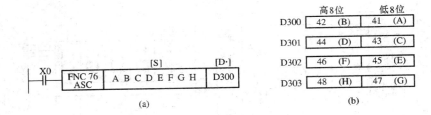

图 6-149　ASCII 码转换指令功能说明

(a) ASCII 指令格式；(b) 数码存放格式

则上述指令占用 8 个数据寄存器，从 D300～D307，字符转换成 ASCII 码仅向每个寄存器的低 8 位传送，高 8 位全为零，见表 6-93。

表 6-93　　　　　　　　　　　M8161 置 1 时数据存放格式表

地　址	高 8 位	低 8 位	存放字母	地　址	高 8 位	低 8 位	存放字母
D300	00	41	A	D304	00	45	E
D301	00	42	B	D305	00	46	F
D302	00	43	C	D306	00	47	G
D303	00	44	D	D307	00	48	H

（八）ASCII 打印输出指令 [PR（FNC77）]

1. 指令格式

该指令的指令名称、助记符、功能号、操作数及程序步长见表 6-94。

表 6-94　　　　　　　　　　　打 印 输 出 指 令 表

指令名称	助记符/功能号	操　作　数		程序步长	备　注
		[S·]	[D·]		
打印输出	FNC77 PR	T、C、D	Y	16 位—5 步	① 16 位指令 ② 连续执行

2. 指令说明

如图 6-150（a）所示为 PR 打印输出指令的应用说明。当 X0 为 ON 时，将 [S] 中存放的 ASCII 码输出到 [D] 中，即将 D300～D303 中的字符 "ABCDEFGH" 送到 Y7…Y0 中。发送的顺序 A 为开始，最后为 H。T0 为扫描周期，选通脉冲为 Y10，正在执行标志为 Y11，如图6-150（b）所示。

在指令执行过程中，X0 由 ON→OFF 时，送数操作停止。当 X0 再次 ON 时，要从头开始送数。PR 指令在程序中只能用一次，且必须用晶体管输出型 PLC。

在 16 位操作运行时，需要特殊继电器 M8027 为 ON，PR 指令一旦执行，它将所有 16 位字节的数据送完。

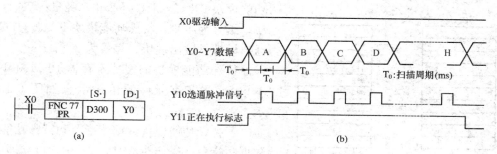

图 6-150 打印输出指令功能说明

(a) 指令格式；(b) 指令执行时序波形

（九）BFM 读出指令 [FROM (FNC78)]

1. 指令格式

该指令的指令名称、助记符、功能号、操作数及程序步长见表 6-95。

表 6-95   特殊功能模块数据读出指令表

指令名称	助记符/功能号	操 作 数				程序步长	备 注
		m1	m2	[D·]	n		
特殊功能 模块数据 读 出	FNC78 (D) FROM (P)	K、H (m1=0~7)	K、H (m2=0~31)	KnY、KnM KnS T、C、D V、Z	K、H n=1~32	16 位—9 步 32 位—17 步	①16/32 位指令 ②连续/脉冲执行

2. 指令说明

如图 6-151 所示为特殊功能模块数据读出指令功能说明。

当 X1 由 OFF→ON，该特殊功能模块指令 FROM 开始执行，将编号为 m1 的特殊功能模块内从缓冲寄存器（BFM）编号为 m2 开始的 n 个数据读入 PLC 基本单元，并存入 [D] 指定元件中的 n 个数据寄存器中。

图 6-151 特殊功能模块数据读出指令功能说明

m1 是特殊功能模块号：m1=0~7。

m2 是缓冲寄存器首元件号：m2=0~31。

n 是待传送数据的字数：n=1~32。

接在 FX_{2N} 基本单元右边扩展总线上的功能模块（例如模拟量输入单元、模拟量输出单元、高速计数器单元等），从最靠近基本单元那个开始，顺次编号为 0~7，如图 6-152 所示。

基本单元 FX_{2N}－64MR	特殊功能模块 FX_{2N}－4AD	输出模块 FX_{2N}－8EYT	特殊功能模块 FX_{2N}－1HC	特殊功能模块 FX_{2N}－4DA
	#0		#1	#2

图 6-152 特殊功能模块连接编号

在图 6-152 中特殊功能模块 FX_{2N}－4AD 是 4 通道模拟量输入模块，编号为 0 号；特殊

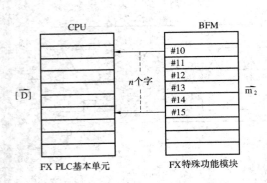

图 6-153　特殊功能模块数据读操作

功能模块 FX$_{2N}$－1HC 是 2 相 50 kHz 高速计数模块，编号为 1 号；特殊功能模块 FX$_{2N}$－4DA 是 2 通道模拟量输出模块，编号为 2 号。

特殊功能模块的缓冲寄存器 BFM 和 FX 基本单元 CPU 字元件的传送示意如图 6-153 所示。

若特殊功能模块数据读指令和特殊功能模块数据写指令在操作执行时，FX 用户可立即中断，也可以等到现时输入输出指令完成后才中断，这是通过控制特殊辅助继电器 M8028 来完成的。

M8028＝OFF，禁止中断；M8028＝ON，允许中断。

（十）BFM 写入指令 [TO（FNC79）]

1. 指令格式

该指令的指令名称、助记符、功能号、操作数及程序步长见表 6-96。

表 6-96　　　　　　　　　　　　　特殊功能模块数据写入指令表

指令名称	助记符/功能号	操作数				程序步长	备注
		m1	m2	[S·]	n		
特殊功能模块写数据	FNC79 (D) TO (P)	K、H (m1= 0～7)	K、H (m2= 0～31)	KnY、KnM KnS T、C、D、 V、Z	K、H n=1～32	16 位—9 步 32 位—17 步	①16/32 位指令 ②连续/脉冲执行

2. 指令说明

特殊功能模块写数据指令是 PLC 对特殊功能模块缓冲器 BFM 写入数据的指令，该指令功能说明如图 6-154 所示。

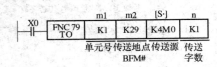

图 6-154　特殊功能模块写数据指令功能说明

当 X0 = 1 时，执行该指令，即将 PLC 的 K4M0（M15…M0）16 位为传送源数据送至 1 号单元中特殊功能模块的 BFM29 号中，传送字数为 1 个。

m1 是特殊功能模块号：m1=0～7；

m2 是缓冲器首元件号：m2=0～31；

n 是传送数据的字数：n＝1～32（16 位）；n＝1～16（32 位）。

FROM 和 TO 指令是进行特殊功能模块编程必须使用的指令。有关其应用见第八章特殊功能的模块编程及应用。

在 FROM 和 TO 指令执行过程中，若 M8028 为 ON 时，可以中断；若 M8028 为 OFF 时，禁止中断，输入中断或定时器中断将不能被执行。

九、外部（围）设备（SER）指令说明

外部设备指令共有 8 条，主要是与 PLC 外部特殊外部设备或称适配器进行数据交换的指令，具体见表 6-97。

表 6-97 外围设备指令一览表

FNC No.	指令助记符	指令名称及功能	FNC No.	指令助记符	指令名称及功能
80	RS	串行数据传送	85	VRRD	电位器值读出
81	PRUN	八进制位传送	86	VRSC	电位器刻度
82	ASCI	HEX→ASCII 码转换	87	—	—
83	HEX	ASCII 码→HEX 码转换	88	PID	PID 运算
84	CCD	校验码	89	—	—

（一）串行数据传送指令［RS（FNC 80）］

1. 指令格式

该指令的指令名称、助记符、功能号、操作数及程序步长见表6-98。

表 6-98 串行数据传送指令表

指令名称	助记符/功能号	操作 数				程序步长	备 注
		［S·］	m	［D·］	n		
串形数据传送	FNC80 RS	D	K、H D	D	K、H D	16 位—9 步	① 16 位指令 ② 连续执行

2. 指令说明

串行数据指令主要是使用 RS-232C（或 RS-485）PLC 特殊功能扩展板或适配器进行数据通信的指令。该指令功能说明如图 6-155 所示。

［S］指定传输缓冲区的首地址在传输信息区域的第一个数据寄存器。m 指定传输信息长度，它可以是一个常数；若信息长度是可变的，则也可用一个数据寄存器。［D］指定接受缓冲区的首地址，是接受信息区域的第一个数据寄存器。n 指定接受数据长度，这里是接受信息的最大长度，这一值可以是个常数；若长度可变，也可用数据寄存器。

图 6-155 串行数据传送
指令功能说明

在使用本指令之前，先要对某些通信参数进行设置，然后才能用此指令完成数据的传送（发送与接收）。

（1）通信参数设置。FX 系列 PLC 中是用特殊辅助寄存器 D8120 进行通信参数设置的，其各位的参数功能见表6-99。

例如 D8120 的值为 0092 H，即 D8120＝(b15～b0)＝0000 0000 1001 0010，其通信格式为：数据长为 7 位，奇偶性为奇数（ODD），停止位为 1 位，传输速度为 19200 bit/s，起始、终止符无，控制线无。一开始要把 H0092 送入 D8120 中，如图 6-156 所示。

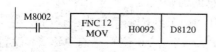

图 6-156 D8120 设置参数梯形图

表 6-99　　　　　　　　　　　　　　**D8120 参数设定表**

位号	名称	内容	
		位为 OFF（＝0）	位为 ON（＝1）
b0	数据长	7 位	8 位
b1 b2	奇偶性	b2，b1 （0，0）：无 （0，1）：奇数（ODD） （1，1）：偶数（EVEN）	
b3	停止位	1 位	2 位
b4 b5 b6 b7	传送速率 （bit/s）	b7，b6，b5，b4　　　　b7，b6，b5，b4 （0，0，1，1）：300　　（0，0，1，1）：4 800 （0，1，0，0）：600　　（1，0，0，0）：9 600 （0，1，0，1）：1 200　（1，0，0，1）：19 200 （0，1，1，0）：2 400	
b8[①]	起始符	无	有（D8124）　初始值：STX（02H）
b9[①]	终止符	无	有（D8125）　初始值：ETX（03H）
b10 b11	控制线	无顺序　　b11，b10 （0，0）：无 RS-232C 接口 （0，1）：普通模式 RS-232C 接口 （1，0）：互锁模式 RS-232C 接口[⑤] （1，1）：调制解调器模式 RS-232C 接口，RS-485 接口[③]	
		计算机链接 通信[④]　　b11，b10 （0，0）：RS-485 接口 （1，0）：RS-232C 接口	
b12		不可使用	
b13[②]	和校验	不附加	附加
b14[②]	协议	不使用	使用
b15[②]	控制顺序	方式 1	方式 4

① 起始符、终止符的内容可由用户变更，使用计算机通信时，必须将其设定为"0"。

② b13～b15 是计算机链接通信连接时的设定项目。使用 FNC80(RS)指令时，必须设定为"0"。

③ RS-485 未考虑设置控制线的方法，使用 FX2NC-485-BD、FX0N-485ADP 时，要设定(b11, b10)为(1, 1)。

④ 是在计算机链接通信连接时设定，与 FNC80(RS)没有关系。

⑤ 适应机种是 FX2NC 及 FX2N 版本 V2. 00 以上。

（2）数据传送与接收。接收数据由特殊辅助继电器 M8122 控制，发送数据是由特殊辅助继电器 M8123 控制。

数据传送的位数可以是 8 位或 16 位，由 M8161 控制。如图 6-157 所示为串行数据传送指令应用说明。

图 6-157 中利用 MOV 指令把传送数据复制到传送信息缓冲区。当 M100 由 OFF→ON 时，数据寄存器 D100～D103 中的数据复制到了传输缓冲区，这一缓冲区从 D500 开始，8 个字节的信息长度可以通过数据寄存器 D10 改变传送信息的值来改变。

若设置了信息的首端和末端，它们将在传送以前被自动记录到传输信息中去。

X0 由 OFF→ON，RS 指令执行，在这之前数据形式（8 位、16 位）已有 M8161 设置好。将传至缓冲区数据送到接受缓冲区去。

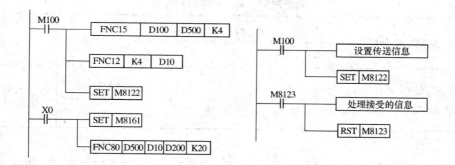

图 6-157　串行数据传送指令应用说明

（二）八进制位传送指令［PRUN（FNC81）］

1. 指令格式

该指令的指令名称、助记符、功能号、操作数及程序步长见表 6-100。

表 6-100　　　　　　　　　　　　　　八进制位传送指令表

指令名称	助记符/功能号	操　作　数		程序步长	备　注
		[S·]	[D·]		
八进制位传　送	FNC81 (D) PRUN (P)	KnX、KnM (n＝1～8) 指定元件最低位为0	KnM、KnY n＝1～8 指定元件最低位为0	16 位—5 步 32 位—9 步	①16/32 位指令 ②连续脉冲执行

2. 指令说明

如图 6-158 所示为八进制位传送指令功能说明。在图 6-158（a）中，当 X20 为 ON 时，K4X0 送 K4M0，送数是以八进制形式传送，如图 6-158（b）所示。

八进制位传送指令适用于两台 FX 系列 PLC 的并联运行时的数据交换。

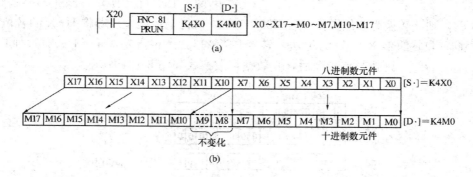

图 6-158　八进制位传送指令功能说明

（a）指令格式；（b）操作说明

（三）HEX—ASCII 码转换指令［ASCI（FNC82）］

1. 指令格式

该指令的指令名称、助记符、功能号、操作数及程序步长见表 6-101。

表 6-101　　　　　　　　　　　　**十六进制到 ASCII 码转换指令表**

指令名称	助记符/功能号	操 作 数			程序步长	备　注
		[S·]	[D·]	n		
十六进制到 ASCII 码 转 换	FNC82 ASCI（P）	KnX、KnY KnM、KnS K、H、T、C、D	KnY KnM、KnS T、C、D	K、H n=1～256	16 位—7 步	①16 位指令 ②连续/脉冲执行

2. 指令说明

十六进制的缩写为 HEX，本指令的含义即为 HEX→ASCII。如图 6-159 所示为指令功能说明，当 X10 为 ON 时，执行该指令。

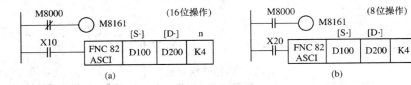

图 6-159　十六进制到 ASCII 码转换指令功能说明

（a）16 位操作；（b）8 位操作

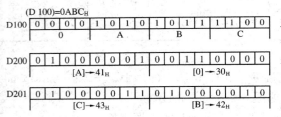

图 6-160　n=K4 时 HEX→ASCII 码转换（16 位）

因 M8161 一直为 OFF，此时为 16 位模式，每 4 个 HEX 占一个数据寄存器，转换后每 2 个 ASCII 码占一个数据寄存器，转换的字符个数由 n 指定，n=1～256。

假设（D100）=0ABC_H，则执行该指令后，将（D100）=0ABC_H 转换成 4 个 ASCII 码，存入 D200 和 D201 中，如图 6-160 所示。

图 6-159（b）所示，M8000=1，M8161 一直为 ON，则此转换为 8 位操作。若 X20=1 时，执行上述操作。即将 HEX 的各位转换成 ASCII 码向 [D] 的低 8 位分别传送，转换的字符数由 n 指定，n=1～256。同样假设（D100）=0ABC_H，则执行该指令后，其数据存放格式如图 6-161 所示。

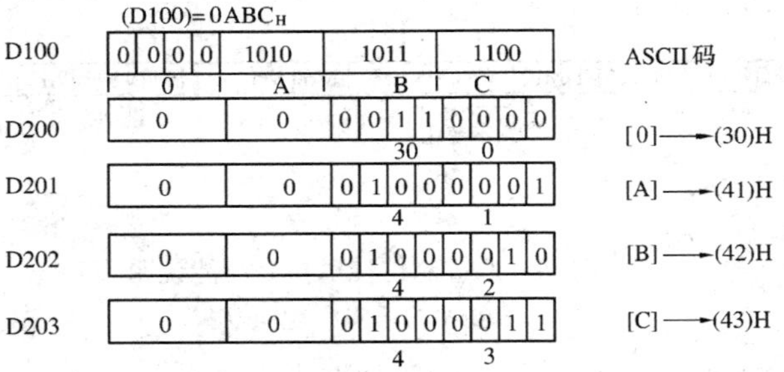

图 6-161　n=K4 时 HEX→ASCII 码转换（8 位）

十六进制对应 ASCII 码一览表见表 6-102。

表 6-102   **十六进制到 ASCII 码转换表**

十六进制数	ASCII 码		十六进制数	ASCII 码	
	十六进制	十进制		十六进制	十进制
0	30	48	8	38	56
1	31	49	9	39	57
2	32	50	A	41	65
3	33	51	B	42	66
4	34	52	C	43	67
5	35	53	D	44	68
6	36	54	E	45	69
7	37	55	F	46	70

（四）ASCII 码→HEX 转换指令 ［HEX（FNC83）］

1. 指令格式

该指令的指令名称、助记符、功能号、操作数及程序步长见表 6-103。

表 6-103   **ASCII 到十六进制转换指令表**

指令名称	助记符/功能号	操 作 数			程序步长	备 注
		［S·]	［D·]	n		
ASCII 码到十六进制转换	FNC83 HEX（P）	TnX、KnY TnM、KnS K、H、T、C、D	KnY KnM、KnS T、C、D	K、H n=1~256	16 位—7 步	①16 位指令 ②连续/脉冲执行

2. 指令说明

ASCII 码到十六进制转换指令功能说明如图 6-162 所示。当 X10 为 ON 时，将 ［S] 中的高、低各 8 位（共 16 位）的 ASCII 字符转换成 HEX（十六进制）数据，向 ［D]（即 D100）数据寄存器传送，4 位一组，转换的字符数由 n 决定。

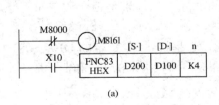

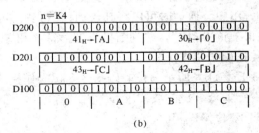

图 6-162   ASCII 码到十六进制转移指令功能说明

(a) 指令格式；(b) 操作结果

若 M8161 为 OFF，则为 16 位操作运算。若 M8161 为 ON，则为 8 位操作运算。即将 ［S] 中的低 8 位 ASCII 码转换成为 HEX 数据（4 位一组）向 ［D] 传送，转换的数字由 n 决定，如图 6-163 所示。

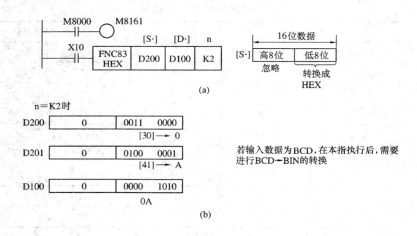

图 6-163 8 位 HEX 转换指令使用说明

(a) 8 位操作程序;(b) 操作结果

(五) 校验码指令 [CCD (FNC84)]

1. 指令格式

该指令的指令名称、助记符、功能号、操作数及程序步长见表 6-104。

表 6-104 校 验 码 指 令 表

指令名称	助记符/功能号	操作数			程序步长	备 注
		[S·]	[D·]	n		
校验码	FNC84 CCD (P)	KnY、KnM KnS、KnX T、C、D	KnY KnM、KnS$_T$ C、D	K、H、D n=1~256	16 位—7 步	① 16 位指令 ② 连续/脉冲执行

2. 指令说明

图 6-164 (a) 所示为 16 位操作模式,校验码指令将 [S] 指定的 D100~D104 的 10 个字节的 8 位二进制数据求和并"异或",和的 BCD 码与"异或"的结果分别送到 [D] 指定的 D0 和 D1 中。通信时可以将其与通信数据一并发出去。对方收到后,对接收的数据也进行"求和"和"异或",并判断接收到信息"和"与"异或"结果是否一致。如不等,则说明数据传送出了错误。

图 6-164 (b) 所示为校验码指令 8 位操作模式,它是将 [S] 指定的 D100~D109 中 10 个数据寄存器低 8 位的数"求和"并"异或",结果送 [D] 指定的 D0 和 D1 中。其通信数据校验同 16 位操作相同。

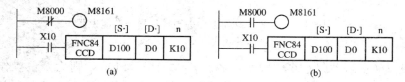

图 6-164 校验码指令功能说明

(a) 16 位操作模式;(b) 8 位操作模式

16/8 位操作的转换实例数据结果见表 6-105 及表 6-106。

表 6-105 　　　　　　　　　　**16 位操作数据表**

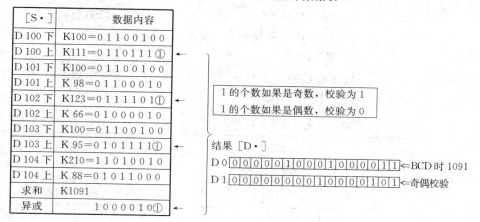

[S·]	数据内容
D 100 下	K100＝0 1 1 0 0 1 0 0
D 100 上	K111＝0 1 1 0 1 1 1① ←
D 101 下	K100＝0 1 1 0 0 1 0 0
D 101 上	K 98＝0 1 1 0 0 0 1 0
D 102 下	K123＝0 1 1 1 1 0 1① ←
D 102 上	K 66＝0 1 0 0 0 0 1 0
D 103 下	K100＝0 1 1 0 0 1 0 0
D 103 上	K 95＝0 1 0 1 1 1 1① ←
D 104 下	K210＝1 1 0 1 0 0 1 0
D 104 上	K 88＝0 1 0 1 1 0 0 0
求和	K1091
异或	1 0 0 0 0 1 0① ←

1 的个数如果是奇数，校验为 1
1 的个数如果是偶数，校验为 0

结果 [D·]
D 0 [0 0 0 0 0 1 0 0 0 0 1 0 0 0 0 1 1] ⇐BCD 时 1091
D 1 [0 0 0 0 0 0 0 0 0 1 0 0 0 0 1 0 1] ⇐奇偶校验

表 6-106 　　　　　　　　　　**8 位操作数据表**

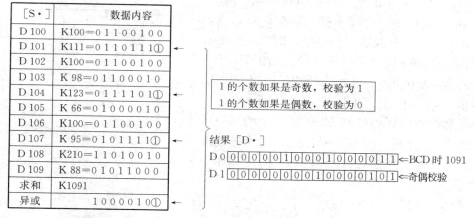

[S·]	数据内容
D 100	K100＝0 1 1 0 0 1 0 0
D 101	K111＝0 1 1 0 1 1 1① ←
D 102	K100＝0 1 1 0 0 1 0 0
D 103	K 98＝0 1 1 0 0 0 1 0
D 104	K123＝0 1 1 1 1 0 1① ←
D 105	K 66＝0 1 0 0 0 0 1 0
D 106	K100＝0 1 1 0 0 1 0 0
D 107	K 95＝0 1 0 1 1 1 1① ←
D 108	K210＝1 1 0 1 0 0 1 0
D 109	K 88＝0 1 0 1 1 0 0 0
求和	K1091
异或	1 0 0 0 0 1 0① ←

1 的个数如果是奇数，校验为 1
1 的个数如果是偶数，校验为 0

结果 [D·]
D 0 [0 0 0 0 0 1 0 0 0 0 1 0 0 0 0 1 1] ⇐BCD 时 1091
D 1 [0 0 0 0 0 0 0 0 0 1 0 0 0 0 1 0 1] ⇐奇偶校验

（六）电位器值读出指令 [VRRD（FNC85）]

1. 指令格式

该指令的指令名称、助记符、功能号、操作数及程序步长见表 6-107。

表 6-107 　　　　　　　　　　**电位器值读出指令表**

指令名称	助记符/功能号	操作 数		程序步长	备 注
		[S·]	[D·]		
电位器值 读　出	FNC85 VRRD（P）	K、H 电位器序号 0~7	KnY、KnM、KnS T、C、D、V、Z	16 位—5 步	①16 位指令 ②连续/脉冲执行

2. 指令说明

该指令用于专用的电位器模拟量功能扩展板，如 FX$_{2N}$－8AV－BD。该模块是内置式 8 位 8 路模拟量功能扩展板，板上有 8 个小型电位器。用电位器值读出指令读出的数据（0~255）与电位器的角度成正比。如图 6-165 所示，当 X0 为 ON 时，读出 0 号模拟量（电位器

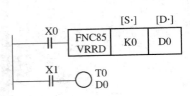

图 6-165 电位器值读出
指令功能说明

0) 的值，送到 D0 后作为定时器 T0 的设定值。也可以用乘法指令将读出的数乘以某一系数后，作为定时器设定值。

其余电位器的数值读取可以用 K1～K7 分别进行选定。

（七）电位器刻度指令 [VRSC（FNC86）]

1. 指令格式

该指令的指令名称、助记符、功能号、操作数及程序步长见表 6-108。

表 6-108 电位器刻度（分度）指令表

指令名称	助记符/功能号	操作数		程序步长	备　注
		[S·]	[D·]		
电位器刻度（分度）	FNC86 VRSC（P）	K、H 电位器序号：0～7	KnY、KnM、KnS T、C、D、V、Z	16 位—5 步	①16 位指令 ②连续/脉冲执行

2. 指令说明

该指令主要用于 PLC 专用的电位器模拟量功能扩展板，如 FX$_{2N}$－8AV－BD。电位器刻度指令就是将某电位器读出的数值进行四舍五入，变成整数后（0～10），以二进制值存入 [D] 中，此时电位器就相当于一个有 11 档的模拟电子开关。如图 6-166 所示，为电位器刻度指令的功能说明。当 X0 合上后，将 1 号电位器的值读入 D1 中（以 0～10 整数形式），再将 D1 中的数据进行译码控制 M0～M10 中的某一位导通。DECO（FNC41）译码占用 M0～M15 共 16 个辅助继电器。由于电位器仅有 0～10 挡（11 个数据），所以程序中只用了 M0～M10。

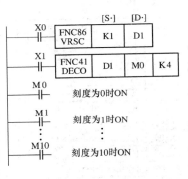

图 6-166 电位器刻度指令
功能说明

（八）PID 运算指令 [PID（FNC88）]

1. 指令格式

该指令的指令名称、助记符、功能号、操作数及程序步长见表 6-109。

表 6-109 PID 运算指令表

指令名称	助记符/功能号	操作数				程序步长	备　注
		[S1]	[S2]	[S3]	[D]		
PID 运算	FNC88 PID	(D0～D7975)				16 位—9 步	①16 位指令 ②连续执行

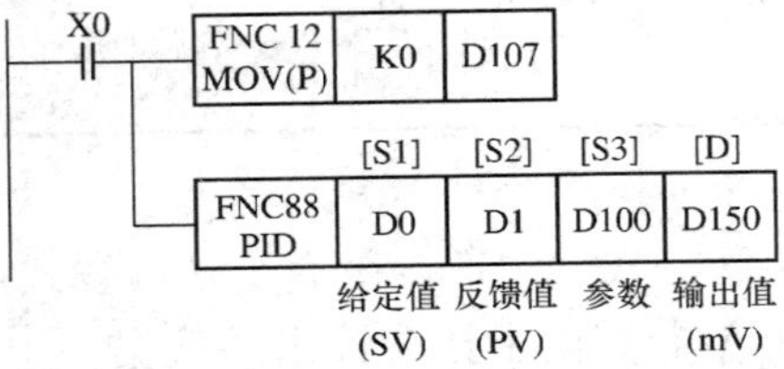

2. 指令说明

如图 6-167 所示为 PID 运算指令的功能说明。[S1] 和 [S2] 分别放置给定值 SV 和当前测到的反馈值 PV，[S3] ～ [S3+6] 用来存放控制参数的值，运算结果 mV 存放在 [D] 中。从 [S3] 开始的 25 个数据寄存器存放源操作数。PID 运算指令用于闭环模拟量控制，在使用它之前，应使用 MOV 指令将有关参

图 6-167 PID 运算指令功能说明

数设定完毕。

PID 运算指令用的算术表达式为

$$输出值 = K_P \left\{ \varepsilon + K_D T_D \frac{\mathrm{d}\varepsilon}{\mathrm{d}t} + \frac{1}{T_I} \int \varepsilon \mathrm{d}t \right\}$$

式中 K_P——比例放大系数；

        ε——误差；

     K_D——微分放大系数；

     T_D——微分时间常数；

     T_I——积分时间常数。

[S3] ～ [S3+6] 分别用来存放采样时间、动作方向、输入滤波常数 α （0～99％）、比例放大系数 K_P、积分时间常数 K_I、微分放大系数 K_D 和微分时间常数 T_D。[S3+7] ～ [S3+19] 是用于 PID 运算的内部处理。[S3+20] ～ [S3+23] 用于输入、输出变化量增加、减少的报警设定值。[S3+24] 的第 0 位～第 3 位用于报警输出。

PID 运算指令可以在定时中断、子程序、步进梯形指令和转移指令中使用，但在执行 PID 运算指令之前应使用脉冲执行的 MOV (P) 指令将 [S3+7] 清零，如图 6-167 所示。

控制参数的设定和 PID 通信中的数据出现错误时，"运算出错"标志 M8067 为 ON，错误代码存放在 D8067 中。

PID 运算指令可以在程序中多次使用，但是用户运算的数据寄存器的元件号不能重复使用。

浮点数指令、定位指令、时钟运算指令、外围设备指令、触点比较指令等不再一一说明，具体说明可参考有关三菱 PLC 操作手册。它们的功能代号参见附录表 2。

习 题 及 思 考 题

6-1   什么是功能指令？功能指令共有几大类？

6-2   什么是"位"软元件？什么是"字"软元件？有什么区别？

6-3   功能指令中，32 位数据寄存器如何组成？

6-4   在图 6-168 所示功能指令中，"X0"、"(D)"、"(P)"、"D10"、"D14"其含义分别是什么？该指令有什么功能？程序分几步？

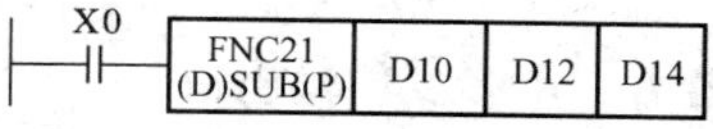

图 6-168   SUB 功能指令

6-5   图 6-169 中，若 (D0) ＝00010110，(D2) ＝00111100，在 X0 合上后，(D4)、(D6)、(D8) 的结果分别为多少？

6-6   两数相减之后得一绝对值，试编一段程序。

6-7   设计一段程序，当输入条件满足时，依次将计数器的 C0～C9 的当前值转换成 BCD 码送到输出元件 K4Y0 中，试设计梯形图。[提示：用一个变址寄存器 Z，首先 0→(Z)，每次 (C0Z) →K4Y0，(Z) ＋1→ (Z)；当 (Z) ＝9 时，Z 复位，再从头开始。]

6-8   用拨动开关构成二进制数输入与 BCD 数字开关输入 BCD 数字有什么区别？应注意哪些问题？

6-9   试编写一个数字钟的程序。要求有时、分、秒的输出显示，应有启动、清除功能。

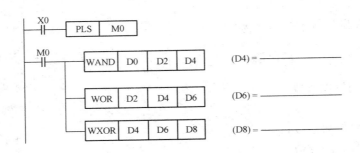

图 6-169　题 6-5 图

进一步可考虑时间调整功能。

6-10　试用 SFTL 位左移指令构成移位寄存器，实现广告牌字的闪耀控制。用 HL1～HL4 灯分别照亮 "欢迎光临" 4 个字。其控制流程要求见表 6-110。每步间隔 1s。

表 6-110 　　　　　　　　　　　　　广告牌字闪耀流程

指示灯	步　　序							
	1	2	3	4	5	6	7	8
HL1	+				+		+	
HL2		+			+		+	
HL3			+				+	
HL4				+	+		+	

注　+表示指示灯亮。

6-11　如何用双按钮控制 5 台电动机的 ON/OFF？

6-12　试用 DECO 指令实现某喷水池花式喷水控制。第一组喷嘴 4s→第二组喷嘴 2s→两组共同喷嘴 2s→再共同停 1s→重复上述过程。

6-13　设计一个时间中断子程序，每 20ms 读取输入口 K2X0 数据一次，每 1s 计算一次平均值，并送 D100 存储。

6-14　现用 3 位 7 段数码管静态显示 3 位数字，使用机内译码指令和采用机外译码电路各需占用多少位输出口？

6-15　现用 3 位 7 段数码管动态显示 3 组数字，使用机外译码电路方式，试编制相关梯形图。

6-16　高速计数器与普通计数器在使用方面有哪些异同点？

第七章　PLC外围接口电路技术

第一节　概　　述

作为控制设备，可编程控制器在构成系统时，必须和电源、主令装置、传感设备及驱动执行机构相连接，安全可靠的设备配置，正确地接线，充分利用输入/输出口的资源，是输入/输出接口技术的主要内容。

一、电源及接线

输入口一般包括连接按钮、开关（含继电器的触点）及各类传感设备。这些器件功率消耗都很小，PLC内部一般设置有专用电源为输入口连接的这些设备供电。图7-1为输入端口连线示意图。图中有一只按钮接于X1及COM端，一只传感器接于X0及COM端，按钮及COM端间的电源是机内24V电源提供的，图中的传感器实际上也使用PLC提供的电源。当输入口接入的器件不是无源触点而是传感器时，要注意传感器的极性，选择正确的电流方向接入电路。在PLC中一般COM端为机内电源的负极。

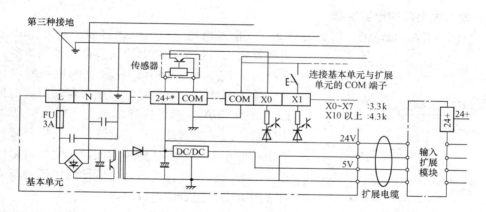

图7-1　输入端口连接示意图

另外，输入口侧设有标记为L及N的端子，这是接入工频电源的，一般为85～260V均可使用，这是PLC的原始工作电源。

输出口在接入电路时，均和执行器件相连接，主要是各种继电器、电磁阀、指示灯等。这类设备本身所需的推动电源功率较大，且电源种类各异。PLC一般不提供执行器件的工作电源，需由控制系统另外解决。为适应输出设备需多种电源的情况，PLC的输出端口一般是分组设置的。图7-2为某机型继电器型输出口采用多种电源时的接线情况，图中PLC的COM0和Y0口一组，COM1和Y1口一组。COM2则和Y2、Y3口对应，COM3和Y4、Y5口对应。在可编程序控制器的用户手册上，可查到该机型输出口和各个COM端的对应情况。不对应的输出口和COM端是不能构成通路的。从图7-2中还可以看出，COM2及COM3通过外接线连接在一起了，这是因为Y2～Y5口上的设备使用电源的类型及电压等级是一样的。同理，Y0及Y1口都使用直流电源，COM0及COM1也是连接在一起的。这里需要注意的是，输出口适合连接哪种电源的驱动设备，还与输出口的类型有关，如输出口需连接交流接触器的线圈，输出口需配接交流电源，这时 PLC 输出口类型可以是继电器型或晶闸管型。而在输出口需连接直流驱动的线圈时，输出口的类型可以是继电器型的或晶体管型的。采用晶体管型输出口时还需考虑电流的方向。

有一点要说明，输入口及输出口的 COM 端是相互隔离的。

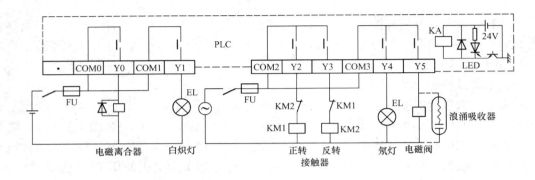

图 7-2　输出端口连接

二、输入输出口的电流定额

PLC 自带的输入口电源一般为直流 24V。输入口每一点的电流定额一般为 7mA，这个

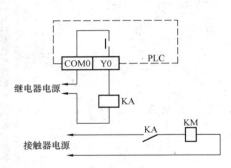

图 7-3　输出口加接中间继电器

电流是输入口短接时产生的最大电流（端口本身存在阻抗）。当输入口上接有一定阻抗的负载时，其流过的电流就要减少，PLC 输入口信号传递所需的最小电流一般为 2mA 左右，这样就规定了输入口接入的最大阻抗。为了保障最小有效电流，输入口所接器件的总阻抗要小于 2kΩ。从另一方面说，输入口机内电源功率一般只有几瓦，当输入口所接的传感器所需功耗较大时，需另配专用电源供电。

PLC 输出口所能通过的最大电流随机型不同而不同，一般为 1A 或 2A。当负载电流定额大于口端电流

最大值时，需增加中间继电器。图 7-3 为增加中间继电器时的线路连接。

三、输入输出口及端口设备的安全保护

PLC 输入口电压定额一般接有直流 24V。有一些输入口是不接电源的（如三菱 FX 系列 PLC）。输出口的电压定额常接工频低压交流电源和直流电源。当输出口端连接电感类设备时，为了防止电路关断时刻产生高电压对输入、输出口造成破坏，应在感性元件两端加接保护元件。对于直流电源，应并接续流二极管，对于交流电路应并接阻容电路。阻容电路中电阻可取 51～120Ω，电容可以取 0.1～0.47μF。电容的额定电压应大于电源的峰值电压，续流二极管可以选 1A 的管子，其额定电压应大于电源电压的 3 倍。图 7-4 为输出口接有保护器件的情况。

四、输入输出口的利用及扩展

在 PLC 控制工程中，输入输出口及机内的各类元件都是工程资源。如何充分利用有限的资源，做好的、大的、多的工作是很重要的。资源不会凭空产生，口的扩展核心是以丰补

欠，也就是说用系统中多余的资源弥补不足的资源。

（一）利用 COM 端扩展输入口

可编程序控制器的输入口需要和 COM 端构成回路。如果在 COM 端上加接分路开关，对输入信号进行分组选择，则可以使输入口得到扩展。如图 7-5 所示的可编程序控制器的每个输入口上都接有两个输入元件，并通过开关 S 进行转换。该电路可用于"手动/自动"开关控制选择。如图 7-5 所示，当开关 S 处于自动状态时，开关 SB3、SB4 被接入电路；开关 S 处于手动位置时，开关 SB1、SB2 被接入电路。这种扩展方式可用于工作中两种不频繁交换的场合。开关 S 可以是手操的开关。

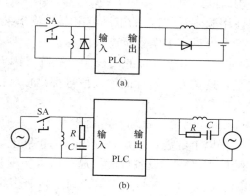

图 7-4　输入输出口的保护
（a）直流输入输出点的保护
（b）交流输入输出点的保护
R—51～120Ω；C—0.1～0.47μF

图 7-5 中的二极管是用来切断寄生电路的。假设图中没有二极管，系统处于自动状态，SB1、SB2、SB3 闭合，SB4 断开，这时将有电流从 X2 端子流出，经 SB2、SB1、SB3 形成的寄生回路流回 COM 端，使输入继电器 X2 错误地变为"1"状态。各开关串联二极管后，切断了寄生回路，避免了错误输入的产生。

（二）利用输出端扩展输入口

在图 7-5 的基础上，如果每个输入口上接有多组输入信号，开关 S 就必须是一个多掷开关。这样的多掷开关如果手动操作是十分不方便的，故采用几个输出口代替这个开关，电路如图 7-6 所示。这是一个三组输入的例子，当输出口 Y0 接通时，S1、S2、S3 被接入电路，当输出口 Y1 接通时，机器读取 S4、S5、S6 的工作状态。Y2 置"1"时，S7、S8、S9 的工作信号被读取。而 Y0、Y1、Y2 的控制则要靠软件实现。需要在程序中安排合适的时机，接通某个输出口使机器输入所需的信号。输入信号的这种读取方式，在使用拨码开关时常见。这时三组输入信号是循环扫描输入的。一种常见的方法是采用移位寄存器类器件实现相关输出口的扫描接通，以扫描读入并刷新输入数据，图 7-7 是与图 7-6 电路相关的梯形图。

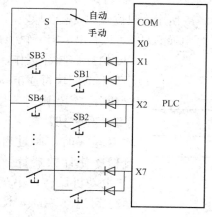

图 7-5　分组法扩展输入口

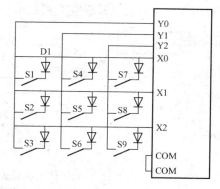

图 7-6　输出口扩展输入口

图中时间继电器 T10 构成振荡器，用以产生一个定时脉冲。然后用这个脉冲实现移位操作，再使用顺序置"1"的辅助继电器使输出继电器置"1"，完成输入信号的分时读入工作。移位指令可见本书第六章有关内容。

图 7-6 中输入口的接线像个矩阵，因而这种端口扩展方法被称为"矩阵法"。值得提及的是，这类方法处理的输入信号都是相对稳定的，如信号的变化比扫描的时间快，信号就有丢失的危险。

（三）利用输出端扩展输出口

将以上的思想应用在输出口的扩展上，用几个输出口轮流接通，实现另外一些输出口上连接的多组输出设备分时接通，就可实现利用输出端扩展输出口的目的。这时的接线示意图如图 7-8 所示，这是一组输出口上接有多组显示器件作动态分时显示的接线图。

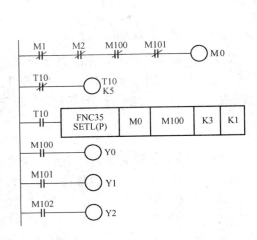

图 7-7　实现图 7-6 功能的矩阵输入梯形图

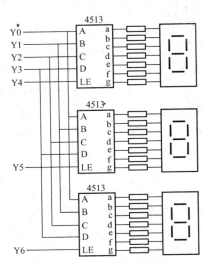

图 7-8　输出端扩展输出口

（四）利用机内器件扩展输入输出口

当机器各种口的资源都不多时，可以利用机内的计数器、辅助继电器实现输入输出口的扩展。图 7-9 是只用一只按钮实现启动、停止两个功能的梯形图，读者可自行分析。图 7-10 是利用限位开关加一个计数器实现多位置限位的梯形图。如图 7-10 所示，限位开关安装在导轨的两端，两只限位开关的常开触点并联接于 PLC 的输入口 X10 上。由梯形图中可以看出，X10 作为计数器 C10 的计数脉冲工作。装在小车上的撞块每撞击一次限位开关，C10 则计一次数。系统工作之初，在小车位于轨道左端时，通过启动配置程序使计数器计数值为 1。电动机反转，小车向右运行到达终端时，计数器计 2，电动机恢复为正转。

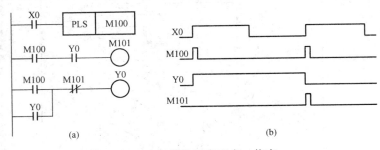

图 7-9　一只按钮实现启、停车

(a) 梯形图；(b) 波形图

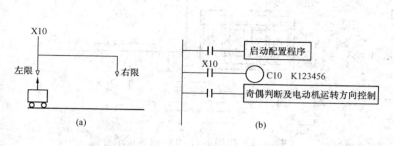

图 7-10　利用计数器实现电动机运转方向控制
(a) 位置示意图；(b) 梯形图

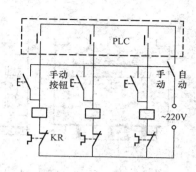

图 7-11　手动按钮
接于输出口

这以后，通过程序中的奇偶判断及电动机运转方向控制程序使计数器每计奇数电动机就反转，每计偶数就正转。这些是输入口扩展的例子。此外，我们还可以利用程序实现同一个显示器件的不同工作方式以传递不同的信息。如一个指示灯，长亮表示正常，闪亮表示事故，这相当于扩展了输出口。

（五）利用线路连接扩展输出口

利用输入输出口的接线也可以达到扩展输入输出口的目的。如可将两个相互作用的信号直接接在一个输入口上串联连接。可以将两个同步动作的输出信号并联起来，或如图 7-11 所示将手动按钮直接并接在输出口上。

第二节　PLC 的输入接口电路

PLC 的控制系统中有输入/输出设备，常见的输入电器有按钮、行程开关、转换开关、接近开关、霍尔开关、拨码开关、各种传感器等。正确地连接输入/输出电路，是保证 PLC 安全可靠工作的前提。

一、PLC 与按钮、开关等输入元件的连接

三菱 FX 系列 PLC 基本单元的输入与按钮、开关、限位开关等的接口如图 7-12 所示。按钮（或开关）的两头，一头接到 PLC 的输入端（例如 X0、X1、…），另一头连在一起接到公共端上（COM 端）。

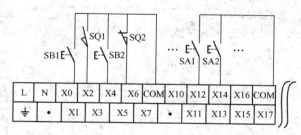

图 7-12　PLC 与按钮开关接线图

二、PLC 与拨码开关的接口电路

拨码开关在 PLC 控制系统中常常用到，如图 7-13 所示为一位拨码开关的示意图。拨码开关有两种，一种是 BCD 码拨码开关，即从 0～9，输出为 8421 BCD 码。另一种是十六进制拨码开关，即从 0～F，输出为二进制码。

拨码开关可以方便地进行数据变更，直观明了。如控制系统中需要经常修改数据，可使用 4 位拨码开关组成一组拨码器与 PLC 相连，其接口电路如图 7-14 所示。

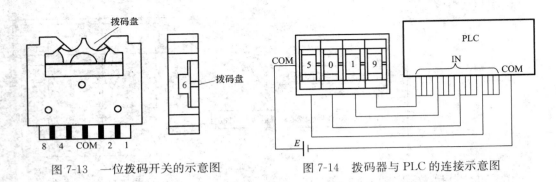

图 7-13 一位拨码开关的示意图   图 7-14 拨码器与 PLC 的连接示意图

图 7-14 中，4 位拨码器的 COM 端连在一起接到电源的正极或负极，电源的负极（或正极）与 PLC 的 COM 端相连。每位拨码开关的 4 条数据线按一定顺序接到 PLC 的 4 个输入点上。电源的＋、一极连接取决于 PLC 输入的内部电路。这种方法占用 PLC 的输入点较多，因此若不是十分必要的场合，一般不要采用这种方法。

三、PLC 与旋转编码器的输入接口

旋转编码器可以提供高速脉冲信号，在数控机床及工业控制中经常用到。不同型号的旋转编码器，其输出的频率也不同，相数也不一样。有的编码器输出 A、B、Z 三相脉冲，有的只有两相脉冲，也有的只有一相脉冲（如 A 相），频率有 100、200Hz，1、2kHz、…频率相对低时，PLC 可以响应，频率高时，PLC 就不能响应。此时，编码器的输出信号要接到特殊功能模块上，如采用 FX_{2N}-1HC 高速计数模块。

图 7-15 所示为 FX_{2N} PLC 与 E6A2-C 系列旋转编码器的接口示意图。

四、PLC 与传感器元件的接口电路

传感器的种类很多，其输出方式也各不相同。接近开关、光电开关、磁性开关等为两线式传感器。霍尔开关为三线式传感器。它们与 PLC 的接口电路分别如图 7-16（a）、（b）所示。

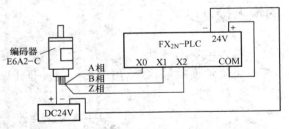

图 7-15 旋转编码器与 PLC 的接口示意图

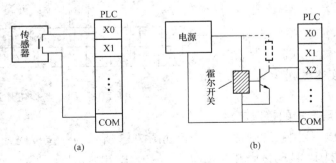

图 7-16 PLC 与传感器元件的接口电路

（a）两线式传感器；（b）三线式传感器

第三节　PLC的输出接口电路

一、输出接口电路

PLC的输出方式有三种，一是继电器方式，二是晶体管方式，三是晶闸管方式。这三种PLC输出模块所接的外部负载也各不相同的，继电器输出可以接交流负载或直流负载；晶体管输出仅能接直流负载；晶闸管输出仅能接交流负载。其接口电路分别如图7-17所示。

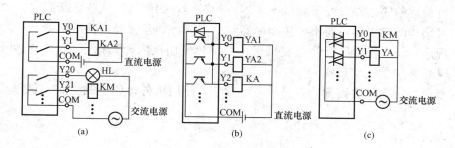

图7-17　PLC的输出接口电路连接

（a）继电器方式输出；（b）晶体管方式输出；（c）晶闸管方式输出

二、输出负载的抗干扰措施

PLC与外接感性负载连接时，为了防止其误动作或瞬间干扰，对感性负载要加入抗干扰措施。若是直流接口电路，要在直流感性负载两端并联二极管，如图7-18（a）所示。并联的二极管可选1 A的管子，其耐压值大于负载电源电压的5～10倍。接线时要注意二极管的极性。若是交流感性负载，要与负载并联阻容吸收电路，如图7-18（b）所示。阻容吸收电路的电阻可选$51～120\Omega$，功率为2 W以上，电容可取$0.1～0.47\,\mu F$，耐压应大于电源的峰值电压。

三、PLC电源电路

PLC控制系统的电源除交流电源外，还包括PLC的直流电源。一般情况下，交流电源可直接与电网相连，而输入设备（开关）的直流电源和输出负载的直流电源等，最好分别采用独立的直流供电电源，如图7-19所示。

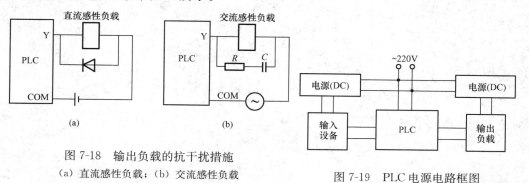

图7-18　输出负载的抗干扰措施

（a）直流感性负载；（b）交流感性负载

图7-19　PLC电源电路框图

习 题 及 思 考 题

7-1　使用可编程控制器时会遇到哪些有关输入输出口的工程问题？这些问题各有什么意义？

7-2　为什么说输入输出口扩展的问题是个资源综合利用的问题？举例说明。

7-3　试设计使用定时器或计数器节省 PLC 输入口的工业实例，并编绘梯形图说明之。

7-4　可编程的输入端口要不要接熔断器？如需要，如何选择这些熔断器？

7-5　可编程的输出端口要不要接熔断器？如需要，如何选择这些熔断器？

7-6　现用三位 7 段数码管静态显示三位数字，使用机内译码指令和采用机外译码电路各需占用 PLC 多少位输出口？

7-7　现用三位 7 段数码管动态显示三组数字，使用机外译码电路方式，试编绘 PLC 相关梯形图。

第八章　PLC 特殊功能模块的编程及应用

第一节　模拟量输入输出模块

三菱 FX_{0N}，FX_2，FX_{2N}，FX_{1N} 等系列 PLC 均有相应的模拟量输入输出特殊功能模块。现以 FX_2 PLC 为例，讲述 PLC 模拟量输入输出模块的功能、编程及应用。FX_2 系列 PLC 模拟量输入输出模块主要包括 4 模拟量输入模块 FX-4AD，2 模拟量输出模块 FX-2DA 等。

一、模拟量输入模块 FX-4AD 的技术指标

FX-4AD 为 4 通道 12 位 A/D 转换模块，是一种具有高精度的直接接在扩展总线上的模拟量输入单元。FX-4AD 的技术指标见表 8-1。

表 8-1　　　　　　　　　　　　　　　　FX-4AD 技术指标

项　目	电　压　输　入	电　流　输　入
	4 通道模拟量输入，通过输入端子变换可选电压或电流输入	
模拟量输入范围	DC-10～+10 V（输入电阻 200 kΩ），绝对最大输入±15 V	DC-20～+20 mA（输入电阻 250 Ω）绝对最大输入±32 mA
数字量输出范围	带符号位的 16 位二进制（有效数值 11 位）数值范围－2048～+2047	
分辨率	5 mV（10V×1/2000）	20 μA（20 mA×1/1000）
综合精确度	±1%（在－10～+10 V 范围）	±1%（在－20～+20 mA 范围）
转换速度	每通道 15ms（高速转换方式时为每通道 6ms）	
隔离方式	模拟量与数字量间用光电隔离；从基本单元来的电源经 DC/DC 转换器隔离；各输入端子间不隔离	
模拟量用电源	24（1±10%）VDC　50 mA	
I/O 占有点数	程序上为 8 点（计输入或输出点均可），由 PLC 供电的消耗功率为 5 V、30mA	

二、模拟量输出模块 FX-2DA 的技术指标

FX-2DA 为 2 通道 12 位 D/A 转换模块，每个通道可独立设置电压或电流输出。FX-2DA 是一种具有高精度的直接接在扩展总线上的模拟量输出单元。FX-2DA 的技术指标见表 8-2。

表 8-2　　　　　　　　　　　　　　　　FX-2DA 技术指标

项　目	电　压　输　出	电　流　输　出
	2 通道模拟量输出，根据电流输出还是电压输出，使用不同端子	
模拟量输出范围	－10～+10 V DC（外部负载电阻 1～1 MΩ）	+4～+20 mA DC（外部负载电阻500 Ω以下）
数字输入	电压＝－2048～+2047	电流＝0～+1024
分辨率	5 mV（10 V×1/2000）	20 μA（20 mA×1/1000）
综合精确度	满量程 10 V 的±1%	满量程 20 mA 的±1%

续表

项　　目	电　压　输　出	电　流　输　出
	2 通道模拟量输出，根据电流输出还是电压输出，使用不同端子	
转换速度	每通道 9 ms（高速转换方式时为每通道 3.5 ms）	
隔离方式	模拟电路与数字电路间有光电隔离；与基本单元间是 DC/DC 转换器隔离；通道间没有隔离	
模拟量用电源	24（1±10%）VDC　130 mA	
I/O 占有点数	程序上为 8 点（计输入或输出均可），由 PLC 供电的消耗功率为 5 V、30 mA	

三、模拟量输入输出模块的使用

（一）模块的连接与编号

如图 8-1 所示，接在 FX$_2$ 基本单元右边扩展总线上的特殊功能模块，假设模拟量输入模块 FX-4AD、模拟量输出模块 FX-2DA、温度传感器模拟量输入模块 FX-2DA-PT 等接到基本单元 FX$_2$-48MR 主 PLC 上，其编号是从最靠近基本单元的那一个开始顺次编为 0～7 号。

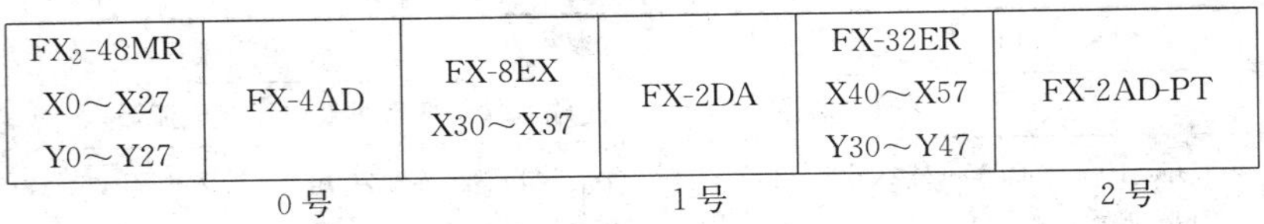

FX$_2$-48MR X0～X27 Y0～Y27	FX-4AD	FX-8EX X30～X37	FX-2DA	FX-32ER X40～X57 Y30～Y47	FX-2AD-PT
	0 号		1 号		2 号

图 8-1　功能模块连接编号示意图

（二）缓冲寄存器（BFM）编号

特殊功能模块 FX-4AD、FX-2DA 内部均有数据缓冲寄存器 BFM，是 FX-4AD、FX-2DA 同 PLC 基本单元进行数据通信的区域，这一缓冲寄存器区由 32 个 16 位的寄存器组成，编号为 BFM♯0～BFM♯31。

（1）FX-4AD 模块 BFM 的分配表见表 8-3。

表 8-3　　　　　　　　　　　　　　　　**FX-4AD 模块 BFM 分配表**

BFM		内　　容
＊♯0		通道初始化　缺省设定值＝H 0000
＊♯1	通道 1	
＊♯2	通道 2	
＊♯3	通道 3	平均值取样次数　缺省值＝8
＊♯4	通道 4	
♯5	通道 1	
♯6	通道 2	
♯7	通道 3	平均值
♯8	通道 4	
♯9	通道 1	
♯10	通道 2	
♯11	通道 3	当前值
♯12	通道 4	

续表

BFM	内　　容								
♯13～19	不能使用								
＊♯20	重置为缺省设定值　缺省设定值＝H 0000								
＊♯21	禁止零点和增益调整　缺省设定值＝0，1（允许）								
＊♯22	零点、增益调整	b7	b6	b5	b4	b3	b2	b1	b0
		G4	O4	G3	O3	G2	O2	G1	O1
＊♯23	零点值　缺省设定值＝0								
＊♯24	增益值　缺省设定值＝5000								
♯25～28	空置								
♯29	出错信息								
♯30	识别码 2010 D								
♯31	不能使用								

　　表8-3中带＊号的缓冲寄存器中的数据可由 PLC 通过 TO 指令改写。改写带＊号的 BFM 的设定值即可改变 FX-4AD 模块的运行参数，调整其输入方式、输入增益和零点等。

　　从指定的模拟量输入模块读入数据前应先将设定值写入，否则按缺省设定值执行。

　　PLC 用 FROM 指令可将不带＊号的 BFM 内的数据读入。

　　1）在 BFM♯0 中写入十六进制 4 位数字 Hxxxx 使各通道初始化，最低位数字控制通道 1，最高位控制通道 4，各位数字的意义如下：

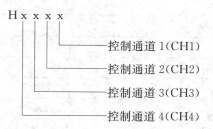

若x＝0：设定输入范围－10～＋10V；
　x＝1：设定输入范围＋4～＋20mA；
　x＝2：设定输入范围－20～＋20mA；
　x＝3：关闭该通道。

　　例如：BFM ♯0＝H3310，则

　　CH1：设定输入范围－10～＋10 V；

　　CH2：设定输入范围＋4～＋20 mA；

　　CH3、CH4：关闭该通道。

　　2）输入的当前值送到 BFM♯9～♯12，输入的平均值送到 BFM♯5～♯8。

　　3）各通道平均值取样次数分别由 BFM♯1～♯4 来指定，取样次数范围从 1～4096。若设定值超过该数值范围时，按缺省设定值 8 处理。

　　4）当 BFM♯20 被置 1 时，整个 FX-4AD 的设定值均恢复到缺省设定值。这是快速地擦除零点和增益的非缺省设定值的方法。

　　5）若 BFM♯21 的 b1、b0 分别置为（1，0），则增益和零点的设定值禁止改动。要改动零点和增益的设定值时必须令 b1、b0 的值分别为（0，1）。缺省设定为（0，1）。

　　零点：数字量输出为 0 时的输入值。

增益：数字输出为＋1000时的输入值。

6）在 BFM♯23 和 BFM♯24 内的增益和零点设定值会被送到指定的输入通道的增益和零点寄存器中，需要调整的输入通道由 BFM♯22 的 G、O（增益、零点）位的状态来指定。例如：若 BFM♯22 的 G1、O1 位置 1，则 BFM ♯23 和♯24 的设定值即可送入通道 1 的增益和零点寄存器。各通道的增益和零点既可统一调整，也可独立调整。

7）BFM♯23 和♯24 中设定值以毫伏或微安为单位，但受 FX-4AD 的分辨率影响，其实际响应值以 5 mV 或 20 μA 为步距。

8）BFM♯30 中存的是特殊功能模块的识别码，PLC 可用 FROM 指令读入。FX-4AD 的识别码为 2010D。用户在程序中可以方便地利用这一识别码在传送数据前先确认该特殊功能模块。

9）BFM♯29 中各位的状态是 FX-4AD 运行正常与否的信息。例如：b2 为 OFF 时，表示 DC24V 电源正常，b2 为 ON 时，则电源有故障。用 FROM 指令将其读入，即可作相应处理。

（2）FX-2DA BFM 分配见表 8-4。

表 8-4　　　　　　　　　　　　　**FX-2DA 模块 BFM 分配表**

BFM	内　容			
＊♯0	模拟量输出模块（电流/电压）　缺省值＝H 00			
＊♯1	通道 1 输出数据			
＊♯2	通道 2 输出数据			
♯3～4	空置			
＊♯5	输出保持或回零　缺省值＝H 00			
♯6～19	空置			
＊♯20	重置为缺省设定值　缺省设定值＝H 0000			
＊♯21	禁止零点和增益调整　缺省设定值＝0，1（允许）			
＊♯22	零点、增益调整	b3	b2	b1	b0
		G2	O2	G1	O1
＊♯23	零点值（单位毫伏或微安）　缺省设定值＝0			
＊♯24	增益值（单位毫伏或微安）　缺省设定值＝H5000			
♯25～28	空置			
♯29	出错信息			
♯30	识别码 3010 D			
♯31	空置			

表 8-4 中，带 ＊ 号的 BFM 缓冲寄存器可用 TO 指令将数据写入。

通常在 PLC 由 STOP 转为 RUN 状态时将数据写入这些 BFM 中。当 FX-2DA 上电时，BFM 的值被复位，恢复到其缺省设定值。

1）BFM♯0 中的两位十六进制数是分别用来控制两通道的输出模式，低位控制 CH1，高位控制 CH2。

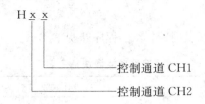

若 x＝0 时，电压输出（－10～＋10 V）；

x＝1 时，电流输出（＋4～＋20 mA）。

例如：H10 表示 CH1 为电压输出，CH2 为电流输出。

2）输出数据写在 BFM＃1 和 BFM＃2。

BFM＃1 为 CH1 数据（缺省值＝0）；

BFM＃2 为 CH2 数据（缺省值＝0）。

3）PLC 由 RUN 转为 STOP 状态后，FX-2DA 的输出是保持最后的输出值还是回零点，则取决于 BFM＃5 中的十六进制数值。

在 BFM＃5 中，四种数据值代表的功能如下：

若 BFM＃5＝H 00，则 CH2 保持，CH1 保持；

BFM＃5＝H 01，则 CH2 保持，CH1 回零；

BFM＃5＝H 10，则 CH2 回零，CH1 保持；

BFM＃5＝H 11，则 CH2 回零，CH1 回零。

4）当 BFM＃20 被置 1 时，整个 FX-2DA 的设定值均恢复到缺省设定值。这是快速地擦除零点和增益的非缺省设定值的方法。

5）若 BFM＃21 的 b1、b0 置（1、0），则增益和零点的调整值禁止改动。要改动零点和增益的设定值时，必须令 b1、b0 的值分别为（0、1）。缺省设定为（0、1）。

零点：数字输入为 0 时的输出值。

增益：数字输入为＋1000 时的输出值。

6）在 BFM＃23、BFM＃24 内的增益和零点设定值，会被送到指定的输入通道的增益和零点寄存器中。需要调整的输入通道由 BFM＃22 的 G、O（增益—零点）位的状态来指定。例如，若 BFM＃22 的 G1、O1 位置 1，则 BFM＃23 和＃24 的设定值即可送入通道 1 的增益和零点寄存器。各通道的增益和零点即可统一调整，也可独立调整。

7）BFM＃23 和＃24 中设定值以毫伏或微安为单位，但受 FX-2DA 的分辨率影响，其实际影响应以 5 mV/20 μA 为步距。

8）FX-2DA 的识别码为 3010D，存于 BFM＃30 中。

9）BFM＃29 中各位的状态是 FX-2DA 运行正常与否的信息。

（三）零点增益的调整

FX-4AD 和 FX-2DA 的零点和增益调整方便，两种模块上均有零点、增益调整开关，可利用这些开关直接调整，也可通过 TO 指令改写相应 BFM 的值，调整零点和增益。

（四）特殊功能模块的读写操作

FX 系列 PLC 基本单元与特殊功能模块之间的数据通信是由 FROM/TO 指令来执行的。FROM 是基本单元从特殊功能模块读数据的指令，TO 是从基本单元将数据写到特殊功能模块的指令。实际上读、写操作都是对特殊功能模块的缓冲寄存器 BFM 进行的。

1. 读特殊功能模块指令

该指令的助记符、指令代码、操作数、程序步见表 8-5。

表 8-5　　　　　　　　　　　　　读特殊功能模块指令表

指令名称	助记符/功能代号	操　作　数				程序步
		m1	m2	D	n	
读特殊功能模块指令	FNC78 FROM	K、H (m1=0~7)	K、H (m2=0~31)	KnY、KnM、KnS T、C D、V、Z	K、H (n=1~32)	16 位—9 步 32 位—17 步

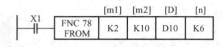

图 8-2　FROM 指令使用说明

FROM 指令是将特殊功能模块 m1 的缓冲区起始地址 m2 开始的 n 个读数据读入 PLC 基本单元，并存于 D 指定元件中的 n 个数据寄存器中。FROM 指令在梯形图中使用说明如图 8-2 所示。

[m1] 特殊功能模块号 m1=0~7；

[m2] 特殊功能模块缓冲寄存器首元件编号 m2=0~31；

[D] 指定存放数据的首元件号；

[n] 指定特殊功能模块与 PLC 基本单元之间传送的字数，16 位操作时 n=1~32，32 位操作时 n=1~16。

2. 写特殊功能模块指令

该指令的助记符、指令代码、操作数、程序步见表 8-6。

表 8-6　　　　　　　　　　　　　写特殊功能模块指令表

指令名称	助记符/功能代号	操　作　数				程序步
		m1	m2	S	n	
写特殊功能模块写数据指令	FNC79 TO	K、H (m1=0~7)	K、H (m2=0~31)	K、H、KnX、KnY、KnM、KnS T、C、D、V、Z	K、H (n=1~32)	16 位—9 步 32 位—17 步

TO 指令是将 PLC 基本单元中以 S 元件为首地址的 n 个字的数据，写到编号为 m1 的特殊功能模块，并存入以 m2 为首地址的缓冲寄存器中。TO 指令在梯形图中使用说明如图 8-3 所示。

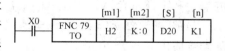

图 8-3　TO 指令使用说明

[m1] 特殊功能模块号 m1=0~7；

[m2] 特殊功能模块缓冲寄存器首元件编号 m2=0~31；

[S] 指定基本单元读取数据的首元件号；

[n] 指定特殊功能模块与 PLC 基本单元之间传送的字数，16 位操作时 n=1~32，32 位操作时 n=1~16。

在执行读特殊功能模块指令和写特殊功能模块指令时，FX 用户可立即中断，也可以等到当前输入输出指令完成后再中断，这是通过控制特殊辅助继电器 M 8082 来完成的。M 8082=OFF 禁止中断，M 8082=ON 允许中断。

（五）程序举例

【例 8-1】　图 8-1 中，FX-4AD 模拟量输入模块连接在最靠近基本单元 FX-64MR 的地方，仅开通 CH1 和 CH2 两个通道作为电压量输入通道。计算 4 次取样的平均值，结果存入 PLC 的数据寄存器 D0 和 D1 中。

解　由图 8-1 可知，FX-4AD 模拟量输入模块编号为 0 号。梯形图及有关注释如图8-4所示。

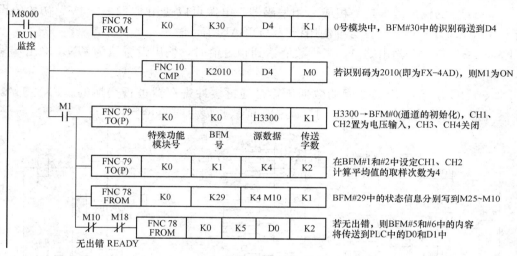

图 8-4　［例 8-1］的梯形图

【例 8-2】　在图 8-1 中，若 FX-2DA 模拟量输出模块接在 1 号模块位置，CH1 设定为电压输出，CH2 设定为电流输出，并要求当 PLC 从 RUN 转为 STOP 状态后，最后的输出值保持不变，试编写程序。

解　梯形图及有关注释如图 8-5 所示。

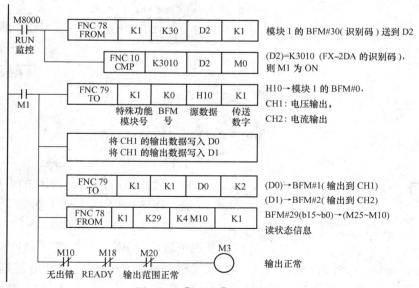

图 8-5　［例 8-2］的梯形图

第二节　高速计数模块

一、概述

FX$_{2N}$-1HC 是高速计数模块，可进行 2 相 50kHz 脉冲的计数。FX$_{2N}$-1HC 的计数速度比 PLC 的内置高速计数器（2 相—30kHz，1 相—60kHz）的计数速度高，它可以直接进行比较和输出。

FX$_{2N}$-1HC 的输入信号是 1 相或 2 相编码器，电源可以使用 5、12、24V。初始值设置用指令（PRESET）输入，计数抑制用指令（DISABLE）输入。

FX$_{2N}$-1HC 有两个输出端口，当计数值达到预置值时，输出设置位为 ON，输出端采用晶体管隔离。

FX$_{2N}$-1HC 和 FX$_{2N}$PLC 之间的数据传输是通过缓冲寄存器进行交换的。FX$_{2N}$-1HC 有 32 个缓冲器（每个为 16 位），FX$_{2N}$-1HC 占用 FX$_{2N}$扩展总线的 8 个 I/O 点。

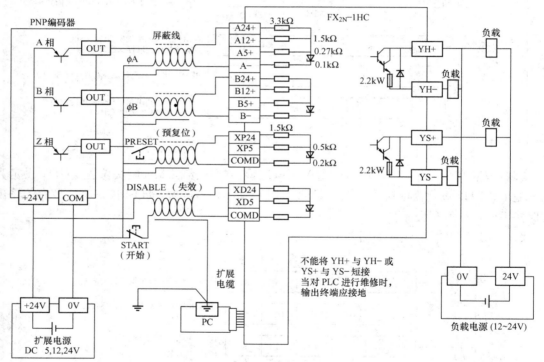

图 8-6　PNP 型编码器与 FX$_{2N}$-1HC 的电路连接

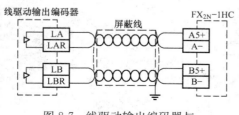

图 8-7　线驱动输出编码器与
FX$_{2N}$-1HC 的电路连接

二、FX$_{2N}$-1HC 的电路接线

PNP 型编码器与 FX$_{2N}$-1HC 的电路连接如图 8-6 所示，图 8-6 中 PRESET 为预复位，DISABLE 为失效，START 为开始。NPN 编码器只要注意端子极性与 FX$_{2N}$-1HC 端子极性相匹配即可。若是线驱动输出编码器，则其电路连接如图 8-7 所示。

三、FX₂ₙ-1HC 的性能指标

(1) 电源：FX₂ₙ-1HC 电源为 5 V、90 mA，传感器外接 5 V（或 12、24 V）电源。

(2) 环境：同主单元 FX₂ₙPLC。

(3) 性能指标：FX₂ₙ-1HC 的性能指标见表 8-7。

表 8-7　　　　　　　　　　　　　　　**FX₂ₙ-1HC 性能指标**

项　目		1 相输入		2 相输入		
		1 个输入	2 个输入	1 边缘计数	2 边缘计数	4 边缘计数
输入信号	信号水平	A 相，B 相　　　　[A24+]，[B24+]：DC；24V±10%；7 mA（或更小） 　　　　　　　　　　[A12+]，[B12+]：DC；12V±10%；7 mA（或更小） 　　　　　　　　　　[A5+]，[B5+]：DC；3.5～5.5 V；10.5 mA（或更小） PRESET，DISABLE　[XP24]，[XD24] 10.8～26.4 V；DC 15 mA（或更小） 　　　　　　　　　　[XP24]，[XD24]：DC；5 V±10%；8mA（或更小） （由端子的连接进行选择）				
	最大频率（Hz）	50		25		12.5
	脉冲形状	t_1：上升/下降时间为 3 μs（或更小） 　t_2：ON/OFF 脉冲持续时间 10 μs（更大） 　t_3：相位 A 和相位 B 的相位差为 3.5 μs（或更大） 　PRESET（Z 相）输入 100 μs（或更大） 　DISABLE（计数禁止）输入 100 μs（或更大）				
计数特性	格　式	自动 UP/DOWN（但是，当为 1 相 1 输入模式时，UP/DOWN 由 PLC 命令或输入端子决定）				
	范　围	当使用 32 位时为 -2147483648～+2147483647 当使用 16 位时为 0～65535（上限可由用户指定）				
	比较类型	当计数器的当前值与比较值（由 PLC 传送）相匹配时，每个输出被设置，而且 PLC 的复位命令可将其转向 OFF 状态 　YH：由硬件处理的直接输出 　YS：软件处理的输出，其最坏的延迟时间为 300 ms				
输出信号	输出类型	YH+：YH 的晶体管输出 YH-：YH 的晶体管输出 YS+：YS 的晶体管输出 YS-：YS 的晶体管输出				
	输出容量	DC5～24V，0.5A				
占用的 I/O		FX₂ₙ扩展总线的 8 个点被占用（可以是输入或输出）				
基本单元供电		5 V、90 mA（由主单元或有源扩展单元提供的内部电源供电）				

四、缓冲寄存器（BFM）

FX₂ₙ-1HC BFM 内容见表 8-8。

表 8-8　　　　　　　　　　　　　**FX₂ₙ-1HC BFM　内　容**

BFM 编号		内　容	
写	♯0	计数模式 K0～K11	缺省值为 K0
	♯1	增/减命令（单相输入）	缺省值为 K0
	♯3，♯2	上/下限的数据值	缺省值为 K65536
	♯4	命令	缺省值为 K0
	♯11，♯10	预先调整上/下限数据	缺省值为 K0
	♯13，♯12	设置比较值控制 YH 端	缺省值为 K32767
	♯15，♯14	设置比较值控制 YS 端	缺省值为 K32767
读/写	♯21，♯20	保存当前值	缺省值为 K0
	♯23，♯22	设置最大计数值	缺省值为 K0
	♯25，♯24	设置最小计数值	缺省值为 K0
读	♯26	比较结果	
	♯27	终端状态	
	♯29	错误显示	
	♯30	功能块代码 K4010	

注　♯5，♯9，♯16，♯19，♯28，♯31 保留。

表 8-8 说明如下：

1. BFM♯0 为计数模式（K0～K11），BFM♯1 为增/减计数指令

BFM♯0 的值 K1～K11 决定了 FX₂ₙ-1HC 的计数形式，由 PLC 写入 BFM♯0，具体见表 8-9。当一个值被写入 BFM♯0，则 BFM♯1～BFM♯31 的值重新复位为缺省值。设置 K0～K11 这些值通常采用 M8002 脉冲指令驱动 TO 指令，不能使用连续型指令设置参数 K0～K11。

表 8-9　　　　　　　　　　　　　**BFM♯0 计数模式表**

计　数　模　式		32 位	16 位
双相输入（相位差脉冲）	1 组计数	K0	K1
	2 组计数	K2	K3
	4 组计数	K4	K5
单相双输入（加/减脉冲计数）		K6	K7
单相单输入	硬件控制增减计数	K8	K9
	软件控制增减计数	K10	K11

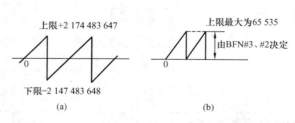

图 8-8　高速计数器计数范围示意图

(a) 32 位计数；(b) 16 位计数

（1）32 位计数模式：计数器增/减计数，当溢出时从上限跳至下限，或从下限跳至上限，如图 8-8（a）所示。上限值为 ＋2147483647，下限值为 −2147483648（32 位时 K＝0，2，4，6，8，10）。

（2）16 位计数模式：计数器从 0～65535 内计数，当计数器计到上限时溢出，当前值为零，如图 8-8（b）所示。计数上限值由存

放在 BFM♯3、♯2 的数据决定。

（3）单相单输入计数（K8～K11）。硬件增/减计数由 K8/K9 决定，增/减由 A 相输入决定，如图 8-9（a）所示。A 相 OFF，为增计数；A 相 ON，为减计数。

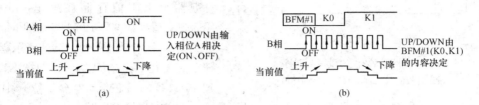

图 8-9　计数方式示意图

（a）硬件增/减计数；（b）软件增/减计数

软件增/减计数由 K10、K11 决定，增/减由 BFM♯1 的数据决定，BFM♯1＝K0，为增计数，BFM♯1＝K1 为减计数，如图 8-9（b）所示。

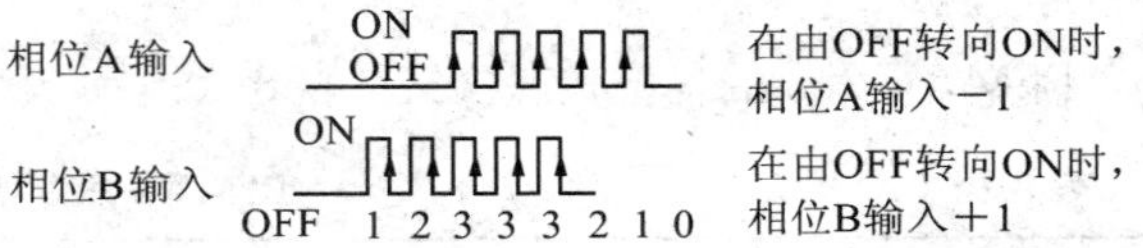

（4）单相双输入计数（K6、K7）。如果 A、B 相同时有脉冲，则计数器的值不变，如图 8-10 所示。

（5）双相计数（K0～K5）。

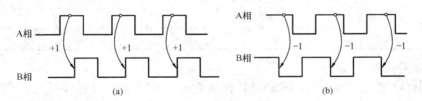

图 8-10　单相双输入计数波形示意图

1）一组计数时（K0、K1），当 A 相为 ON 时，B 相由 OFF→ON 时（上升沿）计数器加 1；当 A 相为 ON 时，B 相由 ON→OFF 时（下降沿）计数器减 1，如图 8-11 所示。

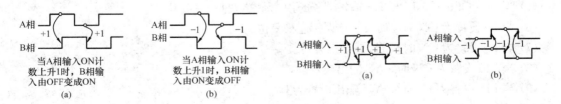

图 8-11　一组计数时序波形

（a）加计数；（b）减计数

2）二组计数时（K2、K3），当 A 相为 ON 时，B 相由 OFF→ON 时（上升沿）计数器加 1；当 A 相为 ON 时，B 相由 ON→OFF 时（下降沿）计数器减 1，反之也可，如图 8-12 所示。

图 8-12　二组计数时序波形

（a）加计数；（b）减计数

图 8-13　四组计数时序波形

（a）加计数；（b）减计数

3）四组计数时（K4、K5）。四组计数时的时序波形如图8-13所示。

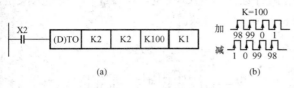

图8-14　计数器数值的设定与时序
(a) 设定计数值 K＝100；(b) 计数时序波形

2. BFM♯3、BFM♯2数据值设定

BFM♯3、BFM♯2为16位数据缓冲器，计数器上下限值存储在这里，缺省值为K65536。写入数据到BFM♯3、BFM♯2要用(D) TO指令。如图8-14 (a) 所示程序（特殊功能块在No.2位置上），即把K100输入到BFM♯3、BFM♯2（32位）中，其中BFM♯3＝0，BFM♯2＝100。在计数值为100时，其增/减功能的时序波形如图8-14 (b) 所示。

计数数据在特殊功能块中成对出现，以32位（2个16位）的形式处理。当设置的当前值在K32767～K65535之间时，数据会自动转变为32位。PLC与FX$_{2N}$-1HC交换计数器数据，应该使用(D) FORM或(D) TO指令。

3. BFM♯4命令

BFM♯4命令的各位状态含义见表8-10。

表 8-10　　　　　　　　　　　　　BFM♯4命令状态含义

BFM♯4	位为 OFF（＝0）	位为 ON（＝1）	BFM♯4	位为 OFF（＝0）	位为 ON（＝1）
b0	禁止计数	计数允许	b8	无效	错误标志复位
b1	YH 禁止输出	YH 允许输出	b9	无效	YH 输出复位
b2	YS 禁止输出	YS 允许输出	b10	无效	YS 输出复位
b3	YH/YS独立动作	相互复位动作	b11	无效	YH 输出设置
b4	禁止复位	预先复位允许	b12	无效	YS 输出设置
b5～b7	无效				

表8-10中各位的含义如下：

(1) 当 b0 设置为 ON，并且 DISABLE 输入端子为 OFF 时，计数器被允许开始计数输入脉冲。

(2) 如果 b1 不设置到 ON，YH（硬件比较输出）不会变成 ON。

(3) 如果 b2 不设置到 ON，YS（软件比较输出）不会变成 ON。

(4) 当 b3＝ON 时，如果 YH 输出被设置，YS 输出被复位，而如果 YS 输出被设置，则 YH 输出被复位。当 b3＝OFF 时，YH 和 YS 输出独立动作，不相互复位。

(5) 当 b4＝OFF 时，PRESET 输入端子的预先设置功能失去作用。

(6) 当 b8 设置为 ON 时，所有的错误标志被复位。

(7) 当 b9 设置为 ON 时，YH 输出被复位。

(8) 当 b10 设置为 ON 时，YS 输出被复位。

(9) 当 b11 设置为 ON 时，YH 输出设置为 ON。

(10) 当 b12 设置为 ON 时，YS 输出设置为 ON。

4. BFM♯11、BFM♯10 计数数据设置

当计数器开始计数时，BFM♯11、BFM♯10 设置的数据作为计数初始值。初始值是在BFM♯4 的 b4 位设置 ON，并且 PRESET 输入终端由 OFF 变为 ON 时才有效。计数器的缺省

值为 0。

计数器的初始值也可通过 BFM#21、#20（计数器的当前值）中写数据进行设置。

5. BFM#13、BFM#12 YH 比较输出值，BFM#15、BFM#14 YS 比较输出值

把计数器当前值与 BFM#13、BFM#12，BFM#15、BFM#14 中的值进行比较后，FX$_{2N}$-1HC 中的硬件和软件比较器输出的比较结果。

如果使用 PRESET 或 TO 指令使比较值与计数值相等，YH、YS 输出将不变成 ON。只有当输入脉冲计数与比较值相匹配时，输出 YH、YS 才变成 ON。

YS 比较器输出大约需要 300 μs 的时间。

当 BFM#4 的 b1、b2 为 ON 时，达到比较值时才可以输出。一旦有了输出，它将一直保持下去，只有当 BFM#4 的 b9、b10 进行复位时，才发生改变。

6. BFM#21、BFM#20 当前计数器值

计数器的当前值可以通过 PLC 进行读操作，在高速运行时，由于存在通信延迟，所以它并不是十分准确的值。通过改变 BFM 的值，可以改变计数器的当前值。

7. BFM#23、BFM#22，最大计数值

BFM#23、BFM#22 存放着计数器计数所能达到的最大值和最小值。若停止，则存储的数据被清除。

8. BFM#26 比较状态

BFM#26 为只读缓冲寄存器，PLC 的写命令对其不起作用，BFM#26 的含义见表 8-11。

9. BFM#27 终端状态

BFM#27 状态决定了 FX$_{2N}$-1HC 的终端状态，见表 8-12。

表 8-11　　　　　　　　　　　　　　**BFM#26 功 能 含 义**

BFM#26		位为 OFF（=0）	位为 ON（=1）
YH	b0	设定值≤当前值	设定值>当前值
	b1	设定值≠当前值	设定值=当前值
	b2	设定值≥当前值	设定值<当前值
YS	b3	设定值≤当前值	设定值>当前值
	b4	设定值≠当前值	设定值=当前值
	b5	设定值≥当前值	设定值<当前值

表 8-12　　　　　　　　　　　　　　**BFM#27 状 态**

BFM#27	位为 OFF（=0）	位为 ON（=1）
b0	预先复位输入为 OFF	预先复位输入为 ON
b1	失效输入为 OFF	失效输入为 ON
b2	YH 输出为 OFF	YH 输出为 ON
b3	YS 输出为 OFF	YS 输出为 ON
b4～b15	未定义	

10. BFM#29 错误状态

BFM#29 表示了 FX$_{2N}$-1HC 的错误状态，有关错误信息说明见表 8-13。

表 8-13　　　　　　　　　　　　　**BFM♯29 错误信息说明**

BFM♯29	错 误 信 息 说 明	
b0	当 b1～b7 中的任何一个为 ON 时，它被设置	
b1	计数长度值写错时（不是 K2～K65536），它被设置	
b2	当预先设置值写错时，它被设置	在 16 位计数器模式下
b3	当比较值写错时，它被设置	
b4	当当前值写错时，它被设置	
b5	当计数器超出上限时，它被设置	指 32 位计数器的上限或下限
b6	当计数器超出下限时，它被设置	
b7	当 FROM/TO 指令不准确使用时，它被设置	
b8	当计数器模式（BFM♯0）写错时，它被设置	当超出 K0～K11 时
b9	当 BFM 号写错时，它被设置	当超出 K0～K31 时
b10～b15	未定义	

注　错误标志可由 BFM♯4 的 b8 进行复位。

11. BFM♯30 特殊功能模块代号

FX$_{2N}$-1HC 的功能模块代号为 K4010，存放在 BFM♯30 中。

五、编程及应用

FX$_{2N}$-1HC 内部系统结构框图如图 8-15 所示。应用该模块时，可用图 8-16 所示程序进行设计指导，根据需要，加入其他指令进行计数器当前值的状态读取。

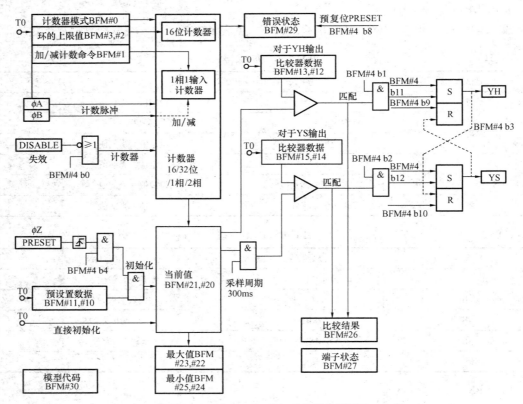

图 8-15　FX$_{2N}$-1HC 内部系统结构框图

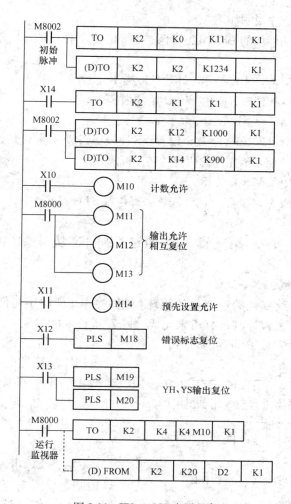

图 8-16　FX₂ₙ-1HC 应用程序

图 8-16 所示梯形图程序若用指令编程如下所示：

LD	M8002		OUT	M12
TO	K2 K0 K11 K1		OUT	M13
(D) TO	K2 K2 K1234 K1		LD	X11
LD	X14		OUT	M14
TO	K2 K1 K1 K1		LD	X12
LD	M8002		PLS	M18
(D) TO	K2 K12 K1000 K1		LD	X13
(D) TO	K2 K14 K900 K1		PLS	M19
LD	X10		PLS	M20
OUT	M10		LD	M8000
LD	M8000		TO	K2 K4 K4 M10 K1
OUT	M11		(D) FROM	K2 K20 D2 K1

图 8-16 所示梯形图程序说明如下：

(1) K1 写入 NO.2 功能块的 BFM♯0，计数器为 16 位 1 相计数，用单脉冲指令输入初始化命令。

(2) K1234 写入 BFM♯3、BFM♯2，计数长度为 16 位数。

(3) 1 相 1 输入的增/减计数方向由 BFM♯1 的内容决定。

(4) K1000 写入 BFM♯13、BFM♯12，设置 YH 比较输出值。

(5) K900 写入 BFM♯15、BFM♯14，设置 YS 比较输当值（当 YH 设置时，可以省略）。

(6) 在使用 YH、YS 前，请先复位所有的错误标志。

(7) M25～M10 写入 BFM♯4（b15～b0）。

(8) 将 BFM♯21、BFM♯20 读出，存入数据寄存器（D3，D2）中。

第三节　其他控制模块

一、PID 过程控制模块 FX$_{2N}$-2LC

过程控制是指对连续变化的模拟量的闭环控制。在 PLC 应用初期，过程控制一般由模拟电路控制器或专用的过程控制计算机来完成。随着新技术的发展，三菱公司推出了 FX$_{2N}$-2LC 特殊功能模块，能完成 PID 运算的控制。

PID 运算控制是一种采用设置有关常数 P（比例系数）、I（积分时间）、D（微分时间）来获得稳定控制效果的有效办法，其系统控制结构框图如图 8-17 所示。

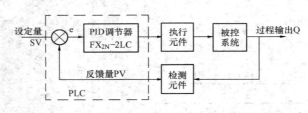

图 8-17　PID 控制系统结构框图

FX$_{2N}$-2LC 可完成二级简易的 PID 运算控制，设置响应的状态可选择快、中、慢。通过其内部的缓冲器可完成 PID 运算常数的设置和选择。使用时可参考 FX$_{2N}$-2LC 有关操作手册。

二、运动控制模块

运动控制模块一般用来控制运动物体的位置、速度和加速度，可以控制直线运动或旋转运动，一般均带有微处理器，这样使得 PLC 与运动控制有机地结合在一起，被广泛应用在数控机床、自动装配生产线上。

伺服驱动机系统中常采用闭环控制实现位置控制，而采用步进电动机作为驱动装置，常作为开环控制，当然也可以采取有关措施，实现闭环控制。

该模块采用存储器存储给定的运动曲线参数。假设机床的运动曲线如图 8-18 所示，v_1 为高速运动进给，v_2 为低速切削运动过程，PI 为运动的终点。模块从位置传感器得到当前的位置值，并与给定值比较，比较的结果用来控制伺服电动机或步进电动机的驱动系统，使电动机按要求运动。

FX$_{2N}$ 系列 PLC 运动控制模块有 FX$_{2N}$-1PG、FX$_{2N}$-10GM、FX$_{2N}$-20GM 等。

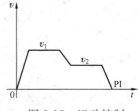

图 8-18　运动控制曲线示意图

（一）FX$_{2N}$-1PG 脉冲输出模块

FX$_{2N}$-1PG 是脉冲输出模块，可控制 1 个轴，用 PLC 的 FORM/TO 指令设定各种参数，读出定位值和运动速度。

FX$_{2N}$-1PG 除序列脉冲输出外，还设有各种高速响应的输出端子，其余一些输入/输出端子，要通过 PLC 进行控制。FX$_{2N}$-1PG占用 8 点 I/O 地址，输出脉冲频率为 100kHz，一台 FX$_{2N}$PLC 可连接 8 个 FX$_{2N}$-1PG 功能模块。

如图 8-19 所示，为用 FX$_{2N}$-1PG（或 FX$_{2N}$-10PG）组成的单轴定位控制系统。

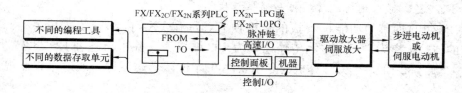

图 8-19　单轴定位控制系统

（二）FX$_{2N}$-10GM、FX$_{2N}$-20GM 定位模块

FX$_{2N}$-10GM 是单轴定位模块，有 4 点通用输入和 6 点通用输出。FX$_{2N}$-20GM 是 2 轴定位模块，可控制 2 个轴，进行直线、圆弧插补控制或 2 个单轴控制，FX$_{2N}$-20GM 占 8 点通用输入和 8 点通用输出。

1. FX$_{2N}$-10GM 功能

（1）不仅能处理单速定位和中断定位，且能处理复杂的控制，如多速操作。

（2）可以独立地工作，不必连接到 PLC 上。

（3）一个定位单元控制一轴。可用 8 个定位单元连接到 FX$_{2N}$ 系列 PLC 上。4 个定位单元可连接到 FX$_{2N}$ 系列 PLC 上，多轴独立控制。

（4）最大输出脉冲频率为 200kHz。

（5）能连接到手摇脉冲发生器上，还能进行绝对值位置控制。

（6）具有流程图的编程软件，使程序开发可视化。

2. FX$_{2N}$-20GM 功能

（1）能同时执行 2 轴控制，进行直线或圆弧插补。

（2）可以独立地操作，不必连到 PLC 上。

（3）一个定位单元控制一轴，可用 8 个定位单元连到 FX$_{2N}$ 系列 PLC 上，4 个定位单元连到 FX$_{2N}$、FX$_{2NC}$ 系列 PLC 上，多轴独立控制。

（4）最大输出脉冲串频率为 200kHz，但在插补时最高频率为 100kHz。

（5）其余同上述 FX$_{2N}$-10GM 中（5）、（6）的功能。

三、可编程凸轮开关 FX$_{2N}$-1RM-SET

在机电控制系统中，通常需要通过检测角度位置来接通或断开外部负载，以前用机械式凸轮开关来完成这种任务。机械式凸轮开关要求加工精度高，易于磨损。可编程凸轮开关 FX$_{2N}$-1RM-SET 可实现高精度角度位置检测，它可以与 FX$_{2N}$ 联用，也可以单独使用。使用与它构成一体的数据设定组件，可以进行动作角度设定和监视。它内置无需电池的 EEP-ROM，可存放 8 种不同程序。可用 FX-20-E 简易编程器、个人计算机用的软件编程和传送程序：配套的无刷转角传感器的电缆最长可达 100 m，FX_{2N} 可接 3 块 FX_{2N}-1RM-SET，后者也可以单独使用，在程序中占用可编程序控制器的 8 个输入输出点。通过连接晶体管扩展模块，可以得到最多 48 点的 ON/OFF 输出。两个输入点的额定值为 DC24V、7 mA，它们采用光电耦合器隔离，响应时间为 3ms。

四、通信模块

PLC 与计算机之间的交换，通常采用通信接口模块，简称通信模块。FX 系列 PLC 通常有一些通信用特殊模块或称适配器或通信功能扩展板等。

（一）RS-232C 通信用功能扩展板与通信模块

FX_{2N}-232-BD 通信用功能扩展板的价格便宜，可在 FX_{2N} 内部安装一块 FX_{2N}-232-BD。RS-232C 的传输距离为 15m，最大传输速率为 19200 bit/s。除了与各种 RS-232C 设备通信外，通过 FX_{2N}-232-BD，个人计算机的专用软件可向 FX_{2N} 传送程序，或通过它监视 PLC 的运行状态。

FX_{2N}-232IF 是 RS-232C 通信接口模块，在 FX_{2N} 系列上最多可连接 8 块 FX_{2N}-232IF，它用光电耦合器隔离，可用 FROM/TO 命令收发数据。

将 RS-232C 通信模块和功能扩展板连接到 PLC 上，可与个人计算机、打印机、条形码读出器等装有 RS-232C 的外部设备通信。通信时可使用 FX_{2N} 的串行数据传送指令（RS）。串行通信接口的波特率、数据长度、奇偶性等可由特殊数据寄存器设置。

（二）FX_{2N}-422-BD 通信用功能扩展板

FX_{2N}-422-BD 通信用功能扩展板用于 RS-422 通信，可连接 PLC 的外部设备、数据存取单元（DU）和人机界面（GOT）。可同时将两台外部设备接在 FX_{2N} 上。FX_{2N}-422-BD 安装在 PLC 内，不需要外部安装空间，传送距离为 50m，最大传输速率为 19200bit/s。

（三）RS-232C/485 变换接口 FX-485PC-IF-SET

FX-485PC-IF-SET 用于将 RS232C 信号转换为 RS-485 信号，以便有 RS232C 通信接口的计算机与 FX 系列或 A 系列 PLC 通信。一台计算机最多可与 16 台 PLC 通信。

（四）RS-485 通信用适配器与通信用功能扩展板

FX_{0N}-485ADP 是绝缘型通信适配器，传输距离为 500m，最大传输速率为 19200 bit/s，一台 FX_{0N} 型 PLC 可安装一个 FX_{0N}-232-ADP。如与 FX_{2N}-CNV-BD 一起使用，FX_{0N}-485ADP 也可以用于 FX_{2N}。

FX_{2N}-485-BD 是 RS-485 通信用的功能扩展板，传输距离为 50m，最大传输速率为 19200bit/s，一台 FX_{2N} 可编程序控制器内可以安装一块 FX_{2N}-485-BD，除了与计算机通信外，通过 FX_{2N}-485-BD 还可以在两台 FX_{2N} 之间实现并联连接。

使用 RS-485 通信适配器或功能扩展板，可将计算机作为主站，对 FX、A 系列 PLC 进行集中管理和监视，实现生产线、车间或整个工厂的监视和自动化。

将 FX_{0N}-485ADP 或 FX_{2N}-485-BD 分别用于 FX_{0N} 和 FX_{2N}，可实现双机并联连接。

若干台 FX_{0N} 或 FX_{2N} 通过 FX_{0N}-485ADP 或 FX_{2N}-485-BD 串级相连，再通过 FX-485PC-IF 连接到计算机的 RS232C 接口，可组成以计算机为主机，以 FX_{0N} 和 FX_{2N} 基本单元为子站（最多 16 台）的通信网络。

若干台 FX_{0N} 或 FX_{2N} 通过 FX_{0N}-485ADP 或 FX_{2N}-485-BD 串接相连，可组成 $N:N$ 的 RS485 通信网络（最多 8 台）。

RS485 的最长通信距离为 500m，或连接了功能扩展板，最长通信距离变短约 50m。

五、网络通信特殊功能模块

（一）FX_{2N}-16CCL-M　CC-Link 系统主站模块

该通信模块的特点是：

（1）多达 7 个远程 I/O 站以及 8 个远程设备站可以连接到主站上。

（2）允许 FX 系列 PLC 在 CC-Link 中作为主站使用。

（3）FX 系列 PLC 采用 CC-Link 接口 FX_{2N}-32CC-M 模块进行连接，可以在 CC-Link 中作为远程设备站。

（4）CC-Link 占用 FX 系列 PLC 8 个 I/O 地址。

采用 FX_{2N}-16CCL-M 组成的 CC-Link 系统结构框图如图 8-20 所示。

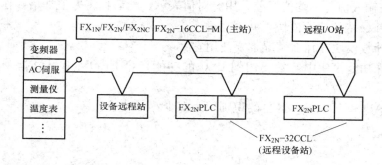

图 8-20　采用 FX_{2N}-16CCL-M 组成的 CC-Link 系统结构框图

（二）FX_{2N}-32CCL、CC-Link 接口模块

该模块的特点是：

（1）该模块在 CC-Link 系统中，允许一台 FX 系列 PLC 作为一个远程设备站被连接，如图 8-20 所示。

（2）使用 FX_{2N}-32CCL 模块和 CC-Link 系统主站模块 FX_{2N}-16CCL-M，可以实现 FX 系列 PLC 的 CC-Link 网络系统。

（3）该模块占用 8 个 I/O 地址单元。

（三）FX_{2N}-16LNK-M　MELSEC I/O Link 远程 I/O 连接系统主站模块

该模块的特点是：

（1）该模块最大支持 128 点。

（2）主站模块以及远程 I/O 单元可以用双绞电缆或者橡皮绝缘电缆进行连接。

（3）整个系统中所允许的扩展距离总长最大为 200m。

（4）即使其中的一个远程 I/O 单元出现故障，也不影响整个系统。

（5）通用设备的输入（X）和输出（Y）分配到每一个远程 I/O 单元上。

（6）该远程 I/O 单元可用于三菱 A 系统 PLC。

（四）FX_{2N}-32DP-IF　PROFIBUS 总线接口模块

该模块的特点是：

（1）可以用于将一个 FX_{2N} 数字 I/O 专用功能模块直接连接到一个现存的 PROFIBUS—DP 总线网络上。

（2）一个 PROFIBUS—DP 总线主站上的数字量或者模拟量可以由任一提供的 I/O 模块和专用功能模块进行接收或者发送。

（3）高达 256 I/O 点或者 8 个专用功能模块可以连接到该单元上，仅仅会受到主站数据运送能力和供电能力的限制。

（4）可以提供高达 12Mbit/s 的速度。

习 题 及 思 考 题

8-1　FX 系列 PLC 特殊功能模块有哪些？举例写出 5 种特殊功能模块。

8-2　要求 3 点模拟输入采样，并求其平均，并将该值作为模拟量输出值予以输出。此外，将 0 号通道输入值与平均值之差，用绝对值表示。然后再将差值加倍，作为另一模拟量输出。试选用 PLC 特殊功能模块，并编写程序。

8-3　高速计数模块在什么情况下要使用它？

8-4　在特殊功能模块中经常要用到 PLC 的功能指令 FROM 和 TO 指令，解释这两条指令的含义。

8-5　FX-4AD 和 FX-2DA 各自的识别码为多少？

第九章　PLC 编程通信及网络技术

第一节　PLC 编程技术

一、概述

三菱 PLC 的程序输入是通过手持编程器（FX-20P-E 型或 FX-10P-E 型）、专用编程器或计算机完成的。手持编程器体积小，携带方便，在现场调试时更显其优越性，但在程序输入或阅读理解分析时，就比较繁琐。专用编程器功能强，可视化程度高，使用也很方便，但其价格高、通用性差。近年来，计算机技术发展迅速，利用计算机进行 PLC 的编程、通信更具优势，计算机除可进行 PLC 的编程外，还可作为一般计算机使用，兼容性好，利用率高。因此采用计算机进行 PLC 的编程已成为一种趋势，几乎所有生产 PLC 的企业，都研究开发了 PLC 的编程软件和专用通信模块。

三菱公司全系列 PLC 的通信编程软件名称为 GX Developer，它的运行环境为 Microsoft Windows NT 4. 0 或 Microsoft Windows 95 或以上版本。

二、编程软件安装

（一）安装编程软件环境

在安装 GX Developer 编程软件之前首先要安装编程软件环境。启动 Windows 系统，将光盘放在电脑光驱中，找到 GX Developer 所在的目录，在目录中会看到 EnvMel 文件夹，这就是软件安装环境文件夹，如图 9-1、图 9-2 所示，打开 EnvMel 文件夹。

图 9-1　EnvMel 文件

图 9-2　EnvMel 文件夹

双击 SETUP 图标，进入安装向导界面，在出现的向导界面中均单击"下一个（N）"如图 9-3、图 9-4 所示。

软件环境安装完成后，界面如图 9-5 所示。

（二）安装 GX Developer 编程软件

找到软件所在目录，如图 9-6 所示。

双击 SETUP 图标，进入安装画面，会出项提示信息框，如图 9-7 所示。

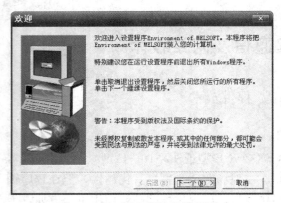

图 9-3　EnvMel 安装向导界面 1

图 9-4　EnvMel 安装向导界面 2

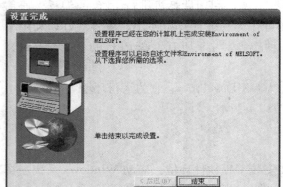

图 9-5　EnvMel 安装结束界面

图 9-6　GX Developer 安装文件夹界面

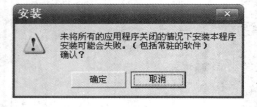

图 9-7　安装 GX Developer 编程软件确认界面

在安装 PLC 编程软件的时候，最好把其他应用程序关掉，包括杀毒软件、防火墙、IE、办公软件。因为这些软件可能会调用系统的其他文件，影响安装的正常进行。选择"确定"后，界面如图 9-8 所示。

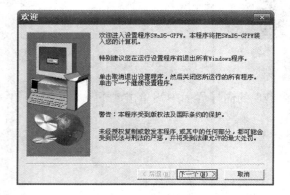

图 9-8　GX Developer 安装向导界面 1

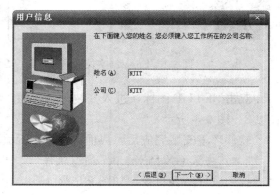

图 9-9　GX Developer 安装注册信息界面

单击"下一个（N）"按钮，会出现注册信息界面，在此填上自己的姓名与公司，如图9-9所示。注册信息确认界面，如图9-10所示，单击"是"后，会出现产品序列号输入界面，如图9-11所示。

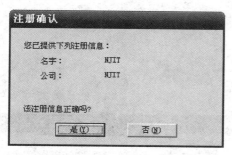

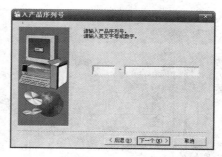

图9-10　GX Developer安装注册信息确认界面　　图9-11　GX Developer序列号输入界面

在光盘里面找到序列号，或者通过三菱公司获取，输入合法的序列号，确认没有错误便可单击"下一个（N）"按钮继续安装，随后出现图9-12所示的安装界面。如果发现错了，需要更改可单击"后退（B）"按钮，返回到上一步。

图9-12 GX Developer安装向导界面会提示需要安装ST语言程序功能，不用选此"√"选项，保持默认即可。依次单击"下一个（N）"继续安装，其间导界面如图9-13所示。注意这里不能打"√"，否则软件只能监视，此处是出现问题最多的地方。往往缺省安装都没有问题的，向导界面如图9-14所示。

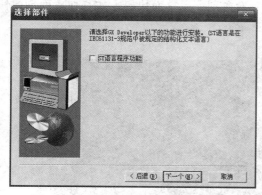

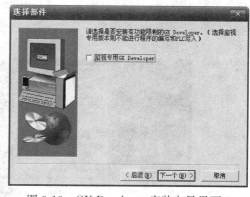

图9-12　GX Developer安装向导界面2　　　　图9-13　GX Developer安装向导界面3

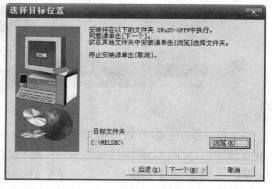

图9-14　GX Developer安装向导界面4　　　　图9-15　GX Developer安装路径选择界面

图 9-14 所示的三个选项均不用"∨"选，单击"下一个（N）"出现图 9-15 所示界面。选择合适的安装路径，单击"浏览"，再选择合适的安装路径，界面如图 9-16 所示。单击"下一个（N）"将会进入安装程序画面，稍等片刻后，会提示产品安装完毕，界面如图 9-17 所示。

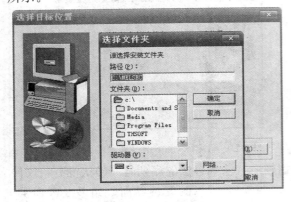 

　图 9-16　GX Developer 安装路径选择界面　　　　图 9-17　GX Developer 安装完毕界面

三、GX Developer 软件编程

GX Developer 编程软件安装完毕后，在程序——开始——所有程序——MEL-SOFT——会找到应用程序的图标，双击图标，即可进入软件编辑画面。

为了使用方便，可以右键单击此应用程序——发送到——桌面快捷方式，在桌面创建快捷方式，界面如图 9-18 所示。

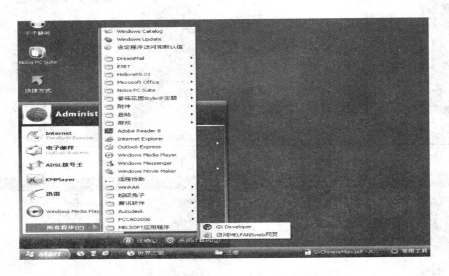

图 9-18　GX Developer 快捷方式界面

GX Developer 编程软件能对三菱的 FX 系列、Q 系列、QnA 系列、A 系列［包括运动控制（SCPU）］PLC 编程以及各软元件的实时监控。而且能够转换成 GPPQ、GPPA 格式的文档。此外，在 FX 系列的模式下，还能转换成 FXGP（DOS）、FXGP（WIN）格式的文档。

GX Developer 将所有各种顺控程序参数以及顺控程序中的注释声明注解，以工程的形式进行统一的管理。在 GX Developer 的工程界面里，不但可以方便地编辑和表示顺控程序和参数，而且可以设定使用的 PLC 类型。

1. 建立新工程

单击在菜单栏上工程——创建新工程，或者单击工具栏上的 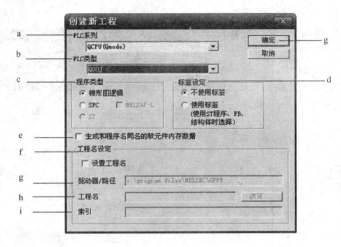 图标，或者快捷键 CTRL+N，会出现创建新工程提示界面，如图 9-19 所示。

图 9-19　创建新工程界面

对图 9-19 所示各个选项介绍如下：

a：PLC 系列，可于 FX 系列、QCPU（Q 模式）、QCPU（A）模式、A 系列运动控制 CPU（SCPU）和 QnA 系列中选择适当的 PLC 系列。

b：PLC 类型，根据 PLC 系列下，选择适当的 PLC 类型。

c：程序类型，可选梯形图程序或者 SFC 程序，当在 QCPU Q 模式中选择 SFC 时 MEL-SAP-L 亦可选择。当制作 A 系列的 SFC 程序时请进行以下设定。

i) 在进行 PLC 参数的内存容量设定时设定微机的值。

ii) 在［工程］—［编辑数据］—［新建］界面中的工程类型中选择 SFC。

注意 SFC 不对应标号程序，并请参照三菱公司有关资料。

d：标签设定，当无需制作标号程序时选择不使用标签；当需制作标号程序时选择使用标签。

e：生成和程序同名的软元件内存数据，新建工程时生成与程序同名的软元件内存数据。

f：工程名设定，工程名用作保存新建的数据在生成工程前设定工程名时请在单击复选框选中。另外工程名可于生成工程前或生成后设定，但是生成工程后设定工程名时，要另存工程为设定。

g：驱动器/路径，工程存放路径。

h：工程名，工程名称。

i：索引。

g：确认，把所有参数设置后，单击此按钮，确认工程参数。

把上面每个参数都设置后，就可以创建一个新工程。

2. 保存工程

在程序编辑过程中或编辑结束，要把工程保存起来，单击菜单栏上工程——保存工程(S)，或单击标准工具栏上 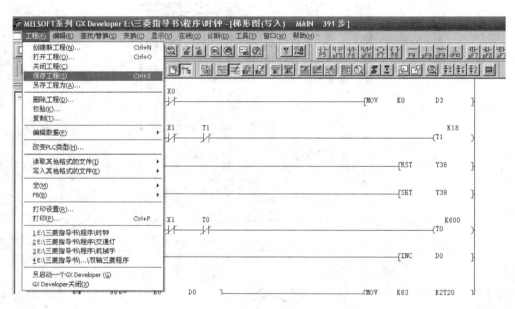 图标，或快捷键 CTRL ＋N 可以完成保存工程。单击"另存工程为…"可以将当前工程保存，在当前编辑基础之上，以另一工程来编辑，另存的工程路径界面分别如图 9-20、图 9-21 所示。

图 9-20   保存工程界面

图 9-21   另存工程路径界面

3. 梯形图程序输入

以下面这个例子来介绍如何输入程序。这是一个用互锁电路控制计时器和计数器的梯形图。当 X0 按下时，计时器 T0 开始计时 5s，而 X1 按下无效，X2 按下清除；当 X1 先按下时，计数器开始计数 10 次，而 X0 按下无效，X3 按下清除。

梯形图程序如图 9-22 所示。

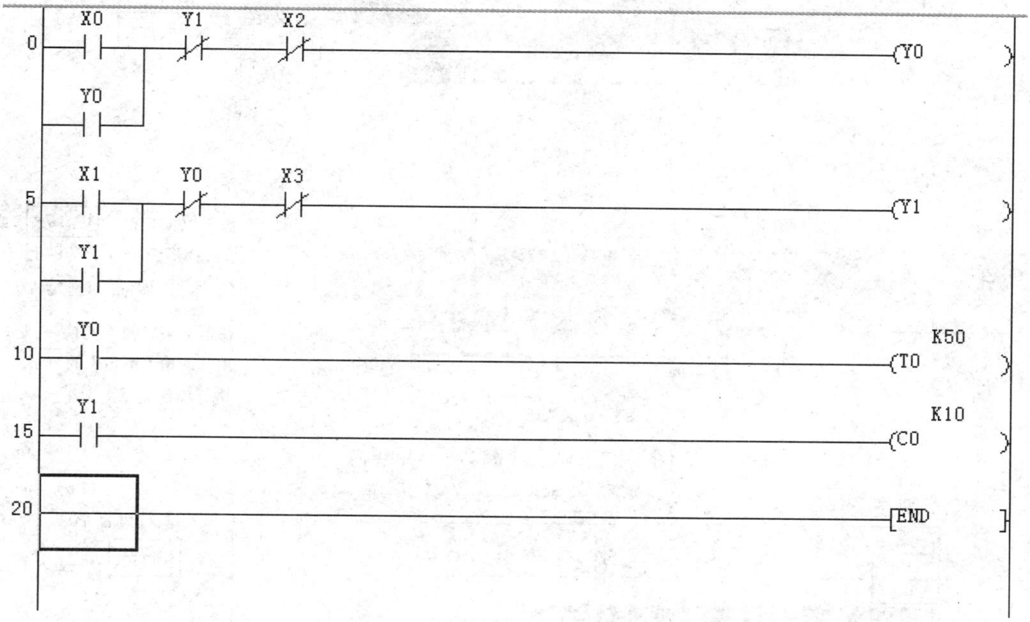

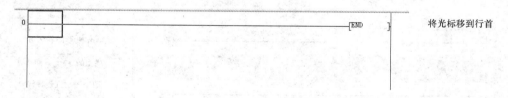

图 9-22　梯形图程序示例

此程序编辑过程如图 9-23～图 9-34 所示。

将光标移到行首

图 9-23　编辑准备界面

键入“ LD X0 ”，ENTER，或单击梯形图符号工具栏上的 F5 图标，键入“X0”

图 9-24　输入动合 X0 软元件

键 入 “ LDI　Y1 ” ENTER

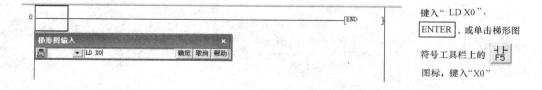

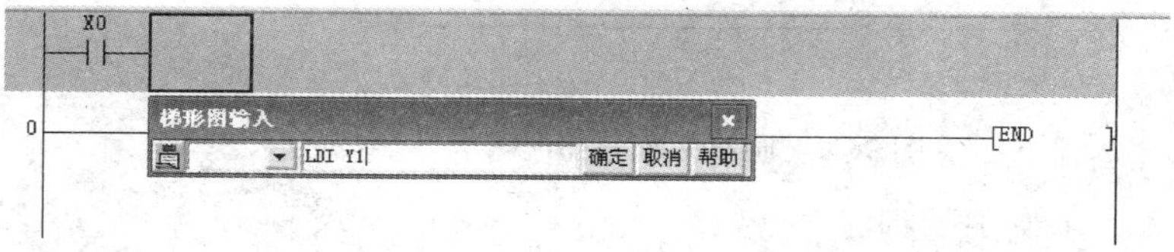

图 9-25　输入动断 Y1

键入"LDI X2"

ENTER

图 9-26　输入动断 X2

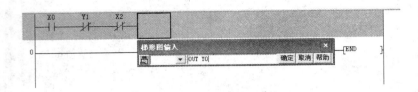

键入"OUT Y0" ENTER ，或
单击梯形图符号工具栏上
的 图标，再键入"Y0"。
在单击菜单栏上变换—变
换，或输入键盘上的 F4 ，
进行项目编译

图 9-27　输入线圈 Y0，并变换

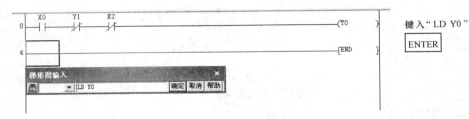

键入"LD Y0"

ENTER

图 9-28　输入动合 Y0

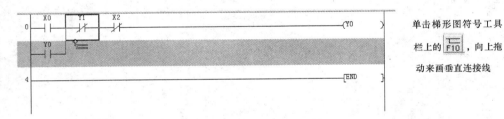

单击梯形图符号工具
栏上的 F10 ，向上拖
动来画垂直连接线

图 9-29　画垂直连接线

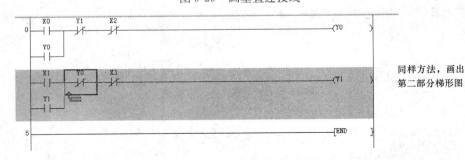

同样方法，画出
第二部分梯形图

图 9-30　画第二部分梯形图

这样就完整地输入了示例中的程序。

4. 注意事项

综上所述，梯形图输入归纳总结如下：

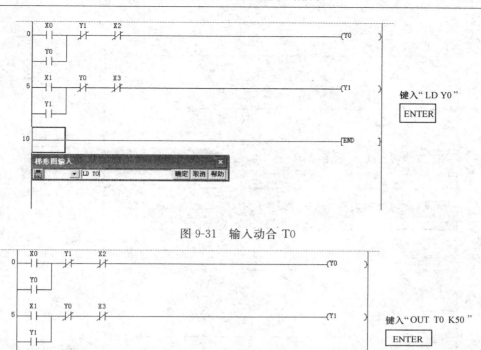

图 9-31　输入动合 T0

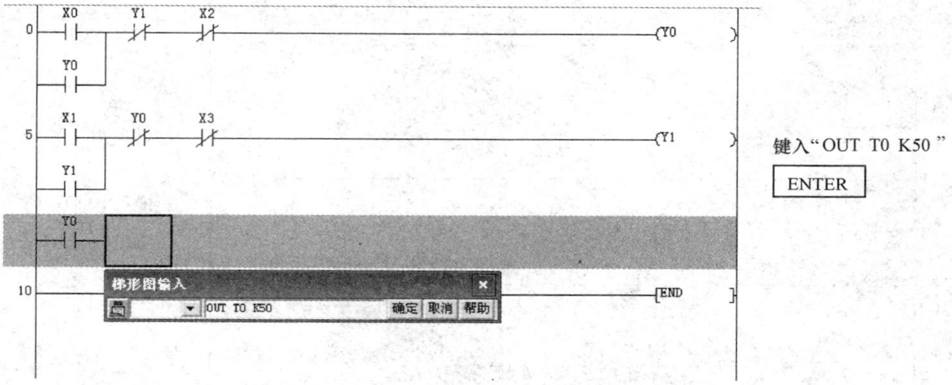

图 9-32　输入定时器 T0 线圈

（1）在梯形图中输入指令：首先要将光标移动到需要输入指令的位置，键入指令的输入命令，如动合触点的输入指令为 LD，动断触点的输入指令为 LDI。在指令后面空一格，输入相关的触点符号，如 X0、Y1 等。触点的相对应指令符号也可以通过软件的梯形图输入框中的帮助查阅，界面如图 9-35 所示。

（2）画线工具：①画线。首先将光标移到需要的位置，单击梯形图符号工具栏上面的 [F10] 图标，或按 [F10]，按鼠标左键上下拖动，画垂直线，若左右拖动，画水平线。②删除线。首先将光标移到需要的位置，单击梯形图符号工具栏上的 [F9] 图标，或按 [ALT]＋[F9]，按住鼠标左键拖动，删除垂直线；若左右拖动，删除水平线。

四、PLC 参数设定

三菱 PLC 有的是整体式，有的是模块化结构，模块化结构是通过基板将各个模块联系起来的，即每个单元模块的地址参数均有可能不相同，这就需要在使用 PLC 之前，应该对各个插槽进行定义。

如图 9-36 所示，单击工具数据切换工具栏上面的 [图] 图标，或 [ALT]＋0，调出工程数据列表窗口。

双击工程数据列表中"参数"，在双击"PLC 参数"出现图 9-37 提示界面。通过计算机

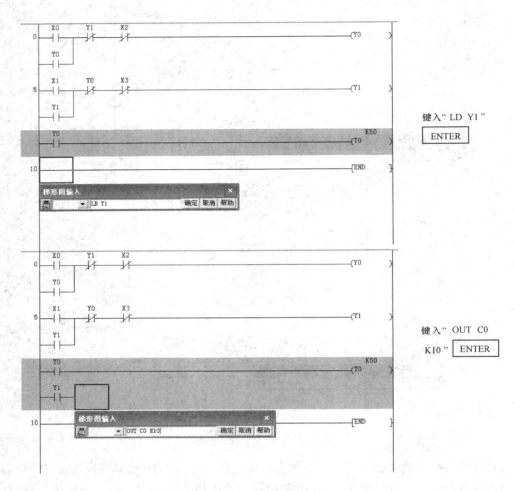

图 9-33　输入动合 Y1，计数器 C0

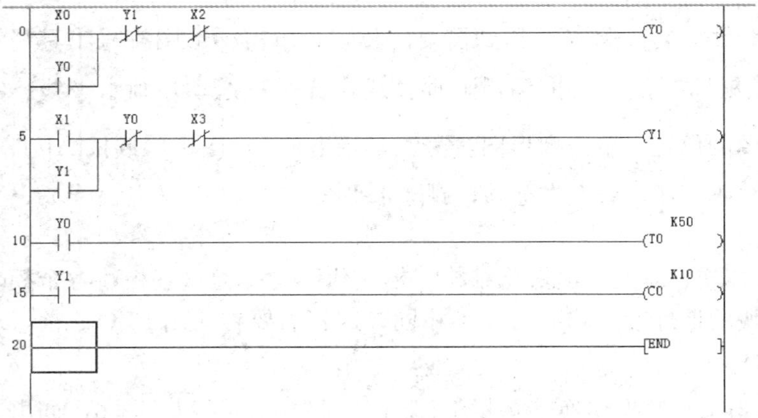

图 9-34　项目变换，输入完毕

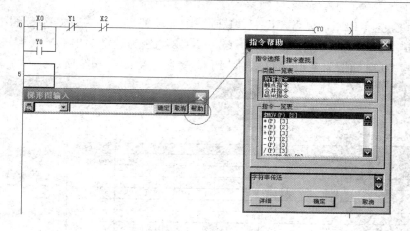

图 9-35 指令帮助提示界面

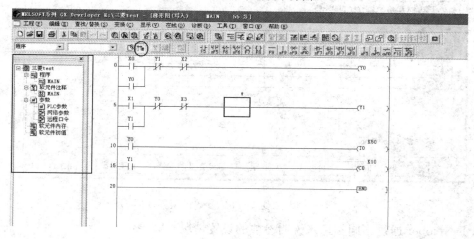

图 9-36 工程数据列表

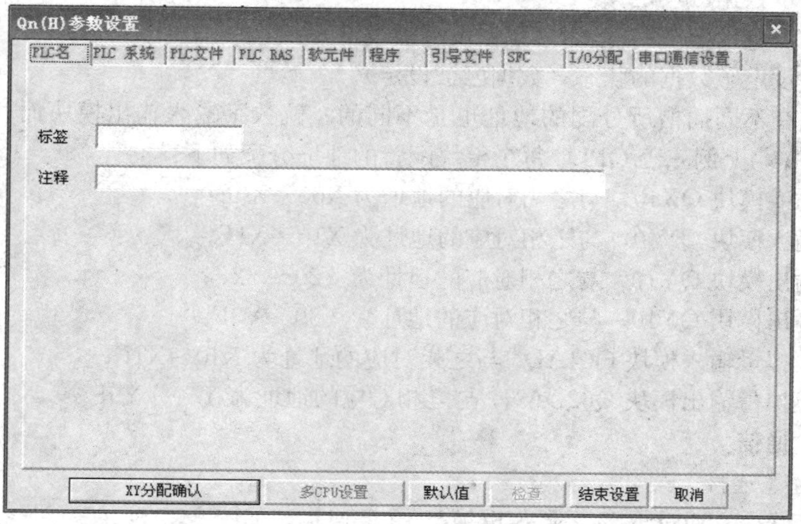

图 9-37 PLC 参数提示界面

RS232 电缆直接连接 PLC，只需要设置"I/O 分配"项即可。如三菱 QPLC 的组合如下：I/O0、I/O1 插槽为数字输入 QX40 模块，I/O2、I/O3 插槽为数字输出 QY10 模块，I/O4 插槽为模拟量 AD，I/O5 插槽为模拟量 DA，则 PLC 参数设置如图 9-38 所示。

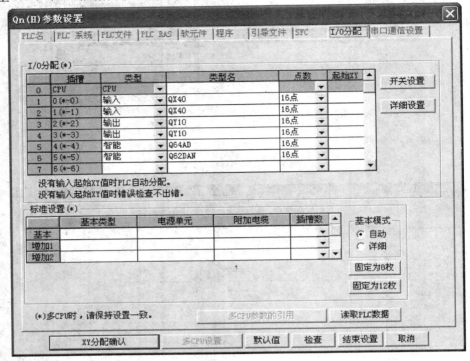

图 9-38　三菱 Q PLC 参数设定界面

GX Developer 通过不同颜色来说明参数的设置情况，其中：

红色：表示数据没有设定，不能运行（数据没有被设定）；

蓝色：表示数据已设定；

红紫色：没有设定/缺省运作（数据没有被设定）；

深蓝色：设定了数据的状态（数据已被设定）。

每个模块在不同插槽所分配的地址也是不同的。就数字输入输出模块而言，输入是用 X，输出是用 Y。上例三菱 QPLC 每个模块配置的地址分配如下：

I/O0：输入模块 QX40，与之相对应的地址为 X00～X0F；

I/O1：输入模块 QX40，与之相对应的地址为 X10～X1F；

I/O2：输出模块 QY10，与之相对应的地址为 Y20～Y2F；

I/O3：输出模块 QY10，与之相对应的地址为 Y30～Y3F；

I/O4：模拟量输入模块 Q64AD，与之相对应的地址为 X40～X4F；

I/O5：模拟量输出模块 Q62DAN，与之相对应的地址为 Y50～Y5F。

五、PLC 通信

1. 通信电缆连接

参数设定好后，通过 RS232 通信电缆与 PLC 连接，如图 9-39 所示。

单击菜单栏上在线—传输设置，如图 9-40 所示，会出现如图 9-41 所示传输设置对

图 9-39　RS232 通信电缆

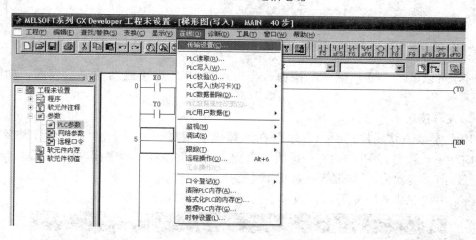

图 9-40　传输设置菜单

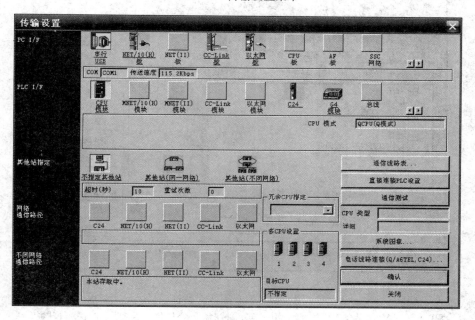

图 9-41　传输设置对话框

话框。

选择"直接连接 PLC 设置"按钮，会跳出如图 9-42 所示的更改连接确认对话框，单击"是（Y）"选择直接连接 PLC 设置；若单击"否（N）"则放回上一步，保留原设置。单击之后，会返回传输设置画面。

图 9-42　更改连接确认对话框　　　　　　　图 9-43　与 PLC 连接成功

此时，可以单击"通信测试"按钮，会出现与 PLC 连接成功的提示界面，如图 9-43 所示。

2. 写入与读取

把 PLC 参数、软元件注释、程序等在计算机上编辑好之后，需要将所编程序写入到 PLC 的内存中，或者将 PLC 内存中原有的参数、软元件注释、程序读取出来阅读。

在写入前，需要将 PLC 置于 STOP 状态。

单击菜单栏在线—PLC 写入，或单击图标出现图 9-44 所示对话框。

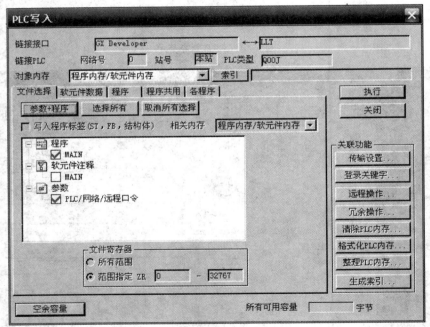

图 9-44　PLC 写入对话框

程序——MAIN：当前工程的逻辑程序；软元件注释——MAIN：当前工程的软元件注释；
参数——PLC/网络/远程口令：当前工程的参数设置

"√"选，即将选中的内容写入到 PLC 内存中去，这里根据需要可以写入其中的一项，也可以选择全部。选中后，单击界面中的"执行"按钮，会提示 PLC 的内存中已经存在一个程序，如图 9-45 所示。

单击"全选（A）"，全部替换。这时 GX Developer 将把当前的程序、参数、注释写入到 PLC 中，如图 9-46 所示。

　　GX Developer 写入完毕后，将 PLC 置于 RE-SET 状态稍许，看到 PLC 的 ERR 灯闪烁，释放 RESET 状态，再将 PLC 置于 RUN 状态，这时 PLC 将以刚写入的设置进行程序执行。

　　PLC 的读取与写入的方法是相似的，不再一一赘述。

图 9-45　替换程序确认对话框

图 9-46　程序写入与完成

3. 程序运行监视

　　GX Developer 编程软件提供了对 PLC 运行程序实时监视的功能，执行时可以清晰地看出程序的输入、输出点的运行情况。单击菜单栏上在线—监视—监视模式，或标准工具栏上 图标，即进入监视模式。

　　在程序监视模式时，内部软元件符号的通/断（ON/OFF）如图 9-47 所示。

　　值得注意的是，PLC 在 STOP 时，GXDeveloper 仍然采集输入点，此时程序不会按照程序的逻辑运行。

　　对于输入/输出点，可以使用强制输入为"ON"或"OFF"，也可以使用强制使输出为"ON"或"OFF"。单击菜单栏在线—调试—软元件测试，或 Alt +1 即可调出软元件测试界面，如图 9-48 所示。

　　在软元件中填入需要测试的软元件：

　　（1）强制 ON：将指定的位软元件强制 ON；

　　（2）强制 OFF：将指定的位软元件强制 OFF；

　　（3）强制 ON/OFF 取反：将指定的位软元件反转置为 ON/OFF。

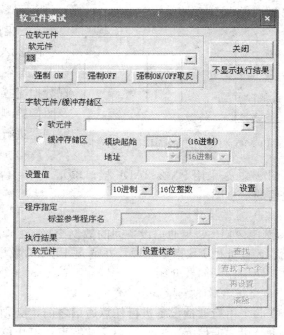

OFF(断)　┤├　┤╱├　─( )─　─[ ]─
ON(通)　━█━　━█╱━　━◀▶━　━█▌█━

图 9-47　软元件符号

图 9-48　软元件测试界面

第二节　PLC 与计算机通信

通用计算机软件丰富、界面友好、操作便利，使用通用计算机作为可编程控制器的编程工具也十分方便，可编程控制器与计算机的通信近年来发展很快。在 PLC 与计算机连接构成的综合系统中，计算机主要完成数据处理、修改参数、图像显示、打印报表、文字处理、系统管理、编制 PLC 程序、工作状态监视等任务；PLC 直接面向现场、面向设备，进行实时控制。PLC 与计算机的连接，可以更有效地发挥各自的优势，互补应用上的不足，扩大 PLC 的处理能力。

为了适应 PLC 网络化的要求，扩大联网功能，几乎所有的 PLC 厂家，都为 PLC 开发了与上位计算机通信的接口或专用的通信模块。一般在小型 PLC 上都设有 RS422 通信接口或 RS232C 通信接口；在中大型 PLC 上都设有专用的通信模块。如三菱 F、F_1、F_2 系列都设有标准的 RS422 接口，FX 系列设有 FX-232AW 接口、RS232C 用通信适配器 FX-232ADP 等。PLC 与计算机之间的通信正是通过 PLC 的 RS422 或 RS232C 接口和计算机上的 RS232 接口进行的。PLC 与计算机之间的信息交换方式，一般采用字符串、双工或半双工、异步、串行通信方式。因此可以这样说，凡具有 RS232C 接口并能输入输出字符串的计算机都可以用于和 PLC 的通信。

运用 RS232C 和 RS422 接口，可容易配置一个与外部计算机进行通信的系统。该系统中 PLC 接受控制系统中的各种控制信息，分析处理后转化为 PLC 中软元件的状态和数据；PLC 又将所有软元件的数据和状态送入计算机，由计算机采集这些数据，进行分析及运行状态监测，用计算机可改变 PLC 的初始值和设定值，从而实现计算机对 PLC 的直接控制。

一、采用 FX-232ADP 的连接通信

RS232C 用通信适配器 FX-232ADP 能够以无规约方式与各种具有 RS232C 接口的通信设备连接，实现数据交换。通信设备包括计算机、条形码读出器及图像检测器等。使用 FX-232ADP 时，也可用调制解调器进行远程通信。

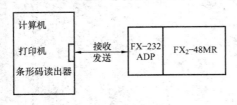

图 9-49　FX-232 ADP 的连接通信示意图

（一）通信系统的连接

图 9-49 是采用 FX-232ADP 接口单元，将一台通用计算机与一台 FX₂ 系列 PLC 连接进行通信的示意图。

（二）通信操作

FX₂ 系列 PLC 与通信设备间的数据交换，由特殊寄存器 D8120 的内容指定，交换数据的点数、地址用 RS 指令设置，并通过 PLC 的数据寄存器和文件寄存器实现数据交换。下面对其使用作一简要介绍。

1. 通信参数的设置

在两个串行通信设备进行任意通信之前，必须设置相互可辨认的参数，只有设置一致，才能进行可靠通信。这些参数包括波特率、停止位和奇偶校验等，它们通过位组合方式来选择，这些位存放在数据寄存器 D8120 中，具体规定见表 9-1。

表 9-1　　　　　　　　　　　　通 信 模 式 设 置

D8120 的位	说　明	位 状 态	
		0（OFF）	1（ON）
b0	数据长度	7 位	8 位
b1	校验（b2 b1）	（00）：无校验	
b2		（01）：奇校验	
		（11）：偶校验	
b3	停止位	1 位	2 位
b4	波特率	（0011）：300bit/s	
b5	（b7 b6 b5 b4）	（0100）：600bit/s	
b6		（0101）：1200bit/s	
b7		（0110）：2400bit/s	
		（0111）：4800bit/s	
		（1000）：9600bit/s	
		（1001）：19200bit/s	
b8	起始字符	无	D8124
b9	结束字符	无	D8125
b10	握手信号类型 1	无	H/W1
b11	模式（控制线）	常规	单控
b12	握手信号类型 2	无	H/W2
b13～b15	可取代 b8～b12 用于 FX-458 网络		

表 9-1 的使用说明如下：

（1）如 D8120＝0F9EH 则选择下列参数。

0（b15，b14，b13，b12＝0000）＝硬件 2 型（H/W2）握手信号为 OFF；

F（b11，b10，b9，b8＝1111）＝起始字符、结束字符、类型 1（H/W1）、单线模式控制；

9（b7，b6，b5，b4＝1001）＝波特率为 19200bit/s；

E（b3，b2，b1，b1＝0111）＝7 位数据位、偶校验、2 位停止位。

（2）起始字符和结束字符可以根据用户的需要自行修改。

（3）起始字符和结束字符在发送时自动加到发送的信息上。在接收信息过程中，除非接收到起始字符，不然数据将被忽略；数据将被连续不断地读进直到接到结束字符或接收缓冲区全部占满为止。因此，必须将接收缓冲区的长度与所要接收的最长信息的长度设定成一样。

2. 串行通信指令

该指令的助记符、指令代码、操作数、程序步见表 9-2。

表 9-2　　　　　　　　　　　　串 行 通 信 指 令 表

指令名称	助记符/功能代号	操 作 数				程序步
		[S·]	m	[D·]	n	
串行通信指令	FNC80 RS	D	K、H、D	D	K、H	RS：9 步

RS 指令用于对 FX 系列 PLC 的通信适配器 FX-232ADP 进行通信控制，实现 PLC 与外围设备间的数据传送和接收。RS 指令在梯形图中使用说明如图 9-50 所示。

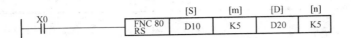

图 9-50   RS 指令使用说明

[S] 指定传送缓冲区的首地址；

[m] 指定传送信息长度；

[D] 指定接收缓冲区的首地址；

[n] 指定接收数据长度，即接收信息的最大长度。

（1）RS 指令使用说明：

1）发送和接收缓冲区的大小决定了每传送一次信息所允许的最大数据量，缓冲区的大小在下列情况下可加以修改。

发送缓冲区——在发送之前，即 M8122 置 ON 之前。

接收缓冲区——信息接收完后，且 M8123 复位前。

2）在信息接收过程中不能发送数据，发送将被延迟（M8121 为 ON）。

3）在程序中可以有多条 RS 指令，但在任一时刻只能有一条被执行。

（2）RS 指令自动定义的软元件，见表 9-3。

表 9-3   RS 指令自动定义的软元件表

数据元件	说　　明	操作标志	说　　明
D8120	存放通信参数。详细介绍见通信参数设置	M8121	为 ON 表示传送被延迟，直到目前的接收操作完成
D8122	存放当前发送的信息中尚未发出的字节	M8122	该标志置 ON 时，用来触发数据的传送
D8123	存放接收信息中已收到的字节数	M8123	该标志为 ON 时，表示一条信息已被完整接收
D8124	存放表示一条信息起始字符串的 ASCII 码，缺省值为"STX"，$(02)_{16}$	M8124	载波检测标志，主要用于采用调制解调器的通信中
D8125	存放表示一条信息结束字符串的 ASCII 码，缺省值为"ETX"，$(03)_{16}$	M8161	8 位或 16 位操作模式。ON＝8 位操作模式，在各个源或目标元件中只有低 8 位有效；OFF＝16 位操作模式，在各个源或目标元件中全部 16 位有效

3. 应用举例

【例 9-1】   将数据寄存器 D100～D105 中的数据按 16 位通信模式传送出去，并将接收来的数据转存在 D300～D309 中。

解   有关程序梯形图及注释如图 9-51 所示。

二、采用 FX$_{2N}$-40AP、40AW 连接的通信

利用光纤并行通信适配器 FX$_{2N}$-40AP 和双绞线并行通信适配器 FX$_{2N}$-40AW，能够实现两台 FX$_2$ 系列 PLC 间的自动数据传送，达到两台 PLC 并联运行的目的。

（一）通信系统的连接

图 9-52 是采用 FX$_{2N}$-40AP 通信适配器，实现两台 FX$_2$ 系列 PLC 并联运行的连接通信示意图。

（二）通信操作

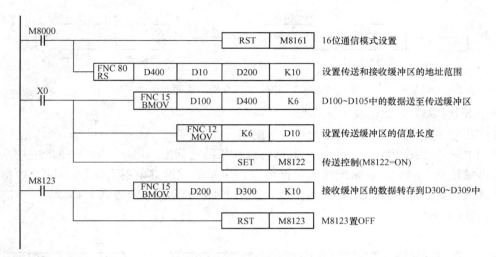

图 9-51　例［9-1］梯形图

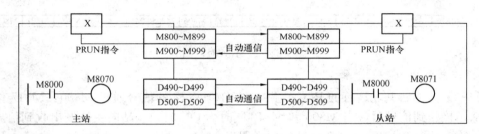

图 9-52　两台 FX₂ 系列 PLC 并联运行的连接通信示意图

主站与从站间的通信可以是 100/100 点的 ON/OFF 信号和 10 字/10 字的 16 位数据，用于通信的辅助继电器为 M800～M999，数据寄存器为 D490～D509，详见图 9-52。

1. 通信的设置

当主站的标志 M8070 和从站的标志 M8071 都为 ON 时，才能实现主站与从站之间的数据传送，因此，主站和从站程序中必须含有相应的置 M8070 和 M8071 为 ON 的指令。若需清除主站标志 M8070 和从站的标志 M8071，需在 PLC 处于 STOP 状态时进行。

2. 并行通信指令

该指令的助记符、指令代码、操作数、程序步见表 9-4。

表 9-4　　　　　　　　　　　　　　　　并 行 通 信 指 令 表

指令名称	助记符/功能代号	操 作 数		程序步
		[S·]	[D·]	
并行数据传送	FNC81 PRUN	KnX、KnM（n＝1～8） 指定元件最低位为 0	KnM、KnY（n＝1～8） 指定元件最低位为 0	16 位—5 步 32 位—5 步

PRUN 指令利用并行通信适配器 FX₂-40AP、40AW，把源操作数传送到指定的位元件区域，用专用标志 M8070 和 M8071 来控制数据传送。PRUN 指令在梯形图中使用说明如图 9-53 所示。

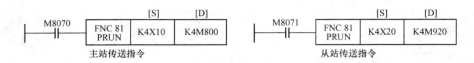

图 9-53　PRUN 指令使用说明

[S] 指定主站、从站的输入元件号；

[D] 指定主站、从站接收数据的辅助继电器。

利用 PRUN 指令后，主站的输入数据可以在从站的辅助继电器 M800～M899 中指定的位元件区域读到。同理，从站的输入数据可以在主站的辅助继电器 M900～M999 中指定的位元件区域读到。元件号以八进制为单位，如把 K4X10 的状态传送到 K4M800，对应传送过程如图 9-54 所示。

K4X10

X27	X26	X25	X24	X23	X22	X21	X20	X17	X16	X15	X14	X13	X12	X11	X10

K4M800

M817	M816	M815	M814	M813	M812	M811	M810	M807	M806	M805	M804	M803	M802	M801	M800

图 9-54　X 与 M 对应图

3. 应用举例

【例 9-2】　两台并联运行的 PLC，主站将 X10～X27 的信号通过 M800～M817 传送到从站。从站接受到信号后，当 M800 和 M810 同时为 ON 时，从站向主站发出收到信号，置 M900 为 ON。试分别编写主站和从站的梯形图程序。

解　有关程序梯形图及注释如图 9-55 所示。

三、采用 FX-232AW 连接的通信

FX-232AW 接口单元，可将 RS232C 信号和 RS422 信号进行相互交换，使通用计算机与 PLC 之间实现数据的传送及监控。信号的传送速度为 9600bit/s。

（一）通信系统的连接

图 9-56 是采用 FX-232AW 接口单元，将一台通用计算机与一台 FX₂ 系列 PLC 连接通信示意图。

图 9-55　数据传送程序
（a）主站程序；（b）从站程序

图 9-56　FX 系列连接通信示意图

（二）系统的配置

（1）计算机。要求机型是 IBM PC/AT（兼容），CPU 为 486 以上，内存为 8Mb 或更高（推荐 16Mb 以上）。

（2）编程和通信软件。采用应用于 FX 系列 PLC 的编程软件 SWOPC-FXGP/WIN-C（可在 Windows 3.1 及 Windows 95 以上操作系统运行）。在 SWOPC-FXGP/WIN-C 中，可通过线路符号，列表语言及 SFC 符号来创建顺控指令程序，建立注释数据及设置寄存器数据；并能在串行系统中与 PLC 进行通信、文件传送、操作监控以及各种测试功能。其梯形图操作窗口如图 9-57 所示。

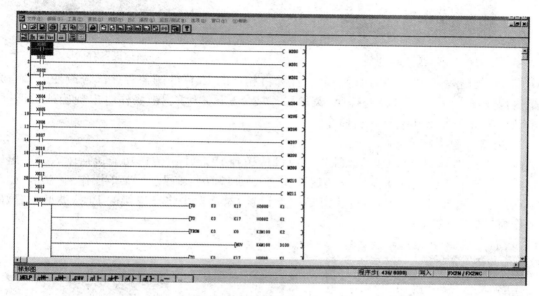

图 9-57　SWOPC-FXGP/WIN-C 操作窗口

（3）接口单元。采用 FX-232AWC 型 RS232C/RS422 转换器（便携式）或 FX-232AW 型 RS232C/RS422 转换器（内置式），以及其他指定的转换器。

（4）通信线缆。采用 FX-422CAB 型 RS-422 缆线（用于 FX$_2$、FX$_{2C}$ 型 PLC，0.3m）或 FX-422CAB-150 型 RS-422 缆线（用于 FX$_2$、FX$_{2C}$ 型 PLC，1.5m），以及其他指定的缆线。

（三）通信操作

FX$_2$ 系列 PLC 与个人计算机间的通信操作主要包括以下内容。

1. 系统设置

（1）端口设置。设置计算机 RS232C 端口与 PLC 相连。操作方法是执行［PLC］-［端口设置］菜单操作，如图 9-58 所示。并在［通信设置］对话框中根据计算机 RS232C 端口的位置（COM1～COM4）加以设定，如图 9-59 所示。

（2）串口设置。当使用 RS232C 适配器 FX-232ADP 及 RS 命令来设置及显示通信格式时，对数据寄存器 D8120 的内容进行设置。操作方法是执行［PLC］-［串口设置（D8120）］菜单操作，并在［串口设置（D8120）］对话框设置通信格式。

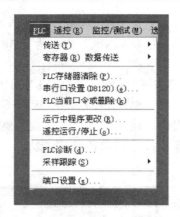

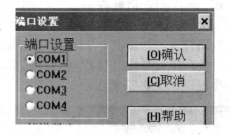

图 9-58　PLC 菜单栏　　　　　　　　　　　　　　　图 9-59　通信设置对话框

(3) 运行时程序改变,将运行中的与计算机相连的 PLC 的顺控程序部分改变。操作方法是执行[PLC]—[运行时改变程序]菜单操作或[Shift]+[F4]键操作时出现确认对话框,点击确认按钮或按[Enter]键执行命令。

2. 数据传送

(1) 程序传送。将已创建的顺控程序成批传送到 PLC 中。传送功能包括读入、写出以及校验。操作方法由执行[PLC]—[传送]—[读入]、[写出]、[校验]菜单操作而完成,如图 9-60 所示。当选择[读入]时,应在[PLC 类型设置]对话框中将已连接的 PLC 类型设置好,其操作窗口如图 9-61 所示。

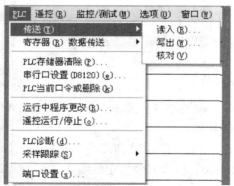

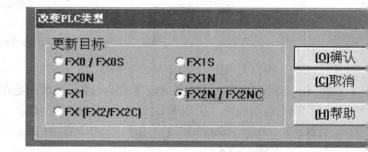

图 9-60　传送操作　　　　　　　　　　　　　　图 9-61　PLC 类型设置对话框

(2) 寄存器数据传送。将已创建的寄存器数据成比例传送到 PLC 中。其功能包括读入、写出以及校验。操作方法是选择[PLC]—[寄存器传送]—[读入]、[写出]、[校验]菜单操作,在各种功能对话框中设置寄存器类型,图9-62为寄存器数据[读入]对话框。

(3) PLC 存储器清除,初始化 PLC 中的程序及数据。操作方法由执行[PLC]—[PLC 存储器清除]菜单操作而完成,并在[PLC 存储器清除]对话框中设置清除项,如图 9-63 所示。

3. 系统监控

(1) 运行/停止。在 PLC 中以遥控的方式进行运行/停止操作。操作方法是执行[PLC]—[遥控运行/停止]菜单操作命令,并在[遥控运行/停止]对话框中操作。

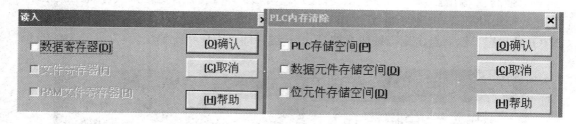

图 9-62　寄存器数据［读入］对话框　　　　图 9-63　PLC 内存清除对话框

（2）PLC 诊断、显示与计算机相连的 PLC 状况，与出错信息相关的特殊数据寄存器以及内存的内容。操作方法是执行［PLC］—［PLC 诊断］菜单操作，并出现［PLC 诊断］对话框，点击确认按钮或按［Enter］键。

（3）采样跟踪。采样跟踪的目的在于存储与时间相关的元件数值变化，并将其在时间表中加以显示；或在 PLC 中设置采样条件，显示基于 PLC 中采样数据的时间表。操作方法是执行［PLC］—［采样跟踪］—［参数设置］菜单，如图 9-64 所示；并在显示的对话框中设置各项条件，如图 9-65 所示，再执行［运行］、［显示］、［从记录文件中读入］、［写入记录文件］菜单命令即可。

（4）元件监控。监控指定 PLC 元件单元的运行状态。操作方法是执行［监控/测试］-［元件监控］菜单操作命令，如图 9-66

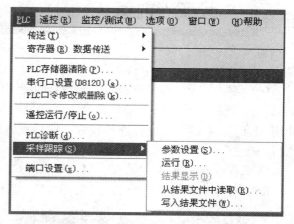

图 9-64　采样跟踪菜单栏图

所示。屏幕显示元件登录监控窗口，在此登录元件，双击鼠标或按［Enter］键显示元件登录对话框，设置好元件及显示点数再敲击确认按钮或按［Enter］键即可。

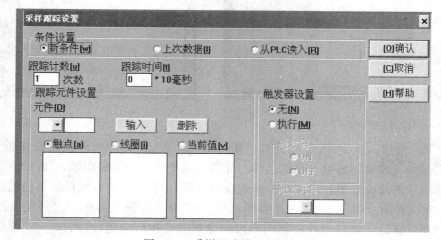

图 9-65　采样跟踪设置对话框

（5）强制 Y 输出。强制 PLC 输出端口(Y)输出 ON/OFF。操作方法是执行［监控/测试］—［强制 Y 输出］操作，出现强制 Y 输出对话框，操作窗口如图 9-67 所示，设置元件地址及 ON/OFF 状态，然后点击运行按钮或按［Enter］键，即可完成特定输出。

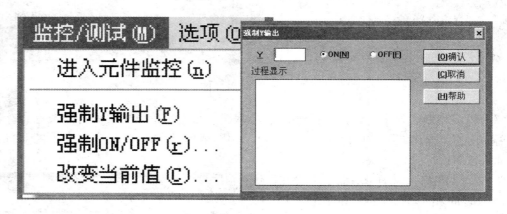

图 9-66　监控/测试菜单　　　　　　　图 9-67　强制 Y 输出对话框

（6）强制 ON/OFF。强行设置或重新设置 PLC 的位元件状态。操作方法是执行［监控/测试］-［强制 ON/OFF］菜单命令，屏幕显示强制设置/重置对话框，如图 9-68 所示，在此用 SET/RST 指令对元件进行设置，然后点击运行按钮或按［Enter］键，使特定元件状态得到改变。

SET 指令有效元件：X、Y、M、S、T、C。

RST 指令有效元件：X、Y、M、S、T、C、D、V、Z。

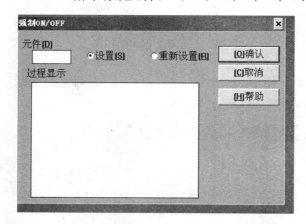

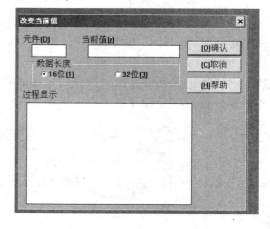

图 9-68　强制 ON/OFF 对话框　　　　　　图 9-69　改变字元件的当前值对话框

（7）改变当前值。改变 PLC 字元件（T、C、D、V、Z）的当前值。操作方法是执行［监控/测试］—［改变当前值］菜单选择，屏幕显示改变当前值对话框，如图 9-69 所示。

在此选定元件及改变值，点击运行按钮或按［Enter］键，选定元件的当前值则被改变。

（8）改变设置值。改变 PLC 中计数器或计时器的设置值。操作方法是在电路监控中，如果光标所在位置为计数器或计时器的输出命令状态，执行［监控/测试］-［改变设置值］菜单操作命令，屏幕显示改变设置值对话框。在此改变设置值并点击运行按钮或按［Enter］

键，指定元件的设置值被改变。

执行此操作时，只能在监控状态。要求计算机中的程序与 PLC 中的程序一致，且 PLC 的内存为 RAM 或 EEPROM。

第三节 PLC 网络技术

在工业控制系统中，对于多控制任务的复杂控制系统，不可能单靠增大 PLC 的输入、输出点数或改进机型来实现复杂的控制功能，于是便想到将多台 PLC 相互连接形成网络。要想使多台 PLC 能联网工作，其硬件和软件都要符合一定的要求。硬件上，一般要增加通信模块、通信接口、终端适配器、网卡、集线器、调制解调器、缆线等设备或器件；软件上，要按特定的网络协议，开发具有一定功能的通信程序和网络系统程序，对 PLC 的软、硬件资源进行统一管理和调度。

一、PLC 网络系统

根据 PLC 网络系统的连接方式，可将其网络结构分为总线结构、环形结构和星形结构三种基本形式，如图 9-70 所示。每一种结构都有各自的优点和缺点，可根据具体情况选择。总线结构，以其结构简单、可靠性高、易于扩展，被广泛应用。

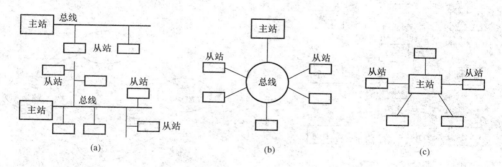

图 9-70　PLC 网络结构示意图
(a) 总线结构；(b) 环行结构；(c) 星形结构

PLC 发展到今天，不少产品都在其本身的 CPU 模块上加上了具有网络功能的硬件和软件，实现 PLC 间的连接已非常方便。当把多台 PLC 联网以后，从操作的角度看，对任一个站的操作都可以和使用同一台 PLC 进行单独操作一样方便；从网络角度看，从任一个站都可以对其他站的元件及数据乃至程序进行操作，这大大提高了 PLC 的控制功能。

PLC 网络的信息通信方式是在辅助继电器、数据寄存器专门开辟一个地址区域，将它们按特定的编号分配给其他各台 PLC，并指定一台 PLC 可以写其中的某些元件，而其他 PLC 可以读这些元件，然后用这些元件的状态去驱动其本身的软元件，以达到通信的目的。而各主站之间元件状态信息的交换，则由 PLC 的网络软件（或硬件）自己去完成，不需要由用户编程。

二、三菱 PLC 网络

下面对三菱 PLC 的网络系统作一简要介绍。

（一）MELSEC NET 网络

MELSEC NET 网络是为三菱 PLC 开发的数据通信网络。它不仅可以执行数据控制和数据管理，而且也能完成工厂自动化所需要的绝大部分功能，是一个大型的网络控制系统。它有如下特点。

(1) 具有构成多层数据通信系统能力。主站可以通过光缆或同轴电缆与 64 个本地子站或远程 I/O 站进行通信，每个子站又可以作为下一级通信系统的主控站，再连接 64 个下级子站。这样整个网络系统可下达三层，最多可设置 4097 个子站，如图 9-71 所示。如果用它与 MELSEC NET/MINI 网络系统连接，则可与 F、F_1、F_2、FX、A 系列等 PLC 及交流变频调速装置连接成功能强大的通信系统。

(2) 可靠性高。MELSEC NET 网是由两个数据通信环路主环与副环构成，反向工作，互为备用，每一时刻只允许有一个环路工作，如图 9-72 所示。当主环路或子站发生故障时，系统的"回送功能"将通信自动切换到副环路，并将子站故障断开。如果主副环路均发生故障，它又把主副环路在故障处自动接通，形成回路，实现"回送功能"。这样，可以保证在任何故障下整个通信系统不发生中断而可靠工作。另外，系统还具有电源瞬间断电校正功能，保证了通信的可靠。

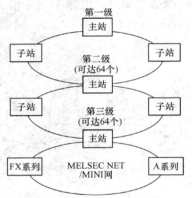

图 9-71　MELSEC NET 网络示意图　　　　图 9-72　MELSEC NET 数据通信示意图

(3) 良好的通信监测功能。任何子站的运行和通信状态都可以用主站或子站上所连接的图形编程器进行监控，还可以通过主站对任何子站进行存取访问，执行上装、下装、监控及测试功能。

(4) 网络中有 1024 个通信继电器和 1024 个通信寄存器，可在所有站中适当地分配使用，便于用户编写通信程序。传输速度可达 1.25Mbit/s，这保证了 MELSEC NET 网络的公共数据通信。

(二) MELSEC NET/MINI 网络

对于自动化要求较低的地方，考虑到经济成本，有时不必采用很大的网络系统，但希望将小型 PLC 以及其他控制装置综合起来，构成集散控制系统。MELSEC NET/MINI 网络就是三菱为满足此要求而开发的小型网络系统。它的主要特点如下：

(1) MELSEC NET/MINI 网络系统允许挂接 64 个子站，可控制 512 个远程 I/O 点，同时对子站连接的模块数没有限制。

(2) 远程 I/O 站的输入输出点数设置范围更广。用 AOJ2 时，可以 8 点输入、8 点输出，也可以 32 点输入、24 点输出；用 A1N、A2N、A3N 时则按需要配置 I/O 模块。该网络系统也是高速数据传输系统，最大传输速率可达 1.5Mbit/s。

（3）丰富的数据通信模块，方便地实现了不同系列 PLC 之间的连接。如 F-16NP 通信模块用于以光纤为传输介质的 F_1、F_2、FX 系列 PLC 上；F-16NT 通信模块用于以同轴电缆为传输介质的 F_1、F_2、FX 系列 PLC 上；AJ71P32 通信模块用于以光纤为传输介质的 A（Q）系列 PLC 上；还有适用于 FX_2、FX_{2c} 系列 PLC 的通信模块 FX-16NP/NT（输入 16 点、输出 8 点）和 FX-16NP/NT-S3（输入 28 字、输出 28 字）。16 位数据的传送可通过 FX 系列 PLC 的 FROM/TO 指令实现等。

第四节　PLC 网络应用实例

下面以三菱 MELSEC NET/MINI 网络系统为例，介绍小型可编程控制器的组网方法、功能特性及使用方法。

一、MELSEC NET/MINI 网络的主要性能和工作原理

（一）主要性能

（1）MELSEC NET/MINI 网络是一种新型的远程 I/O 系统，它可以方便地配置一个价格便宜的远程 I/O 系统。其中 I/O 装置安装在现场，同时还可将交流变频装置直接挂在网上进行控制。

（2）将 MELSEC NET/MINI 网络与 MELSEC NET 网络的主站或从站相连，可使用户的控制范围进一步扩展。

（3）MELSEC NET/MINI 数据通信系统中，可以用光缆和双绞线电缆作为传输介质，提高了刷新速度，3～10ms 最多刷新 512 点 I/O，从而达到控制装置的实时响应。

（二）工作原理

在 F-16NP/NT 通信模块与 AJ71P32 通信模块中都分别设有发送、接受数据缓冲区，这两个模块间由硬件自动产生信息交换，使之保持一致。

因为 F-16NP/NT 通信模块中的缓冲区只有 F_1、F_2 系列或 FX 系列中元件的地址号，而 AJ71PT32 通信模块中的元件又可通过 A 系列 CPU 中的 FROM、TO 指令操作，这样就实现了在 F 系列与 A 系列之间直接用程序语言相互控制的目的。

MELSEC NET/MINI 网络的连接见图 9-73。

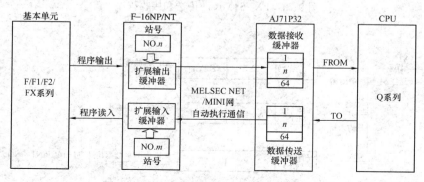

图 9-73　MELSEC NET/MINI 网络连接图

二、程序举例

图 9-74 为小型可编程控制器构成的 MELSEC NET/MINI 网络系统，根据图示的连接和要求，试写出有关 FX$_2$ 系列 PLC 的通信程序。

(1) 将 FX$_2$-64MR 的输入信号 X0～X7 传送到 A 系列的输出单元 AY10 中。

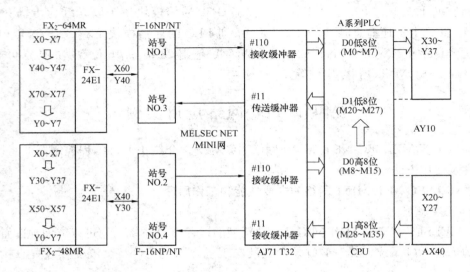

图 9-74　小型 PLC 网络系统

(2) 将 A 系列的输入单元 AX40 中的数据传送到 FX$_2$-48MR 的输出继电器 Y0～Y7 中。

(3) 将 FX$_2$-48MR 的输入信号 X0～X7 送到 FX$_2$-64MR 的输出继电器 Y0～Y7 中。

上述传送数据的有关梯形图程序及注释如图 9-75 和图 9-76 所示。

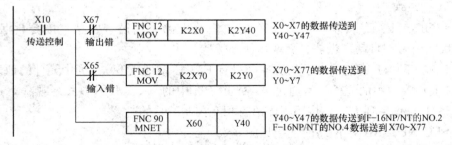

图 9-75　FX$_2$-64MR 的传送和接收程序

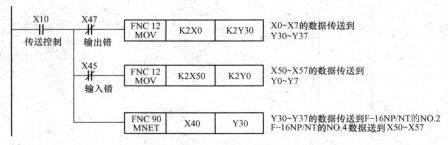

图 9-76　FX$_2$-48MR 的传送和接收程序

（1）FX$_2$-64MR 的传送和接收程序。

（2）FX$_2$-48MR 的传送和接收程序。

习 题 及 思 考 题

9-1 FX-232ADP 和 FX-232AW 通信模块在功能上有何区别？如何使用？

9-2 利用串行通信指令将数据寄存器 D20～D29 中的数据按 16 位通信模式传送出去，并将接收来的数据转存在 D100～D109 中。然后将 D100 中的数据与 20 比较，当数值相等时使 Y0 置 ON。

9-3 两台并联运行的 PLC，将从站 X20～X27 的信号，传送到主站。主站接受到信号后，当信号全部为 ON 时，主站向从站发出命令，置 M8020 为 ON。试分别编写主站和从站的梯形图程序。

9-4 FX-232AW 接口单元在通用计算机与 FX$_2$ 系列 PLC 连接通信过程中起到什么作用？编程软件 SWOPC-FXGP/WIN-C 具有哪些功能？

9-5 PLC 网络系统的基本结构形式有几种？网络的信息通信是如何进行的？

9-6 MELSEC NET/MINI 网络有何特点？它与 MELSEC NET 网络有何区别？

第十章 PLC 控制系统设计

第一节 PLC 控制系统设计内容及步骤

一、PLC 控制系统设计的基本原则与主要内容

（一）设计的基本原则

任何一种电气控制系统都是为了实现被控对象（生产设备或生产过程）的工艺要求，以提高生产效率和产品质量。因此，在设计 PLC 控制系统时，应遵循以下基本原则：

（1）PLC 的选择除了应满足技术指标的要求外，还应重点考虑该公司产品的技术支持与售后服务的情况。一般在国内应选择在所设计系统本地有着较方便的技术服务机构或较有实力的代理机构的公司产品，同时应尽量选择主流机型。

（2）最大限度地满足被控对象的控制要求。设计前，应深入现场进行调查研究，搜集资料，并与机械部分的设计人员和实际操作人员密切配合，共同拟定电气控制方案，协同解决设计中出现的各种问题。

（3）在满足控制要求的前提下，力求使控制系统简单、经济，使用及维修方便。

（4）保证控制系统的安全、可靠。

（5）考虑到生产的发展和工艺的改进，在选择 PLC 容量时，应适当留有裕量。

当然对于不同的用户要求的侧重点有所不同，设计的原则应有所区别。如果以提高产品产量和安全为目标，则应将系统可靠性放在设计的重点，甚至考虑采用冗余控制系统；如果要求系统改善信息管理，则应将系统通信能力与总线网络设计加以强化。

（二）设计的主要内容

PLC 控制系统是由 PLC 与用户输入、输出设备连接而成的，用以完成预期的控制目的与相应的控制要求。因此，PLC 控制系统设计的基本内容应包括：

（1）根据生产设备或生产过程的工艺要求，以及所提出的各项控制指标与经济预算，首先进行系统的总体设计。

（2）根据控制要求基本确定数字 I/O 点和模拟量通道数，进行 I/O 点初步分配，绘制 I/O 使用资源图。

（3）进行 PLC 系统配置设计，主要为 PLC 的选择。PLC 是 PLC 控制系统的核心部件，正确选择 PLC 对于保证整个控制系统的技术经济性能指标起着重要的作用。选择 PLC 应包括机型的选择、容量的选择、I/O 模块的选择、电源模块的选择等。

（4）选择用户输入设备（按钮、操作开关、限位开关、传感器等）、输出设备（继电器、接触器、信号灯等执行元件）以及由输出设备驱动的控制对象（电动机、电磁阀等），这些设备属于一般的电器元件，其选择的方法在其他有关书籍中已有介绍。

（5）设计控制程序。在深入了解与掌握控制要求、主要控制的基本方式以及应完成的动作、自动工作循环的组成、必要的保护和连锁等方面情况之后，对较复杂的控制系统，可用状态流程图的形式全面地表达出来。必要时还可将控制任务分成几个独立部分，这样可化繁为简，有利于编程和调试。程序设计主要包括绘制控制系统流程图、设计梯形图、编制语句

表程序清单。

控制程序是控制整个系统工作的条件，是保证系统工作正常、安全、可靠的关键。因此，控制系统的设计必须经过反复调试、修改，直到满足要求为止。

二、PLC控制系统设计的一般步骤

PLC控制系统的一般设计步骤如图10-1所示。

在对一个控制系统进行设计之前，最重要的工作就是深入了解和分析系统的控制要求，只有这样才可能提出准确的合理的系统总体设计方案，进而实现各个阶段的设计任务。

PLC控制系统程序设计的主要步骤是：

（1）对于较复杂的控制系统，需绘制系统控制流程图，用以清楚地表明动作的顺序和条件。对于简单的控制系统可省去这一步。

（2）设计梯形图。这是程序设计的关键一步，也是比较困难的一步。要设计好梯形图，首先要十分熟悉控制要求，同时还要有一定的电气设计的实践经验。

（3）根据梯形图编制语句表程序清单。

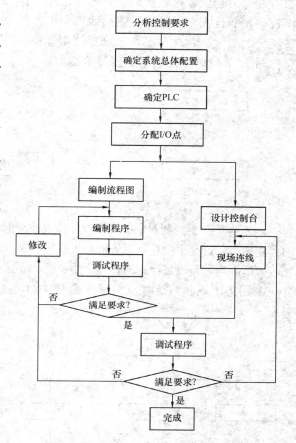

图 10-1　PLC控制系统的一般设计步骤

（4）用编程器将程序键入到 PLC 的用户存储器中，并检查键入的程序是否正确。

（5）对程序进行调试和修改，直到满足要求为止。

（6）待控制台（柜）及现场施工完成后，就可以进行联机调试。如不满足要求，再修改程序或检查接线，直到满足要求为止。

（7）编制技术文件。

（8）交付使用。

三、PLC控制系统模式的选择

就目前 PLC 的基本控制结构与模式讲，根据控制的不同要求一般可分为四种类型。

（一）单机控制系统

采用一台 PLC 控制一台被控设备的形式。它是最一般的 PLC 控制系统。其输入输出点数和存储器容量比较小，控制系统的构成简单明了。

图 10-2 所示就是典型的单机控制系统构成，任何类型 PLC 都可选择，但不宜将 PLC 的功能和 I/O 点数、存储器容量的裕量选择过大。这种控制模式一般适用于控制简单的小型系统。

（二）集中控制系统

集中控制系统采用一台 PLC 控制多台被控设备的形式。该控制系统多用于各种控制对

象所处的地理位置比较接近，且相互之间动作有一定联系的场合。如果各控制对象地理位置比较远，而且大多数的输入输出线都要引入控制器，这时需要大量的电缆线，施工量也大，系统成本增大。在这种场合，推荐使用远程 I/O 控制系统。图 10-3 是集中控制系统的结构，它比图 10-2 的单机控制系统要经济得多。

图 10-2　单机控制系统　　　　　　　　图 10-3　集中控制系统

但是当某一个控制对象的控制程序需要改变时，必须停止运行控制器，其他的控制对象也必须停止运行，这是集中控制系统的最大缺点。因此，该控制系统用于有多台设备组成的流水线上比较合适。当一台设备停运时，整个生产线都必须停运，从经济上的考虑是有利的。

采用集中控制系统时，必须注意将 I/O 点数和存储容量选择裕量大些，以便增设控制对象。

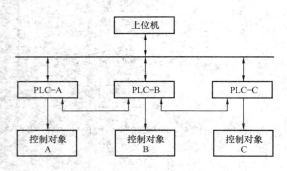

图 10-4　分散控制系统

（三）分散控制系统

分散控制系统的基本结构如图 10-4 所示。在许多分散控制系统中，每一台 PLC 控制一个对象，各控制器之间可以通过信号传递加以沟通联系，或由上位机通过数据总线进行通信。

分散控制系统多用于多条机械生产线的控制，各条生产线间有数据连接。由于各控制对象都由自己的 PLC 控制，当某一台 PLC 停运时，不需要停运其他 PLC。该控制方式与集中控制系统具有相同 I/O 点数时，虽然分散式多用了一台或几台 PLC，导致价格偏高，但从维护、运转或增设控制对象等方面看，极大地增加了系统控制的柔韧性。

（四）远程 I/O 控制系统

远程 I/O 系统（RIOS）就是 I/O 模块不是与 PLC 放在一起，而是远距离地放在被控设备附近。RIOS 就是提供了应用同一个系统与其他 I/O 产品相连接的能力，通常需要经过 RIOS 适配器与相应的 I/O 相连接。远程 I/O 通道与控制器之间通过同轴电缆连接传递信息。由于不同企业的不同型号的 PLC 所能驱动的同轴电缆长度是不同的，选择时必须按控制系统的需要选用。有时会发现，某种型号 PLC 虽能满足所需的功能和要求，但仅由于能驱动同轴电缆长度的限制而不得不改用其他型号 PLC。图 10-5 是远程 I/O 控制系统的构成，其中使用 3 个

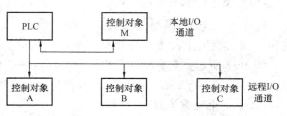

图 10-5　远程 I/O 控制系统

远程 I/O 通道（A、B、C）和一个本地 I/O 通道（M）。

如前所述，远程 I/O 通道适用于控制对象远离主控室的场合。一个控制系统需设置多少个远程 I/O 通道（站）要视控制对象的分散程度和距离而定，同时亦受所选控制器所能驱动的 I/O 通道数的限制。

第二节 PLC 控制系统硬件设计

随着 PLC 控制的普及与应用，PLC 产品的种类和数量越来越多，而且功能也日趋完善。近年来，从美国、日本、德国等国引进的 PLC 产品及国内厂家组装或自行开发的产品已有几十个系列，上百种型号。目前在国内应用较多的 PLC 产品主要包括：美国 AB、GE、MODICON 公司，德国西门子公司，以及日本 OMRON、三菱公司等的 PLC 产品。因此 PLC 的品种繁多，其结构形式、性能、容量、指令系统、编程方法、价格等各有自己的特点，适用场合也各有侧重。因此，合理选择 PLC，对于提高 PLC 控制系统的技术经济指标起着重要的作用。

选择恰当的 PLC 产品去控制一台机器或一个过程时，不仅应考虑应用系统目前的需求，还应考虑到那些包含于工厂未来发展目标的需要。如果能够考虑到未来的发展将会用最小的代价对系统进行革新和增加新功能。若考虑周到，则存储器的扩充需求也许只要再安装一个存储器模块即可满足；如果具有可用的通信口，就能满足增加一个外围设备的需要。对局域网的考虑可允许在将来将单个控制器集成为一个厂级通信网。若未能合理估计现在和将来的目标，PLC 控制系统会很快变为不适宜的和过时的。

一、PLC 机型的选择

对于工艺过程比较固定、环境条件较好（维修量较小）的场合，往往选用整体式结构的 PLC 机型。反之，应考虑选用模块单元式机型。机型选择的基本原则应是在功能满足要求的前提下，保证可靠、维护使用方便以及最佳的功能价格比。具体应考虑以下几方面要求。

（一）性能与任务相适应

对于开关量控制的应用系统，当对控制速度要求不高，如对小型泵的顺序控制、单台机械的自动控制等时，可选用小型 PLC（如 OMRON 公司的 C 系列 P 型机或 CPM 型 PLC）就能满足要求。

对于以开关量控制为主，带有部分模拟量控制的应用系统，如工业生产中常遇到的温度、压力、流量、液位等连续量的控制，应选用带有 A/D 转换的模拟量输入模块和带 D/A 转换的模拟量输出模块，配接相应的传感器、变送器（对温度控制系统可选用温度传感器直接输入的温度模块）和驱动装置，并且选择运算功能较强的小型 PLC（如 OMRON 公司的 CQM 型 PLC）。特别应提出的，西门子公司的 S7-200 系列微型 PLC 在进行小型数字—模拟混合系统控制时具有较高的性能价格比，实施起来也较方便。

对于比较复杂、控制系统功能要求较高的，如需要 PID 调节、闭环控制、通信联网等功能时，可选用中、大型 PLC，如 OMRON 公司的 C200H、C1000H，西门子公司的 S7-300、S7-400 或三菱公司的 Q、A 系列 PLC 等。当系统的各个部分分布在不同的地域时，应根据各部分的要求来选择 PLC，以组成一个分布式的控制系统，可考虑选择 MODICON 的 QUANTUM 系列 PLC 产品。

（二）PLC 的处理速度应满足实时控制的要求

PLC 工作时，从输入信号到输出控制存在着滞后现象，即输入量的变化，一般要在 1～2 个扫描周期之后才能反映到输出端，这对于一般的工业控制是允许的。但有些设备的实时性要求较高，不允许有较大的滞后时间。通常 PLC 的 I/O 点数在几十到几千点范围内，用户应用程序的长短也有较大的差别，但滞后时间一般应控制在几十毫秒之内（相当于普通继电器的动作时间）。因此，改进实时速度的途径有以下几种：

（1）选择 CPU 处理速度快的 PLC，使执行一条基本指令的时间不超过 $0.5\mu s$。

（2）优化应用软件，缩短扫描周期。

（3）采用高速响应模块，其响应的时间不受 PLC 扫描周期的影响，而只取决于硬件的延时。

（三）PLC 机型尽可能统一

一个大型企业，应尽量做到机型统一。因为同一机型的 PLC，其模块可互为备用，便于备品备件的采购和管理。这不仅使模块通用性好，减少备件量，而且给编程和维修带来极大的方便，也给扩展系统升级留有余地。其功能及编程方法统一，有利于技术力量的培训、技术水平的提高和功能的开发；其外部设备通用，资源可共享，配以上位计算机后，可把控制各独立系统的多台 PLC 连成一个多级分布式控制系统，相互通信，集中管理。

（四）指令系统

由于 PLC 应用的广泛性，各种机型所具备的指令系统也不完全相同。从工程应用角度看，有些场合仅需要逻辑运算，有些场合需要复杂的算术运算，而另一些特殊场合还需要专用指令功能。从 PLC 本身来看，各个厂家的指令系统差异较大，但从整体上来说，指令系统都是面向工程技术人员的语言，其差异主要表现在指令的表达方式和指令的完整性上。有些厂家在控制指令方面开发得较强，有些厂家在数字运算指令方面开发得较全，而大多数厂家的逻辑指令方面都开发得较细。在选择机型时，从指令系统方面应注意下述内容：

（1）指令系统的总语句数。这一点反映了整个指令所包括的全部功能。

（2）指令系统的种类。主要应包括逻辑指令、运算指令和控制指令。具体的需求则与实际要完成的控制功能有关。

（3）指令系统的表达方式。指令系统表达方式有多种，有的包括梯形图、控制系统流程图、语句表、顺序控制图、高级语言等多种表达方式，有的只包括其中一种或两种表达方式。

（4）应用软件的程序结构。程序结构有模块化和子程序式的程序结构。前一种有利于应用软件编写和调试，但处理速度慢；后一种响应速度快，但不利于编写和现场调试。

（5）软件开发手段。在考虑指令系统这一性能时，还要考虑到软件的开发手段。一般的厂家对 PLC 都配有专用的编程器，提供较强的软件开发手段。有的厂家在此基础上还开发了专用软件，可利用通用的微机（例如 IBM-PC）作为软件开发手段，这样就更加方便了用户的需要。

（五）机型选择的其他考虑

在考虑上述性能后，还要根据工程应用实际，考虑其他一些因素。这些因素包括：

（1）性能价格比。毫无疑问，高性能的机型必然需要较高的价格。在考虑满足需要的性能后，还要根据工程的投资状况来确定选型。

（2）备品备件的统一考虑。无论什么样的设备，投入生产后都要具有一定数量的备品备件。在系统硬件设计时，对于一个工厂来说，应尽量选用与原有设备统一的机型，这样就可减少备品备件的种类和资金积压。同时还要考虑备品备件的来源，所选机型要有可靠的订货来源。

（3）技术支持。选择机型时还要考虑有可靠的技术支持。这些支持包括必要的技术培训、设计指导、系统维修等内容。

总之，在选择系统机型时，按照PLC本身的性能指标对号入座，选择出合适的系统。有时这种选择并不是唯一的，需要在几种方案中综合各种因素作出选择。

（六）是否在线编程

PLC的编程分为离线编程和在线编程两种。小型PLC一般使用简易编程器，它必须插在PLC上才能进行编程操作，其特点是编程器与PLC共用一个CPU，在编程器上有一个"运行/监控/编程（RUN/MONITOR/PROGRAM）"选择开关。当程序编好后把选择开关转到"运行RUN"位置，CPU则去执行用户程序，对系统实施控制。简易编程器结构简单、体积小、携带方便，很适合在生产现场调试、修改程序用。

在线编程的PLC，其特点是主机和编程器各有一个CPU，编程器的CPU可以随时处理由键盘输入的各种编程指令。主机的CPU则是完成对现场的控制，并在一个扫描周期的末尾和编程器通信。编程器把编好或改好的程序发送给主机，在下一个扫描周期，主机将按照新送入的程序控制现场，这就是所谓的在线编程。此类PLC，由于增加了硬件和软件，所以价格贵，但应用领域较宽。大型PLC多采用在线编程。图形编程器或者个人计算机与编程软件包配合可实现在线编程。PLC和图形编程器各有自己的CPU，编程器的CPU可随时对键盘输入的各种编程指令进行处理；PLC的CPU主要完成对现场的控制，并在一个扫描周期的末尾与编程器通信，编程器将编好或修改好的程序发送给PLC，在下一个扫描周期，PLC将按照修改后的程序或参数控制，实现在线编程。图形编程器价格较贵，但它功能强，适应范围广，不仅可以用指令语句编程，还可以直接用梯形图编程，并可存入磁盘或用打印机打印出梯形图和程序。一般大中型PLC多采用图形编程器。使用个人计算机进行在线编程，可省去图形编程器，但需要编程软件包的支持，其功能类似于图形编程器。

二、PLC容量估算

PLC容量包括两个方面：一是I/O的点数，二是用户存储器的容量。

（一）I/O点数的估算

根据被控对象的输入信号和输出信号的总点数，并考虑到今后调整和扩充，一般应加上10%～15%的备用量。

（二）用户存储器容量的估算

用户应用程序占用多少内存与许多因素有关（如I/O点数、控制要求、运算处理量、程序结构等），存储器容量的选择一般有两种方法：

1. 根据编程实际使用的节点数计算

这种方法可精确地计算出存储器实际使用容量，缺点是要编完程序之后才能计算。

2. 估算法

用户可根据控制规模和应用目的，按下面给出的公式进行估算。

开关量输入：所需存储器字数＝输入点数×10；

开关量输出：所需存储器字数＝输出点数×8；

定时器/计数器：所需存储器字数＝定时器/计数器数量×2；

模拟量：所需存储器字数＝模拟量通道数×100；

通信接口：所需存储字数＝接口个数×300。

根据存储器的总字数再加上一个备用量。

生产企业通常每个产品提供一条经验法则公式，可用于对存储容量做近似估计。这个公式是将 I/O 的总数乘以一常数（常数通常在 3～8 之间选取）。

三、PLC 输入/输出模块的选择

（一）数字 I/O 点数与模块的确定

确定 I/O 点数是系统设计的最重要的问题。一旦确定使用某一类型的机型和详细的控制要求，就可以基本确定系统所配的 PLC 需要的 I/O 点数。应该注意的就是在确定 I/O 点数时，一定要考虑到系统的扩充与备用需要，一般应留有 10%～20% 的裕量。根据选取不同的 PLC，相应的 I/O 模块的 I/O 容量不尽相同，应依据需要确定 I/O 模块的数量。

（二）输入模块的确定

PLC 的输入模块用来检测来自现场（按钮、行程开关、温控开关、压力开关等）的高电平信号，并将其转换为 PLC 内部的低电平信号。

各类 PLC 所提供的输入模块，其点数一般有 8、12、16、32 点等不同规格，用户可根据系统所需点数加以选择。其工作电压常用的有直流 12、24V，交流 110、220V 等，其中以直流 24V 最为普遍。选择输入模块主要考虑模块的输入电压等级。根据现场输入信号（按钮、行程开关）与 PLC 输入模块距离的远近来选择不同电压规格的模块。一般 24V 以下属低电平，其传输距离不宜太远，如 12V 电压模块一般不超过 10m。距离较远的设备选用较高电压模块比较可靠。

（三）输出模块的确定

输出模块的任务是将 PLC 内部低电平的控制信号，转换为外部所需电平的输出信号，以驱动外部负载。输出模块有三种输出方式：继电器输出、双向晶闸管输出、达林顿晶体管输出。这几种输出形式均有各自的特点，用户可根据系统的要求加以确定。

继电器输出价格便宜，使用电压范围广，通电压降小，承受瞬时过电压和过电流的能力较强，且有隔离作用。但继电器有触点，寿命较短，且响应速度较慢，适用于动作不频繁的交直流负载。当驱动感性负载时，最大操作频率不得超过 1Hz。

双向晶闸管输出（交流）和达标顿晶体管输出（直流）都属于无触点开关输出，适用于通断频繁的感性负载。感性负载在断开瞬间会产生较高的反向电压，必须采取抑制措施。另外，这两种形式的输出均不具备明确的输出开关断点，因此对于有此要求的使用场合会受到限制。

输出电流的选择：模块的输出电流必须大于负载电流的额定值，如果负载电流较大，输出模块不能直接驱动时，应增加中间放大环节。对于电容性负载、热敏电阻负载，考虑到接通时有冲击电流，要留有足够的裕量。

允许同时接通的输出点数：在选用输出模块时，不但要看一个输出点的驱动能力，还要看整个输出模块的满负载能力，即输出模块同时接通点数的总电流值不得超过模块规定的最大允许电流。

（四）模拟量输入、输出单元的选择

模拟量输入、输出接口是用来感知传感器产生的信号。模拟量输入、输出接口用来测量流量、温度和压力的数值，并用于控制电压或电流输出设备。典型接口量程为 $-10\sim$ $+10V$、$0\sim+10V$、$4\sim20mA$ 或 $10\sim50mA$。

一些制造厂提供特殊模拟接口用来接收低电平信号〔如电阻式温度计（RTD）、热电偶等〕。一般来说这种接口模块将接收同一模块上的不同类型热电偶或 RTD 的混合信号，用户应根据具体条件确定使用类型。

模拟量输入、输出单元一般有多种规格可供选用，其中最主要的是通道数量，如一入一出、三入一出等，应根据需要确定。由于模拟量单元一般价格较高，应准确确定所需资源，不宜留有太多的裕量。在确定模拟量输入、输出单元时，另一个重要指标就是精度问题，应根据系统控制精度恰当地选择单元精度，模拟量输入、输出单元一般精度较高，通常可达到 12 位左右。

（五）特殊模块的选择

1. 数据通信模块

随着控制规模的扩大和控制功能的复杂，常常需要由多台 PLC 及一定数量的外围设备组成一个控制系统。图 10-4 和图 10-5 所示的 PLC 控制系统就存在着互相之间的数据通信问题。数据通信模块具有下列主要功能：

（1）与上位机通信。以上位计算机（如 586、PⅢ、PⅣ 等）作主站，PLC 作从站，由主站发指令进行通信，从站只能答应。主、从站之间通过 RS232C 接口或 RS422 接口通信。

（2）以 PLC 为主、从站。这种形式的主、从站全为 PLC，通过数据通信模块进行通信。

（3）无协议串行通信。可以不用串行通信协议进行通信，如 PLC 与显示器、打印机、条形码阅读器、磁卡阅读器等外部设备的通信属于此列。

2. 温度模块

温度模块用来接收来自温度传感器的信号，并以 BCD 码表示的温度值传给 PLC。使用温度模块相当于在温度传感器后面配置了变送器和 A/D 转换器，温度模块送给 PLC 的数据即是现场的实现温度值，便于监视。用温度模块（如 OMRON 公司的 C200H-TS00/TS101 温度模块等）与模拟量输出模块配合使用，可实现温度自动控制。

三菱公司的 PLC 提供了 A616TD 热电偶输入模块，从而使热电偶能够直接与 PLC 连接在一起。这种模块将检测到的热电偶输出信号转换成表示检测到温度的数字值，并可以直接在 PLC 程序中加以使用。该模块具有 16 个输入通道，相应的配合温度测量范围为：-200 $\sim+1800℃$，总精度可达到 $\pm0.5℃$。

3. 位置控制模块

位置控制模块用于向步进电动机驱动器或伺服电动机驱动器输出脉冲，控制单坐标部件或装置的速度和位置。

OMRON 公司的 C200H NC 位置控制模块可进行自动或手动位置控制，可寻找原点位置，可制定若干目标位置，控制其确定的启动速度、加速度、运动速度、减速度和结束速度，在若干位置间有规律地运动。

日本三菱公司提供的 AD75 系列位置控制模块，具有相当强大的控制功能，能够实现 2 轴、3 轴联动，PTP（点位）控制、CR 控制、速度控制等，甚至包括位置控制应用的高级要求。

4. 高速计数模块

由于 PLC 是按周期扫描方式工作的，所以对于高频变化的输入信号（周期小于扫描时间），PLC 来不及响应，将会造成系统工作不正常。高速计数模块可接受高达 50kHz 的输入信号，它不受扫描速度的限制，专门用来监视和控制一些高速的过程变量，如速度、位置、流量等。高速计数模块可以进行脉冲计数，并能运用计数结果进行控制。

5. 特殊通信接口模块

由于目前 PLC 在现场还没有形成统一的通信协议标准，因此各个制造企业的 PLC 往往都是采用各自的现场总线标准进行控制通信。一般而言，在一个系统中很难使用不同公司的 PLC 产品。这就使在很多情况下，PLC 以及各种模块的综合应用受到一定的限制。而三菱公司为自己的产品提供了 PROFIBUS（AJ71PB92/96）和 MODBUS（AJ71UC2-S2）总线接口模块，从而进一步扩大了三菱 PLC 的应用领域，也为用户提供了更多的选择。其中 AJ71PB92/96 系列的总线接口模块最大通信距离达到 4800m。

第三节　PLC 控制系统软件设计

根据 PLC 系统硬件结构和生产工艺要求以及软件规格说明书，使用相应的编程语言指令，编制实际应用程序并形成程序说明书的过程就是程序设计。

一、程序设计的主要步骤

PLC 程序设计，一般分为以下几个步骤：

（1）程序设计前的准备工作。

（2）程序框图设计。

（3）编写程序。

（4）测试程序。

（5）编写程序说明书。

（一）程序设计前的准备工作

程序设计前的准备工作大致可分为三个方面：

1. 了解系统概况，形成整体概念

这一步工作主要是通过系统设计方案和软件规格说明书，了解控制系统的全部功能、控制规模、控制方式、输入和输出信号的种类和数量、是否有特殊功能接口、与其他设备关系、通信内容与方式等。如果没有对整个控制系统的全面了解，就不能对各种控制设备之间的相互联系有真正的理解，并造成想当然地进行程序编制，这样的程序肯定是无法实际运行的。

2. 熟悉被控对象，编制高质量的程序

这一部分的工作是通过熟悉生产工艺说明书和软件规格说明书来进行的。可把控制要求根据控制功能分类，并确定输入信号检测设备、控制设备、输出信号控制装置的具体情况，深入细致地了解每一个检测信号和控制信号的形式、功能、规模，它们之间的关系和预见以后可能出现的问题，使程序设计有的放矢。

在熟悉被控对象的同时，还要认真借鉴前人在程序设计中的经验和教训，总结各种问题的解决方法。总之，在程序设计之前，掌握的东西越多，对问题思考得越深入，程序设计就

会越顺利。

3. 充分地利用各种软件编程环境

目前各 PLC 主流产品都配置了功能强大的编程环境，如西门子公司的 STEP7、MODI-CON 公司的 CONCEPT、三菱公司的 GX Doveloper 软件等，可在很大程度上减轻了软件编制的工作强度，提高了编程效率和质量。

（二）程序框图设计

这项工作主要是根据软件设计规格书的总体要求和控制系统的具体情况，确定用户程序的基本结构、程序设计标准和结构框图，然后再根据工艺要求，绘制出各个功能单元的详细功能框图。系统程序框图应尽量做到模块化，一般最好按功能采取模块化设计方法，因此相应的框图也应依此绘制，并规定其各自应完成的功能，然后再绘制图中各模块内部的细化功能图。框图是编程的主要依据，要尽可能地准确，细化功能图尽可能地详细。如果框图是由别人设计的，一定要设法弄清楚其设计思想和方法。完成这部分工作之后就会对系统全部程序设计的功能实现具有一个整体思想。

（三）编写程序

编写程序就是根据设计出的框图与细化功能图编写控制程序，这是整个程序设计工作的核心部分。如果有编程支持软件应尽量使用。在编写程序的过程中，可以借鉴现代化的标准程序，但必须能读懂这些程序段，否则将会给后续工作带来困难和损失。另外，编写程序过程中要及时对编写出的程序进行注释，以免忘记它们之间的相互关系。

（四）程序测试

程序测试是整个程序设计工作中一项很重要的内容，它可以初步检查程序的实际效果。程序测试和程序编写分不开，程序的许多功能是在测试中得以修改和完善的。测试可以按照功能单元进行，各功能单元达到要求后再进行整体测试。程序测试可以离线进行，有时还需要在线进行，在线进行一般不允许直接与外围设备连接，以避免重大事故发生。

（五）编写程序说明书

程序说明书是程序设计的综合说明。编写程序说明书的目的就是便于程序的设计者与现场工程技术人员进行程序调试与程序修改工作，它是程序文件的组成部分。程序说明书一般应包括程序设计的依据、程序的基本结构、各功能单元分析、各参数的来源与设定、程序设计与调试的关键点等。

二、程序设计流程图

根据上述步骤，现给出 PLC 程序设计流程图，如图 10-6 所示。

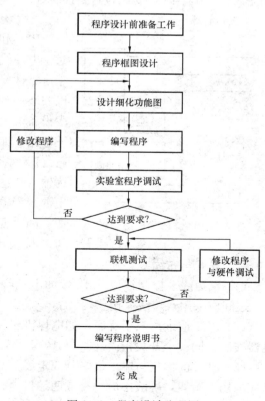

图 10-6 程序设计流程图

第四节 PLC控制系统可靠性技术

PLC是专门为工业生产服务的控制装置，通常不需要采取什么措施，就可以直接在工业环境使用。但是，当生产环境过于恶劣，电磁干扰特别强烈，或安装使用不当，都不能保证PLC的正常运行，因此使用时应注意以下问题。

一、工作环境

（一）温度

PLC要求环境温度在0~55℃。安装时不能放在发热量大的元件下面，四周通风散热的空间应足够大，基本单元和扩展单元之间要有30mm以上间隔；开关柜上、下部应有通风的百叶窗，防止太阳光直接照射；如果周围环境超过55℃，要安装电风扇，强迫通风。

（二）湿度

为了保证PLC的绝缘性能，空气的相对湿度应小于85%（无凝露）。

（三）振动

应使PLC远离剧烈的振动源，防止振动频率为10~55Hz的频繁或连续振动。当使用环境不可避免振动时，必须采取减振措施，如采用减振胶等。

（四）空气

避免有腐蚀和易燃的气体，例如氯化氢、硫化氢等。对于空气中有较多粉尘或腐蚀性气体的环境，可将PLC安装在封闭性较好的控制室或控制柜中，并安装空气净化装置。

（五）电源

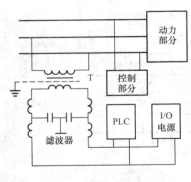

图10-7 PLC电源

PLC供电电源为50Hz、220(1±10%)V的交流电，对于电源线来的干扰，PLC本身具有足够的抵制能力。对于可靠性要求很高的场合或电源干扰特别严重的环境，可以安装一台带屏蔽层的变比为1:1的隔离变压器，以减少设备与地之间的干扰。还可以在电源输入端串接LC滤波电路，如图10-7所示。

FX系列PLC有直流24V输出接线端，该接线端可为输入传感器（如光电开关或接近开关）提供直流24V电源。当输入端使用外接直流电源时，应选用直流稳压电源。因为普通的整流滤波电源，由于纹波的影响，容易使PLC接收到错误信息。

二、安装与布线

（1）动力线、控制线以及PLC的电源线和I/O线应分别配线，隔离变压器与PLC和I/O之间应采用双绞线连接。

（2）PLC应远离强干扰源，如电焊机、大功率硅整流装置和大型动力设备，不能与高压电器安装在同一个开关柜内。

（3）PLC的输入与输出最好分开走线，开关量与模拟量也要分开敷设。模拟量信号的传送应采用屏蔽线，屏蔽层应一端或两端接地，接地电阻应小于屏蔽层电阻的1/10。

（4）PLC基本单元与扩展单元以及功能模块的连接线缆应单独敷设，以防外界信号干扰。

（5）交流输出线和直流输出线不要用同一根电缆，输出线应尽量远离高压线和动力线，避免并行。

三、I/O 端的接线

（一）输入接线

（1）输入接线一般不要超过 30m。但如果环境干扰较小，电压降不大时，输入接线可适当长些。

（2）输入/输出线不能用同一根电缆，输入/输出线要分开。

（3）尽可能采用动合触点形式连接到输入端，使编制的梯形图与继电器原理图一致，便于阅读。

（二）输出连接

（1）输出端接线分为独立输出和公共输出。在不同组中，可采用不同类型和电压等级的输出电压。但在同一组中的输出只能用同一类型、同一电压等级的电源。

（2）由于 PLC 的输出元件被封装在印制电路板上，并且连接至端子板。若将连接输出元件的负载短路，将烧毁印制电路板，因此，应用熔断器保护输出元件。

（3）采用继电器输出时，所承受的电感性负载的大小，会影响到继电器的工作寿命，因此使用电感性负载时选择的继电器工作寿命要长。

（4）PLC 的输出负载可能产生干扰，因此要采取措施加以控制，如直流输出的续流管保护，交流输出的阻容吸收电路，晶体管及双向晶闸管输出的旁路电阻保护。

四、外部安全电路

为了确保整个系统能在安全状态下可靠工作，避免由于外部电源发生故障、PLC 出现异常、误操作以及误输出造成的重大经济损失和人身伤亡事故，PLC 外部应安装必要的保护电路。

（1）急停电路。对于能使用户造成伤害的危险负载，除了在控制程序中加以考虑外，还应设计外部紧急停车电路，使 PLC 发生故障时，能将引起伤害的负载电源可靠切断。

（2）保护电路。正反向运转等可逆操作的控制系统，要设置外部电器互锁保护；往复运行及升降移动的控制系统，要设置外部限位保护电路。

（3）可编程控制器有监视定时器等自检功能，检测出异常时，输出全部关闭。但当可编程控制器 CPU 故障时就不能控制输出，因此，对于能使用户造成伤害的危险负载，为确保设备在安全状态下运行，需设计外电路加以防护。

（4）电源过负荷的防护。若 PLC 电源发生故障，中断时间少于 10ms，PLC 工作不受影响。若电源中断超过 10ms 或电源下降超过允许值，则 PLC 停止工作，所有的输出点均同时断开；当电源恢复时，若 RUN 输入接通，则操作自动进行。因此，对一些易过负荷的输入设备应设置必要的限流保护电路。

（5）重大故障的报警及防护。对于易发生重大事故的场所，为了确保控制系统在重大事故发生时仍可靠的报警及防护，应将与重大故障有联系的信号通过外电路输出，以使控制系统在安全状况下运行。

五、PLC 的接地

良好的接地是保证 PLC 可靠工作的重要条件，可以避免偶然发生的电压冲击危害。PLC 的接地线与机器的接地端相接，接地线的截面积应不小于 $2mm^2$，接地电阻小于 100Ω；

如果要用扩展单元，其接地点应与基本单元的接地点接在一起。为了抑制加在电源及输入端、输出端的干扰，应给 PLC 接上专用地线，接地点应与动力设备（如电动机）的接地点分开；若达不到这种要求，也必须做到与其他设备公共接地，禁止与其他设备串连接地。接地点应尽可能靠近 PLC。

六、冗余系统与热备用系统

在石油、化工、冶金等行业的某些系统中，要求控制装置有极高的可靠性。如果控制系统发生故障，将会造成停产、原料大量浪费或设备损坏，给企业造成极大经济损失。但是仅靠提高控制系统硬件的可靠性来满足上述要求是远远不够的，因为 PLC 本身可靠性的提高是有一定的限度。使用冗余系统或热备用系统就能够比较有效地解决上述问题。

（一）冗余控制系统

在冗余控制系统中，整个 PLC 控制系统（或系统中最重要的部分，如 CPU 模块）由两套完全相同的系统组成，如图 10-8 所示。两块 CPU 模块使用相同的用户程序并行工作，其中一块是主 CPU，另一块是备用 CPU。主 CPU 工作，而备用 CPU 的输出是被禁止的，当主 CPU 发生故障时，备用 CPU 自动投入，这一切换过程是由冗余处理单元 RPU 控制的。切换时间在 1～3 个扫描周期，I/O 系统的切换也是由 RPU 完成的。

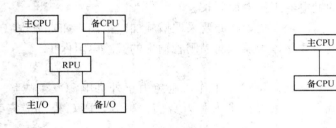

图 10-8　冗余控制系统　　　　　　　图 10-9　热备用系统

（二）热备用系统

在热备用系统中，两台 CPU 用通信接口连接在一起，均处于通电状态，如图 10-9 所示。当系统出现故障时，由主 CPU 通知备用 CPU，使备用 CPU 投入运行。这一切换过程一般不太快，但它的结构要比冗余系统简单。

习 题 及 思 考 题

10-1　PLC 控制系统规划有哪些内容，一般分为哪些步骤？与继电器—接触器控制系统的设计过程有何不同？

10-2　PLC 在选型过程中，对于 I/O 信号的选择，除了考虑点数满足要求外，还应注意哪些问题？

10-3　在进行程序设计之前，当决定采用何种设计方法时，应考虑哪些因素？

10-4　影响 PLC 正常工作的外界因素有哪些？如何防范？

10-5　冗余控制系统与热备用系统有何区别，都适用于什么场合？

第十一章 PLC 应用举例

第一节 PLC 在冷媒自动充填机中的应用

一、概述

冷媒自动充填机是冰箱、空调生产线上的重要设备，专为冰箱、空调加充制冷媒剂。冷媒充填机内有两条通道，即真空通道和冷媒通道。

在给冰箱、空调灌注冷媒之前，必须先把冷机内冷媒通道抽真空。因此，在冷媒机充冷媒之前，首先打开由电磁阀 YV2 驱动的快速接头，压缩空气，使针状阀顶开冷机内冷媒通道。然后打开真空阀门，抽真空电动机启动抽真空，真空度满足要求后开始灌液。灌液之前，先把冷媒送入计量缸，计量缸中有驱动装置控制的移动活塞把冷媒注入冷机中。驱动装置由计量电动机、变频调速器、编码器与丝钢组成。冷媒的注入量精度为±1g。变频调速器控制计量电动机的转速，通过带动丝钢的转动使活塞上下移动。丝钢上装了编码器，丝钢转一圈，编码器产生 240 个脉冲，一个脉冲对应 0.14g 冷媒。同时对冷媒通道中的温度和压力进行实时测量和控制，使冷媒注入量的精度不变。

二、控制系统的构成和 PLC 选型

原来的冷媒充填机是由继电器、接触器控制的。经分析，该系统有 21 个输入量，26 个输出量，以上均是开关量信号。除此以外还有 2 路模拟量信号（温度和压力）要测量和控制。冷媒充填机 PLC 控制系统的组成，如图 11-1 所示。

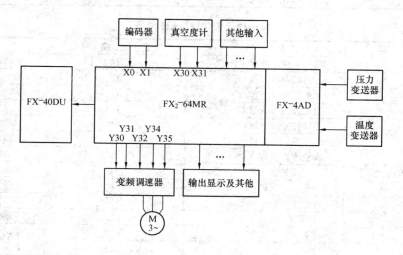

图 11-1 PLC 控制系统的组成

根据系统输入输出的性质和数量，选用 FX_2-64MR 主机加 FX-4AD 4 通道模拟量输入模块的配置，共有 32 点输入，32 点输出，可满足系统输入、输出信号的数量要求。输入信号及 PLC 地址编号见表 11-1。输出信号及 PLC 地址编号见表 11-2。

表 11-1　　　　　　　　　　　　　　输入信号及 PLC 地址编号

输 入 信 号	名　　　称	地 址 编 号	位 置 说 明
SR1	编码器 A	X0	
SR2	编码器 B	X1	
SB1	真空泵开关按钮	X2	手动操作柜内
SB2	计时开关按钮	X3	手动操作柜内
SB3	计量开关按钮	X4	手动操作柜内
SB4	自动开关按钮	X5	手动操作柜内
SB5	手动开关按钮	X6	手动操作柜内
SB6	真空形成按钮	X7	手动操作柜内
SB7	真空度检测按钮	X10	手动操作柜内
SB8	充填检测按钮	X11	手动操作柜内
SB9	抽真空检测按钮	X12	手动操作柜内
SB10	冷媒 1 按钮	X13	手动操作柜内
SB11	冷媒 2 按钮	X14	手动操作柜内
SB12	冷媒 3 按钮	X15	手动操作柜内
SB13	冷媒 4 按钮	X16	手动操作柜内
SB14	冷媒 5 按钮	X17	手动操作柜内
SB15	复位/停止按钮	X20	在面板上
SB16	RUN1 按钮	X21	在面板上
SB17	RUN2 按钮	X23	在注射枪上
SL1	计量缸上限位开关	X24	计量缸上限位
SL2	计量缸下限位开关	X25	计量缸下限位
QS	注射系统故障	X27	
YH1	真空度节点输出 1	X30	
YH2	真空度节点输出 2	X31	

表 11-2　　　　　　　　　　　　　　输出信号及 PLC 地址编号

输 入 信 号	名　　　称	地 址 编 号	位 置 说 明
HL2	真空泵按钮灯（黄）	Y0	手动操作柜内
HL3	计时按钮灯（黄）	Y1	手动操作柜内
HL4	计量按钮灯（黄）	Y2	手动操作柜内
HL5	自动按钮灯（绿）	Y3	手动操作柜内
HL6	手动按钮灯（绿）	Y4	手动操作柜内
HL7	真空形成按钮灯（黄）	Y5	手动操作柜内
HL8	真空度检测灯（黄）	Y6	手动操作柜内
HL9	充填按钮灯（黄）	Y7	手动操作柜内
HL10	抽真空灯（黄）	Y10	手动操作柜内
HL11	冷媒 1	Y11	手动操作柜内
HL12	冷媒 2	Y12	手动操作柜内
HL13	冷媒 3	Y13	手动操作柜内
HL14	冷媒 4	Y14	手动操作柜内
HL15	冷媒 5	Y15	手动操作柜内
HL16	复位灯（红）	Y16	手动操作柜内
HL17	RUN1（绿）	Y17	面板上
HL19	运行等待（绿）	Y21	面板上
YV1	快速接头打开	Y24	手动操作柜内
K5	真空通道关闭	Y25	控制箱内
YV3	真空阀门打开	Y26	控制箱内

输 入 信 号	名 称	地 址 编 号	位 置 说 明
K2	正转	Y30	控制箱内
K3	反转	Y31	控制箱内
K4	高速	Y32	控制箱内
K6	低速	Y34	控制箱内
K7	停转	Y35	控制箱内
KM1	真空泵运转	Y36	控制箱内
K1	蜂鸣器	Y37	控制箱内

三、冷媒机控制程序

冷媒自动充填机的控制流程如图 11-2 所示。

冷媒自动填充机的梯形图程序如图 11-3 所示。

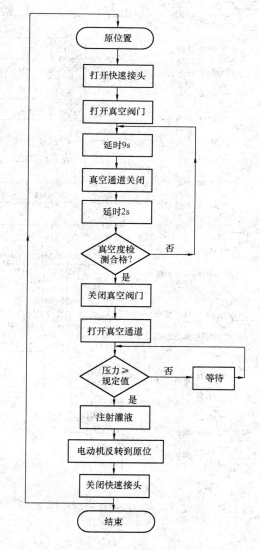

图 11-2 冷媒自动充填机的控制流程

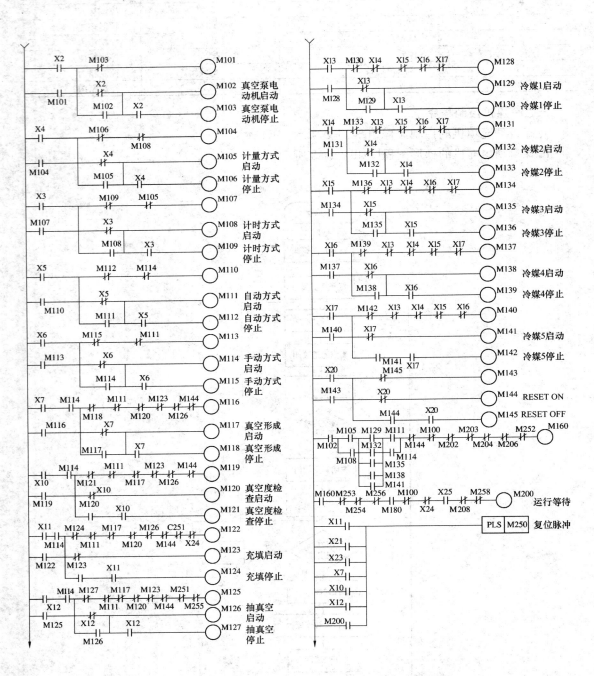

图 11-3　冷媒自动充填机的梯形图程序（一）

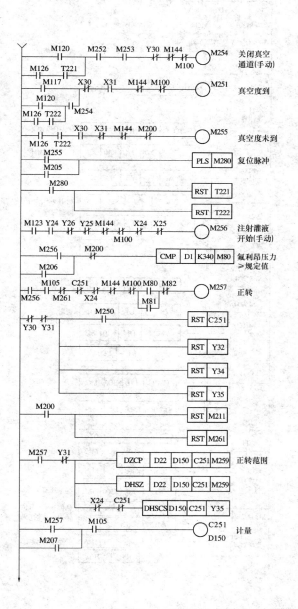
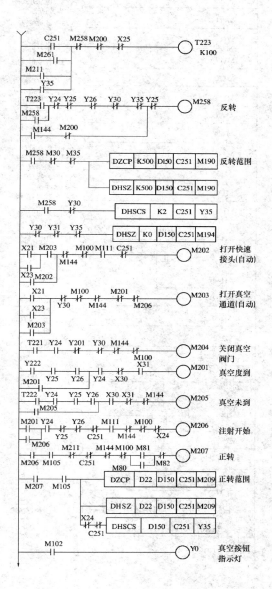

图 11-3 冷媒自动充填机的梯形图程序（二）

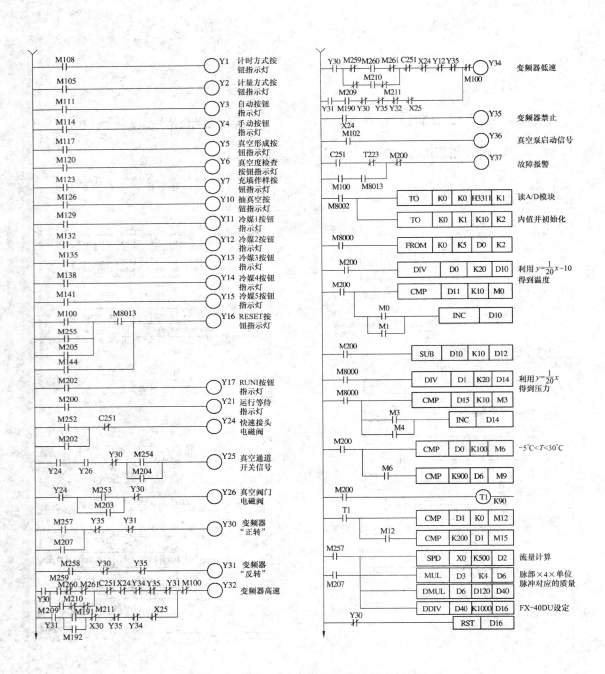

图 11-3　冷媒自动充填机的梯形图程序（三）

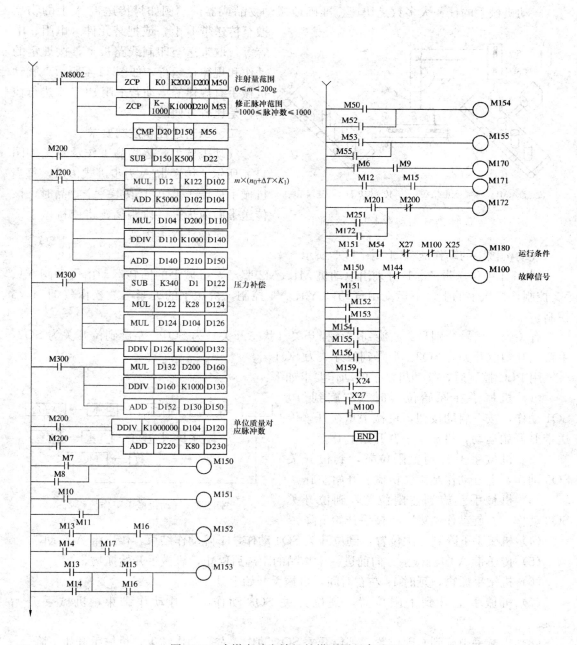

图 11-3　冷媒自动充填机的梯形图程序（四）

第二节　气动机械手的 PLC 控制

一、概述

气动机械手的任务大多数是快速、准确地搬动物品或器件。例如将传送带 A 上的物品搬至传送带 B 上，或把某元件（电阻、电容等）取来送至印制线路板上，按规定的动作和规律在运行，如图 11-4 所示。气动机械手有规律的运动若采用 PLC 来进行控制，是比较方便的。

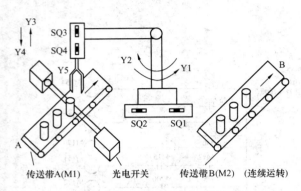

图 11-4　气动机械手搬动物体工作示意图

二、工艺过程和控制要求

气动机械手搬运物品工作示意图如图 11-4 所示。传送带 A 为步进式传送，每当机械手从传送带 A 上取走一个物品时，该传送带向前步进一段距离，将使机械手下一个工作循环取走物品。

气动机械手的动作流程图如图 11-5 所示。

图 11-4 中传送带 A、B 分别由电动机 M1、M2 驱动，机械手的回转运动由气动阀 Y1、Y2 控制，机械手的上、下运动由气动阀 Y3、Y4 控制，机械手的夹紧与放松由气动阀 Y5 控制。

有关到位信号分别是：右旋到位行程开关（状态开关）为 SQ1，左旋到位开关为 SQ2，手臂上升到位开关为 SQ3，下降到位开关为 SQ4。

用 PLC 控制后，气动机械手的动作要求如下：

（1）机械手在原始位置时（右旋到位）SQ1 动作，按下启动按钮，机械手爪松开，传送带 B 开始运动，机械手手臂开始上升。

（2）机械手上升到上限位置，到位开关 SQ3 动作，上升动作结束，机械手开始左旋。

（3）机械手左旋到左限位置，到位开关 SQ2 动作，左旋动作结束，机械手开始下降。

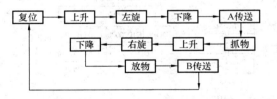

图 11-5　气动机械手工作流程图

（4）机械手下降到下限位置，到位开关 SQ4 动作，下降动作结束，传送带 A 启动。

（5）传送带 A 向机械手方向前进一个物品的距离后停止，机械手开始抓物。

（6）机械手抓物，延时 1s 左右时间，机械手开始上升。

（7）机械手上升到上限位置，到位开关 SQ3 动作，上升动作结束，机械手开始右旋。

（8）机械手中旋到右限位置，到位开关 SQ1 动作，右旋动作结束，机械手开始下降。

（9）机械手下降到下限位置，到位开关 SQ4 动作，机械手松开，放下物品。

（10）机械手放下物品经过适当延时，一个工作循环过程完毕。

（11）机械手的工作方式为单步循环。

三、输入/输出地址表

根据气动机械手的控制要求，PLC 的输入、输出地址表见表 11-3。

表 11-3 气动机械手输入、输出地址表

输入			输出		
器件代号	地址号	功能说明	器件代号	地址号	功能说明
SQ1	X0	回转缸磁性开关	YV1	Y1	气缸右旋
SQ2	X1		YV2	Y2	气缸左旋
SQ3	X2	手臂上/下气缸磁性开关	YV3	Y3	手臂上升
SQ4	X3		YV4	Y4	手臂下降
开关0	X4	单步	YV5	Y5	夹紧与放松
开关1	X5	循环			
开关2	X6	手动启动			
开关3	X7	手动复位			
开关4	X10	手动到原点			
开关5	X11	紧急停止			

四、I/O 电气接口图

气动机械手的 PLC I/O 电气接口图如图 11-6 所示。SQ1~SQ4 4 个磁性开关、开关 0~5 分别接 PLC 的 X0~X7、X10、X11 10 个输入，输出 Y1~Y5 分别接电磁阀的 YV1~YV5。

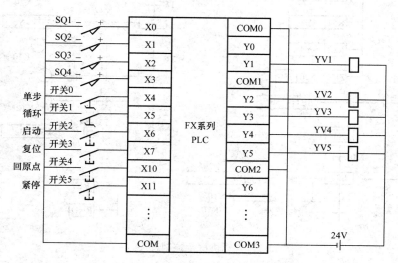

图 11-6 气动机械手的 PLC I/O 电气接口图

PLC 选用 FX 系列任一型号 PLC 均可以。气动控制回路使用时注意如下几点:

(1) 先将气泵启动,待压力到整定值后,可以分别在气阀的两头加上 24V 电压,观察上、下气缸,机械手抓气缸及回旋气缸动作正确与否。如不正确,说明气阀或气缸有问题。

(2) 各部分没有问题,按接口电路图连线,并检查接线正确与否。

(3) 输入程序,检查无误后,开启 24V 电源运行。

五、控制程序

气动机械手的控制程序如图 11-7 所示。由于机械手的动作过程是顺序动作,每一步工艺均是在前一步动作完成的基础上,再进行下一步的操作,所以控制程序采用了步进顺控指令编程方法。此外,气动机械手的启动必须在原位状态下才能启动,故必须使 Y3、Y1、Y4 先断电,使气缸均回到原点状态。程序中使用了 RST Y1、RST Y3、RST Y4 等指令使 Y1、Y3、Y4 复位。

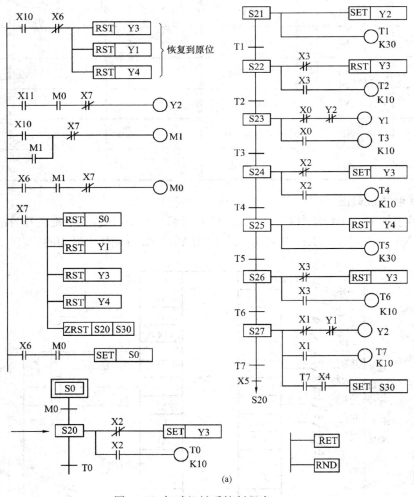

(a)

图 11-7　气动机械手控制程序 (一)

(a) 梯形图;

LD	X10	AND	M0	LD	T2	LDI	X3
ANI	X6	SET	S0	SET	S23	RST	Y3
RST	Y3	STL	S0	STL	S23	LD	X3
RST	Y1	LD	M0	LDI	X0	OUT	T6
RST	Y4	SET	S20	ANI	Y2		K10
LD	X11	STL		OUT	Y1	LD	T6
AND	M0		S20	LD	X0	SET	S27
ANI	X7	LDI	X2	OUT	T3	STL	S27
OUT	Y2	SET	Y3		K10	LDI	X1
LD	X10	LD	X2	LD	T3	ANI	Y1
OR	M1	OUT		SET	S24	OUT	Y2
ANI	X7		T0	STL	S24	LD	X1
OUT	M1		K10	LDI	X2	OUT	T7
LD	X6	LD	T0	SET	Y3		K10
AND	M1	SET	S21	LD	X2	LD	T7
ANI	X7	STL	S21	OUT	T4	AND	X4
OUT	M0				K10	SET	S30
LD	X7	OUT	T1	LD	T4	LD	T7
RST	S0		K30	SET	S25	AND	X5
RST	Y1	LD	T1	STL	S25	OUT	S20
RST	Y3	SET	S22	RST	Y4	RET	
RST	Y4	STL	S22	OUT	T5	END	
ZRST	(FNC40)	LDI	X3		K30		
	S20	RST	Y3	LD	T5		
	S30	LD	X3	SET	S26		
LD	X6	OUT	T2	STL	S26		
			K10				

(b)

图 11-7　气动机械手控制程序（二）

(b) 指令表

第三节　组合机床的 PLC 控制

一、概述

组合机床的控制最适宜采用 PLC 进行控制。图 11-8 所示为某四工位组合机床十字轴示意图。它由四个加工工位组成，每个工位有一个工作滑台，并有一个加工动力头。除了四个加工工位外，还有夹具、上下料机械手和进料装置四个辅助装置以及冷却和液压系统等四部分。

二、加工工艺及控制要求

该组合机床的加工工艺要求加工零件由上料机械手自动上料，上料后，机床的加工动力头同时对该零件进行加工，一次加工完成一个零件，零件加工完毕后，通过下料机械手自动取走加工完的零件。此外，还要求有手动、半自动、全自动三种工作方式。

控制要求具体如下：

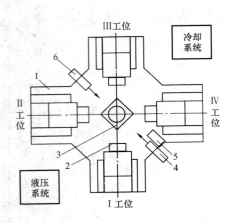

图 11-8　某四工位组合机床十字轴示意图

1—工作滑台；2—主轴；3—夹具；4—上料机械手；5—进料装置；6—下料机械手

（1）上料：按下启动按钮，上料机械手前进将加工零件送到夹具上。到位后夹具夹紧零件，同时进料装置进料，之后上料机械手退回原位，放料装置退回原位。

（2）加工：四个工作滑台前进，其中工位Ⅰ、Ⅲ动力头先加工，Ⅱ、Ⅳ延时一点时间再加工，包括铣端面、打中心孔等。加工完成后，各工作滑台均退回原位。

（3）下料：下料机械手向前抓住零件，夹具松开，下料机械手退回原位并取走加工完的零件。

（1）～（3）完成了一个工作顺环。若在自动状态下，则机床自动开始下一个循环，实现全自动工作方式。若在预停状态，即在半自动状态下，则机床循环完成后，机床自动停在原位。

组合机床的自动工作状态流程如图 11-9 所示。

三、I/O 地址表

四个工位组合机床的输入信号共有 39 个，输出有 21 个，均为开关量，其输入/输出地址编排见表 11-4。

表 11-4　　　　　　　　　　　　　I/O　地　址　编　排

输　入						输　出		
器件号	地址号	功能说明	器件号	地址号	功能说明	器件号	地址号	功能说明
SQ1	X0	滑台Ⅰ原位	SB5	X26	滑台Ⅰ进	YV1	Y0	夹紧
SQ2	X1	滑台Ⅰ终点	SB6	X27	滑台Ⅰ退	YV2	Y1	松开
SQ3	X2	滑台Ⅱ原位	SB7	X30	主轴Ⅰ点动	YV3	Y2	滑台Ⅰ进
SQ4	X3	滑台Ⅱ终点	SB8	X31	滑台Ⅱ进	YV4	Y3	滑台Ⅰ退
SQ5	X4	滑台Ⅲ原位	SB9	X32	滑台Ⅱ退	YV5	Y4	滑台Ⅲ进
SQ6	X5	滑台Ⅲ终点	SB10	X33	主轴Ⅱ点动	YV6	Y5	滑台Ⅲ进
SQ7	X6	滑台Ⅳ原位	SB11	X34	滑台Ⅲ进	YV7	Y6	上料进
SQ8	X7	滑台Ⅳ终点	SB12	X35	滑台Ⅲ退	YV8	Y7	上料退
SQ9	X10	上料器原位	SB13	X36	主轴Ⅲ点动	YV9	Y10	下料进
SQ 10	X11	上料器终点	SB14	X37	滑台Ⅳ进	YV 10	Y12	下料退
SQ 11	X12	下料器原位	SB15	X40	滑台Ⅳ退	YV 11	Y13	滑台Ⅱ进
SQ 12	X13	下料器终点	SB16	X41	主轴Ⅳ点动	YV 12	Y14	滑台Ⅱ退
YJ1	X14	夹紧压力传感器	SB17	X42	夹紧	YV 13	Y15	滑台Ⅳ进
YJ2	X15	进料压力传感器	SB18	X43	松开	YV 14	Y16	滑台Ⅳ退
YJ3	X16	放料压力传感器	SB19	X44	上料器进	YV 15	Y17	放料
SB1	X21	总停	SB20	X45	上料器退	YV 16	Y20	进料
SB2	X22	启动	SB21	X46	进料	KM1	Y21	Ⅰ主轴
SB3	X23	预停	SB22	X47	放料	KM2	Y22	Ⅱ主轴
SA1	X25	选择开关	SB23	X50	冷却开	KM3	Y23	Ⅲ主轴
			SB 24	X51	冷却停	KM4	Y24	Ⅵ主轴
						KM5	Y25	冷却电机

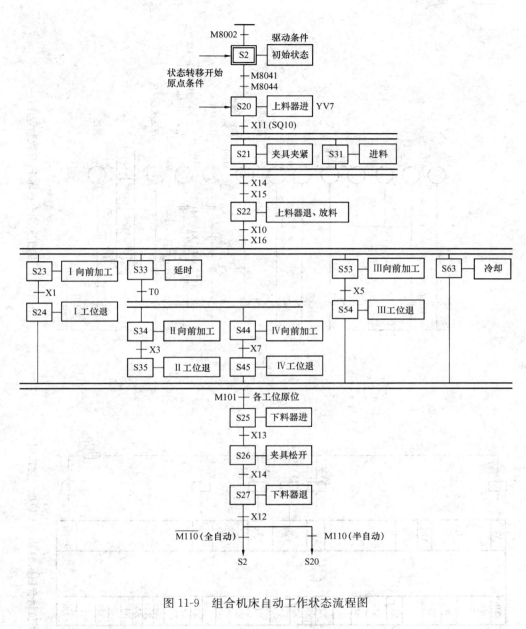

图 11-9　组合机床自动工作状态流程图

四、I/O 电气接口图

根据表 11-4，PLC 外部输入有 12 个位置开关（SQ1～SQ12），有 20 个按钮开关（SB1～SB24），1 个选择开关（SA1），3 个检测开关（YJ1～YJ3）；PLC 外部输出有 16 个电磁阀（YV1～YV16），5 个接触器（KM1～KM5）。其 I/O 电气接口电路如图 11-10 所示。

五、控制程序及说明

根据组合机床的工艺流程、控制要求及程序设计框图，即可设计出该组合机床 PLC 的控制程序，具体如图 11-11 所示。

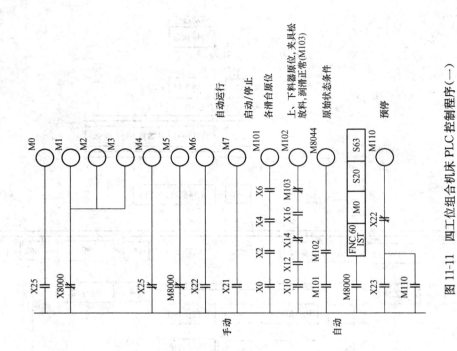

图 11-11　四工位组合机床 PLC 控制程序(一)

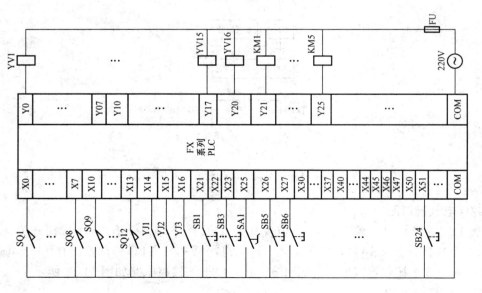

图 11-10　四工位组合机床的 PLC I/O 电气接口图

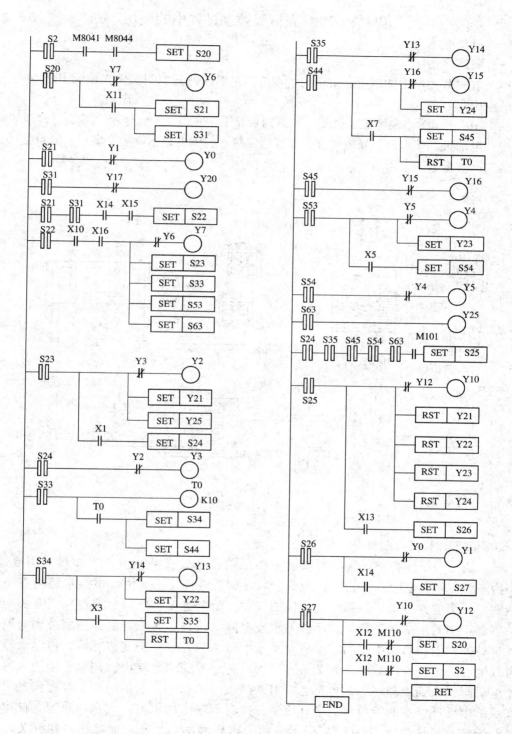

图 11-11　四工位组合机床 PLC 控制程序（二）

第四节　PLC 在恒温控制过程中的应用

一、概述

PLC 在过程控制中的应用是很多的，本节以水温的恒温控制实例来说明 PLC 在过程控制中的应用。

图 11-12 所示为水温恒温控制装置的结构示意图，它包括控制恒温水箱、冷却风扇电动机、搅拌电动机、储水箱、加热装置、温度检测装置、温度显示、功率显示、流量显示、阀门及有关状态指示等。

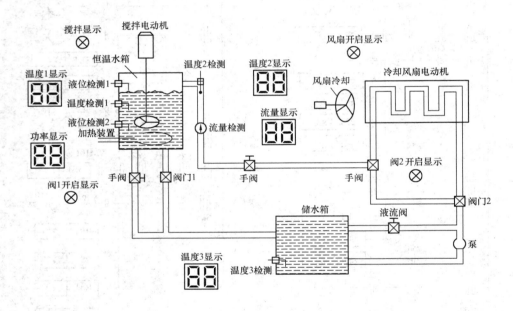

图 11-12　恒温控制装置示意图

二、工艺过程及控制要求说明

本系统是一恒温控制系统，要求设定的恒温箱水温在某一数值。加热采用电加热，功率为 1.5 kW，温度设定范围在 20～80℃之间。在图 11-12 中，恒温水箱内有一个加热装置、一个搅拌电动机、两个液位检测开关、两个温度传感器。液位检测开关为开关量传感器，测量水的水位高低，反映无水或水溢出状态。两个温度传感器分别为测量水箱入口处的水温和水箱中水的温度。储水箱中，也装有一个温度传感器。恒温水箱中的水可以通过一个电磁阀或手动开关阀（手阀）将水放到储水箱中。储水箱中的水可通过一个电磁阀引入到冷却器中，也可直接引入到恒温水箱中。水由一个水泵提供动力，使水在系统中循环。水的流速由流量计测量。恒温水箱中的水温，入水口水温，储水箱中水温、流速及加热功率均有 LED 显示。两个电磁阀的通、断，搅拌和冷却开关均有指示灯显示。

控制系统控制过程：当设定温度后，启动水泵向恒温水箱中进水，水上升到液位后（一定的位置），启动搅拌电动机，测量水箱水温并与设定值比较；若温度差小于 5℃，要采用 PID 调节加热。当水温高于设定值 5～10℃时，要进冷水。当水温在设定值 0～5℃范围内，仍采用 PID 调节加热。当水温高于设定值 10℃以上时，采用进水与风机冷却同时进行的方法实现降温控制。此外对温度、流量、加热的电功率要进行实测并显示。若进水时无流量或加热、冷却时水温无变化时应报警。

三、I/O 地址表

本系统的输入信号有启动开关、停止开关、液位开关、流量检测开关、温度传感器等。输出信号控制的对象有水泵、水阀、冷却风机、搅拌电动机、加热装置、状态显示、温度显示等。采用 FX 系列 PLC 控制，其 I/O 地址见表 11-5。

表 11-5

I/O 地 址

信号名称	器件代号	地址编号	功 能 说 明
输入信号	SB1	X10	系统启动开关
	SB2	X15	系统停止开关
	SQ1	X11	上液位开关（过程控制箱内）
	SQ2	X12	下液位开关（水箱内）
	SP	X5	流量检测开关
输出信号	KA1	Y0	启动泵
	YV1	Y1	水电磁阀 1
	YV2	Y2	水电磁阀 2
	KA2	Y3	冷却风机
	KA3	Y4	搅拌电动机
	KA4	Y5	加热装置
	HL	Y7	报警指示灯
	8421 码	Y10～Y17	显示数据用

信 号 名 称	器 件 代 号	地 址 编 号	功 能 说 明
输 出 信 号	C1	Y20	温度显示 1LED 信号地址
	C2	Y21	温度显示 2LED 信号地址
	C3	Y22	温度显示 3LED 信号地址
	C4	Y23	流量显示 LED 信号地址
	C5	Y24	功率显示 LED 信号地址

此外，测量温度的输入量为模拟电压值，输入有温度 T_1、T_2、T_3，功率输出也是模拟量。因此，本系统选用了 FX$_{0N}$-3A 模拟量特殊功能模块（2 组 A/D，1 组 D/A）及一台 FX$_{0N}$-60MR PLC（输入为 36 点/输出为 24 点）。

四、I/O 电气接口图

根据本系统的控制要求，其 I/O 电气接口图如图 11-13 所示。

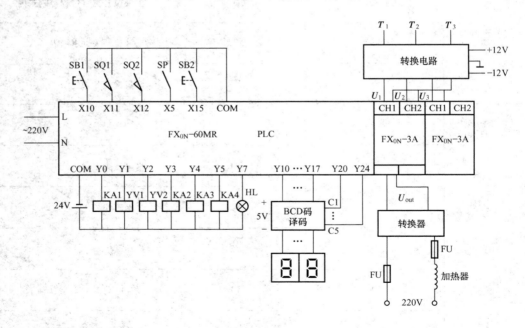

图 11-13　恒温控制的 PLC I/O 电气接口图

五、控制程序及说明

系统控制程序流程如图 11-14 所示，参考程序如图 11-15 所示。程序中用到的 PLC 内部数据存储器功能：D54 为温度设定值；D4 为加热水温；D14 为流水温度；D24 为储水箱水温；D34 为水流速度；D44 为加热功率。

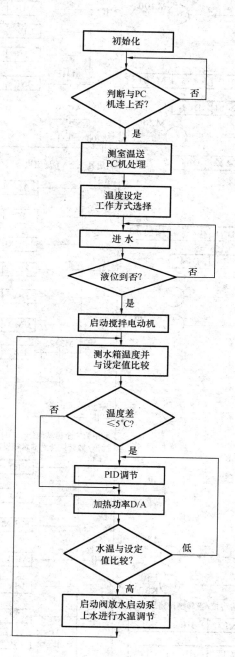

图 11-14　恒温控制程序流程图

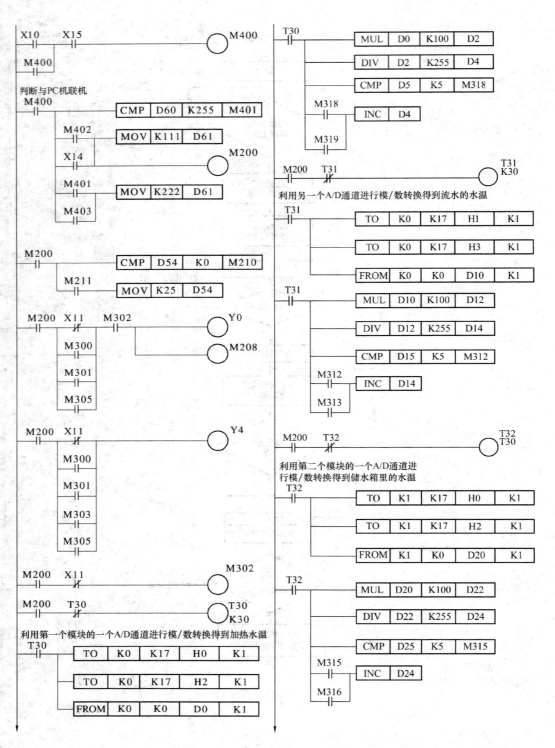

图 11-15　恒温控制参考程序（一）

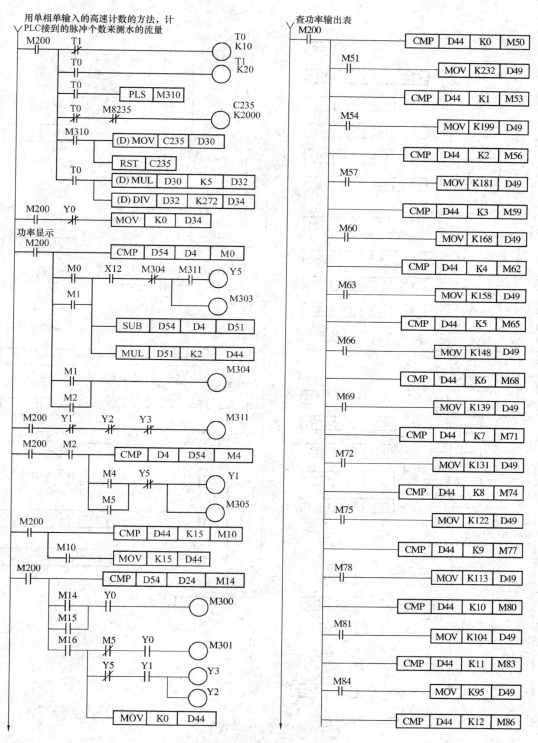

图 11-15 恒温控制参考程序（二）

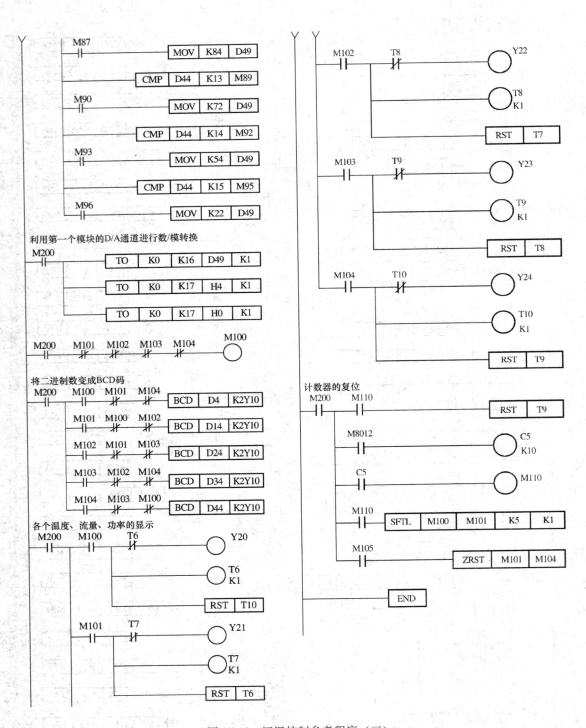

图 11-15   恒温控制参考程序（三）

习题及思考题

11-1　PLC 控制系统设计一般分为几步？

11-2　PLC 控制系统的 I/O 点数如何确定？

11-3　在冷加工生产线上有一个钻孔动力头，该动力头的加工过程如图 11-16 所示，其控制要求如下：

（1）动力头在原位，按下启动按钮，接通电磁阀 YV1、动力头快进。

（2）动力头碰到限位开关 SQ1 后，接通电磁阀 YV1 和 YV2，动力头由快进转为工进。

（3）动力头碰到限位开关 SQ2 后，开始延时 10 s。

（4）延时时间到，接通电磁阀 YV3，动力头快退。

（5）动力头回到原位后，停止。

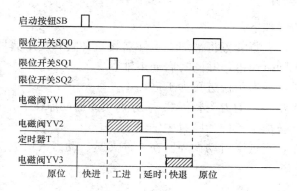

图 11-16　题 11-3 图

11-4　设计用 PLC 控制交流电动机 Y/△启动控制的电路，画出主电路图、I/O 地址表、电气接口图、梯形图。

11-5　某一箱体加工专用机床的 PLC 控制要求如下：

（1）如图 11-17 所示为箱体加工专用机床的结构与加工示意图。该机床是用来专门加工

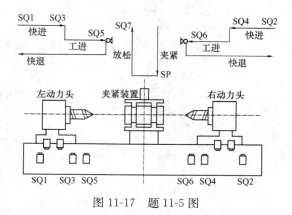

图 11-17　题 11-5 图

箱体两侧的,其加工方法是先将箱体通过夹紧装置夹紧,再由两侧左、右动力头对箱体进行加工。当加工完毕,动力头快速回原位,此时再松开加工件,又开始下一循环。

(2) 图 11-17 中,左、右动力头主轴电动机功率为 2.2 kW,进给运动由液压驱动,液压泵电动机功率为 3kW。动力头和夹紧装置的动作由电磁阀控制,电磁阀通断情况见表 11-6。

表 11-6　　　　　　　　　　　　　　**题 11-5 表**

动作过程	左动力头		右动力头		夹紧装置		
	YV1	YV2	YV3	TV4	YV5	YV6	YV7
上、下料	−	−	−	−	−	−	−
快　进	+	−	+	−	−	−	+
工　进	+	+	+	+	+	−	+
停　留	−	−	−	−	−	−	+
快　退	−	+	+	−	−	+	+

注　−表示不通;+表示接通。

专用机床的工作步骤如下:

(1) 按下启动按钮,夹紧装置将被加工工件夹紧,夹紧后发出信号。

(2) 左、右动力头同时快进,并同时启动主轴。

(3) 到达工件附近,动力头快进转为工进加工。

(4) 加工完毕后,左、右动力头暂停 2s 后分别快速退回原位。

(5) 夹紧装置松开被加工工件,同时主轴停止。

以上 5 步连续工作,实现半自动循环。在工件夹紧、动力头快进、动力头快退及电源接通均有信号指示。

第十二章 PLC 实验技术

第一节 PLC 基本实验

实验1 PLC 认识及编程操作实验

一、实验目的

（1）认识可编程控制器，了解 PLC 的输入、输出地址编号。

（2）熟悉 FX 系列 PLC 编程器的面板及其操作。

（3）熟悉 PLC 实验台的结构及使用方法。

（4）学会 PLC 编程器指令的写入、读出、插入和删除等基本操作方式。

二、实验原理和电路

可编程控制器是微机技术和继电器常规控制概念相结合的产物，是在顺序控制器和微机控制器的基础上发展起来的新型控制器，是一种以微处理器为核心的用作数字控制的特殊计算机，因此它的硬件配置与一般微机装置类似。PLC 主要由中央处理器、存储器、输入接口电路、输出接口电路、电源及编程器等组成。PLC 可编程控制器是以顺序执行存储在它的存储器中的程序来完成其控制功能的。根据生产工艺要求编制出来的控制程序，通过一定方式输入到 PLC 中并经过调试修改后成为可执行的控制程序。

1. 编程器

将程序输入到 PLC 中有两种方法：一种方法是通过编程器，另一种方法是通过计算机。编程器一般包括显示部分和键盘部分，显示部分一般用液晶显示器（也有少量的用 LED 显示），主要显示的内容包括地址、数据、工作方式、指令执行情况及系统工作状态等。键盘有单功能和双功能键。编程器各按键及其功能具体为：数字键，由 0～9 共 10 个键组成，用以设置地址号和继电器、计数器和定时器的设定值；指令、符号键，用以键入各种指令的操作数，有的用助记符表示，有的用图形表示；编程用键，用以进行写入、读出、删除和插入程序，以及搜索或显示已输入程序中的某一个逻辑功能。随着编程器功能的扩展，还可能有其他的操作键，如数据操作键、转换功能键等。

编程器的工作方式有两种，即编程工作方式和运行工作方式。不同厂家有时工作方式的叫法不同，如命令方式、加载工作方式等。编程工作方式主要是将 PLC 程序以指令的方式逐条输入到 PLC 中进行编辑；运行工作方式主要是 PLC 按控制程序执行程序，同时也对 PLC 工作状态进行监视和跟踪。

计算机编程是采用 PLC 专用软件进行的程序编辑、上传、下载等。三菱 PLC 的专用编程软件名称为 GX Developer。

2. 可编程序控制器

三菱 FX 系列 PLC 是小型机种，输入/输出点数可从 10 点～256 点，具体型号有 FX0S、FX0N、FX_2、FX_{2N}、FX_{3U}、FX_{3G}、…等。输入/输出地址编号以八进制表示，其中输入端编号从 X000、X001、…开始，输出从 Y000、Y001、…编号开始。输入接口电路连接有直流方式或交流方式；输出接口电路有继电器方式，晶体管方式和晶闸管方式。输入、输出接口电路分别如图 12-1 和图 12-2 所示。

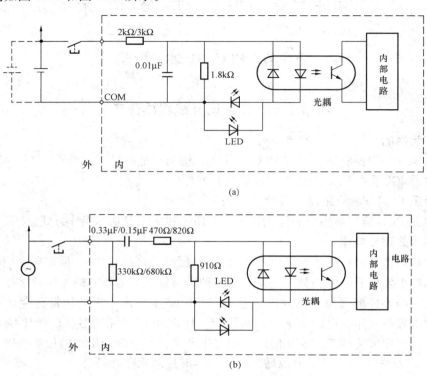

图 12-1　输入接口电路图
（a）直流方式；（b）交流方式

PLC 的基本单元电源输入规格有交流型和直流型两种，一般交流电源为 AC 100～240V，直流为 DC 24V。

三、实验内容及步骤

1. PLC 认识实验

PLC 的实验台或学习装置离不开 PLC 主机及编程器。本书实验所采用的是 FX 系列 PLC 组成的实验台，其面板结构如图 12-3 所示。它分别由①PLC 主机、②交流电源输入、③输入模拟开关、④主机输入输出端口、⑤输出负载指示、⑥直流稳压电源、⑦编程器和⑧编程电缆八大部分组成。在图 12-3 中：

①为 PLC FX0S-30MR 型，它的输入/输出已引到④这一位置，输入/输出共 30 点，其中输入为 16 点（直流输入），从 X0～X7、X10～X17；输出为 14 点，从 Y0～Y7、Y10～Y15，输出方式为继电器方式。

②为电源部分，含有交流 220V 输入插座、开关及熔丝座，它为整个实验台提供电源。

③为输入模拟开关，共 16 只，分二组，每组 8 个。

④为 PLC 主机输入输出端，其中输入 X0～X7、X10～X17 的公共端为 COM，而输出端对应的公共端分别是 Y0、Y1 与 COM0，Y2、Y3、Y4、Y5 与 COM1，Y6、Y7、Y10、Y11 与 COM2，Y12、Y13、Y14、Y15 与 COM3。

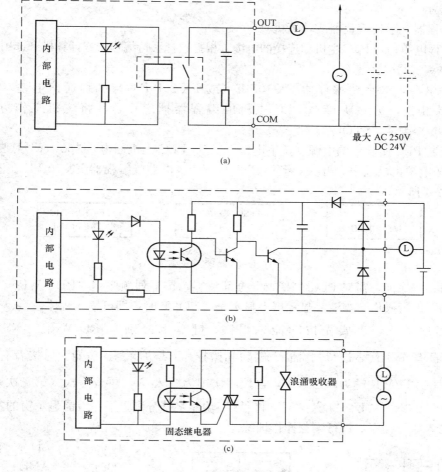

图 12-2　输出接口电路图

（a）继电器方式；（b）晶体管方式；（c）晶闸管方式

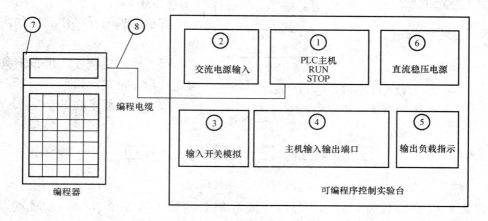

图 12-3　PLC 实验台面板结构框图

⑤为输出负载指示，它含有指示灯 2 个，发光二极管指示灯 14 个，DC 24V 继电器 4 个。

⑥为直流稳压电源，输出为 24V，最大负载电流为 3A。此外，这部分还含有蜂鸣器、

LED 数码显示。

⑦为编程器（手持编程器或计算机）。

⑧为编程电缆，与 PLC 主机相连接的电缆（根据选择手持编程器或计算机来选用电缆）。

2. 手持编程器基本操作

(1) 关电源，将手持编程器 FX-10P-E（或 FX-20P-E）与编程通信电缆（FX-20P-CAB0）一头相连，另一头接至 PLC 主机的编程器插座中，并将主机工作方式选择（STOP/RUN）拨至"STOP"位置。

(2) 接通 PLC 实验台的电源（按下电源开关），PLC 主机通电，"power"灯亮（24V/3A 直流稳压电源也已通电，开关打到"ON"有输出），手持编程器 FX-10P-E 在液晶窗口显示如图 12-4 所示。

图 12-4　液晶窗口显示

(3) 写入程序前，需对 PLC "RAM"全部清零，按下列顺序键"RD－WR－NOP－A－GO－GO"进行操作。当液晶显示屏上显示全"NOP"时，即可输入程序。

(4) 程序输入，需要先按功能编辑键，键盘上分别有 RD/WR 、 INS/DEL 和 MNT/TEST 等分别代表读/写、插入/删除和监控/测试功能。其功能为后按者有优先权。例如第一次按 RD/WR 键为读出为 R，再按一次即为写入 W，再按一次（第三次）又变为读出 R。"W"、"R"、"I"、"D"、"M"和"T"功能字符分别显示在液晶显示窗的左上角。

(5) 输入如下程序，进行编程操作训练。

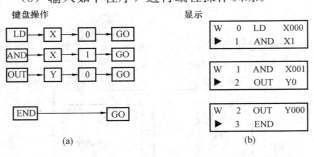

图 12-5　键盘编程操作及窗口显示
(a) 键盘编程操作；(b) 窗口显示

```
0000    LD     X0
0001    AND    X1
0002    OUT    Y0
0003    END
```

实现键盘编程操作顺序如图 12-5 所示。

(6) 输入完程序，可按下列操作键进行程序检查，如图 12-6 所示。

(7) 验证程序的正确性：

1）将 PLC 实验台模拟输入开关

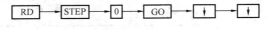

图 12-6　程序检查

区③的开关 0、1 及公共端 C 分别用导线连接至 PLC 的输入端 X0、X1 和 COM 端，如图 12-7 所示。

2）输出端驱动 LED 发光二极管指示灯，接线如图 12-7 所示。

3）PLC 主机的"RUN/STOP"开关切换至"RUN"位置。

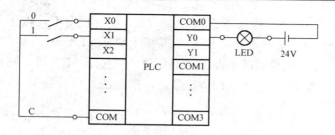

图 12-7　PLC 输入/输出接线图

4）合上 X1 和 X2 开关输入信号，观察 Y0 的输出，其结果应符合表 12-1。

表 12-1 输入/输出状态表

状　态	输　入		输　出
	X0	X1	Y0
1	0	0	0
2	0	1	0
3	1	0	0
4	1	1	1

（8）指令的删除及插入操作。按 ↑ ↓ 键，从起始地址向下或从结束地址向上检查输入的程序。如果发现程序有错，只需在错误的语句上写入正确的语句就行了。而插入或删除指令，则需进行功能切换，具体操作如下：

1）删除指令操作：在检查程序操作时，若发现需要删除的指令时，可在这条指令上停下，然后按 INS/DEL 功能键，当编程器液晶显示屏左上方出现"D"时，按下 GO 键即可删除当前行的指令，如图 12-8（a）所示。

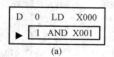　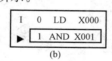　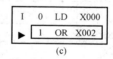

（a）　　　　　　　　　　（b）　　　　　　　　　　（c）

图 12-8　指令的删除与插入

（a）指令删除界面；（b）指令插入前界面；（c）指令插入后界面

2）插入指令操作：当需要插入指令时，可在 PLC 主机处于非"运行"状态（即 STOP）时，按下 INS/DEL 功能键，使编程器液晶显示屏左上角上出现"▶"字符，如图 12-8（b）所示，此时即可输入需要插入的指令，如插入 OR X002，则编程器的显示如图 12-8（c）所示，同时当前行也下移一条。

（9）监控与测试：

1）监控状态。PLC 输入、输出点及内部继电器的状态（ON/OFF）可通过编程器观察到。例如，要观察 X0、X1 及 Y1 状态，其操作步骤见表 12-2。

当 X0、X1 接通时，将在液晶显示器中元件号前面有小方块"■"显示，Y0 输出显示也有"■"这一方块，有"■"代表状态为"1"，无"■"则代表状态为"0"。其余内部元器件状态监控操作方法类同。

2）测试状态。测试功能是由编程器对 PLC 位元件的触点和线圈进行强制 ON/OFF，以及对常数的修改，其操作过程如下：PLC 在 "STOP" 状态下，按下 MNT/TEST→SP（空格键）→Y→0→GO→↓→↓ 键，则显示屏幕上显示 **M** Y000、Y001、Y002 和 Y003，再按下 MNT/TEST 键，则显示屏上左上角显示 **T**，如按下 SET 键，则此时 Y003 为 ON，Y003 前有 "■" 亮，且 PLC 主机上的 Y3 灯亮，按此法，可分别对 Y002、Y001 和 Y000 置成 ON。

表 12-2　　　　　　　　　　　　　监控操作步骤表

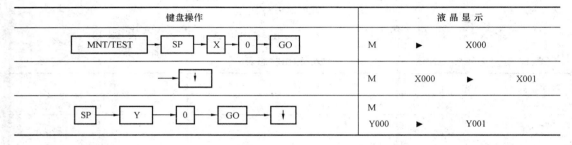

键盘操作	液晶显示
MNT/TEST → SP → X → 0 → GO	M　　　▶　　　X000
→ ↓	M　　　X000　　　▶　　　X001
SP → Y → 0 → GO → ↓	M Y000　　　▶　　　Y001

3. 编程操作

(1) 输入下列程序，进行编程器操作训练，梯形图及指令表如图 12-9 所示。

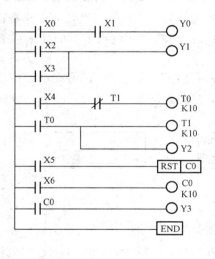

地址	指令	数据
000	LD	X000
001	AND	X001
002	OUT	Y000
003	LD	X002
004	OR	X003
005	OUT	Y001
006	LD	X004
007	ANI	T1
008	OUT	T0
009		K10
011	LD	T0
012	OUT	T1
013		K10
015	OUT	Y002
016	LD	X005
017	RST	C0
019	LD	X006
020	OUT	C0
021		K10
023	LD	C0
024	OUT	Y003
025	END	

(a)　　　　　　　　　　　　　　　(b)

图 12-9　梯形图及指令表

(a) 梯形图；(b) 指令表

(2) 键盘操作与显示如图 12-10 所示，输入图 12-9 所示程序，输入完程序，按下图 12-11 所示操作键，即可读出程序，进行检查。

或者按下 OTHER 键，出现 PROGRAM CHECK，再按下 GO 键，若出现 PROGRAM CHECK NO ERROR，说明程序无语法等错误，编辑通过。若有错误，则会指出错误性质或种类。

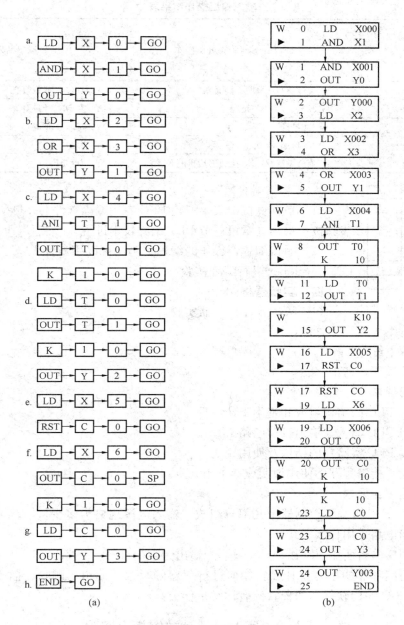

图 12-10 键盘操作与显示
(a) 键盘操作；(b) 显示

（3）执行程序：

1）关电源，按图 12-12 输入接线图，验证输入 RD → STEP → 0 → GO → ↓
程序的正确性。

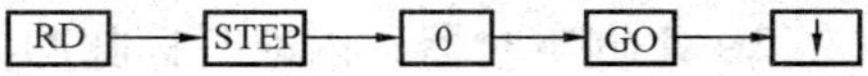

2）接线检查无误后，接通电源，将 PLC 的

图 12-11 程序检查

"RUN/STOP" 开关切换到 "RUN" 位置，按表 12-3 操作模拟输入开关，观察输出结果是否正确。如果操作结果不是表上的结果，说明程序输入有错误或者接线有误。

表 12-3　　　　　　　　　　　　　　　**输入输出操作结果表**

操作状态与结果　　　　　　　步骤	输入模拟开关操作	输出结果
a	X0、X1 开关均为接通	Y0 为 ON LED 灯亮
b	X2 或 X3 开关接通	Y1 为 ON LED 灯亮
c	X4 接通	Y2 闪烁（每隔 1s 闪一次）
d	X6 接通 10 次	Y3 为 ON
e	有 Y3 亮后，X5 接通然后再断开	Y3 为 OFF

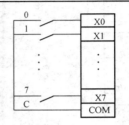

图 12-12　输入接线图

4. 计算机编程操作

（1）在计算机中装入三菱 PLC 专用编程软件 GX Developer，操作步骤按本书第九章第一节 PLC 编程技术进行。

（2）手持编程器操作的编程实例均可以用三菱 PLC 专用编程软件 GX Developer 进行编程实验。

四、实验器材

（1）可编程序控制器实验台，1 台；

（2）手持编程器或计算机，1 台；

（3）编程电缆，1 根；

（4）连接导线，若干。

五、预习要求

（1）复习 PLC 的结构组成和基本工作原理。

（2）复习 PLC 输入、输出接口电路。

（3）阅读 PLC 实验台的结构及使用说明。

（4）阅读手持编程器的使用说明或本书第九章。

六、实验报告要求

（1）说明 PLC 可编程控制器由几部分组成？输入电源规格为多少伏？输入电路采用什么方式？输出电路采用什么方式？

（2）说明实验台所用 PLC 的型号，输入/输出为多少点？

（3）手持编程器的型号是什么？如何进行程序的写入、读出、删除、插入、监控和测试？或采用 PLC 编程软件，编程软件名称又是什么？

实验 2　定时器、计数器指令实验

一、实验目的

（1）掌握定时器、计数器指令的格式及编程方法。

（2）掌握定时器、内部时标脉冲参数的设置。

（3）掌握计数器、定时器的功能及定时应用技巧。

二、实验原理和电路

定时器是用于计时用的器件，当设定的时间到了，定时器的触点就会产生输出。通过编写程序可以设定定时器的时间，从而达到控制定时器触点的输出。

　　计数器是用来计数的器件，当设定的数值到了，计数器的触点就会产生输出。通过编写程序可以设定计数器的数值，当计数的脉冲达到设定的数值时，就控制定时器触点的输出。

　　1. 定时器指令

　　FX0S 系列 PLC 有定时器 56 个，编号从 T0～T55，定时器的时标为 100ms（即 0.1s），每个定时器的定时范围为 0.1～3276.7s（因为字长为 16 位），定时器每条指令占用步长为 3 步。

　　当特殊继电器 M8028 置"1"时，定时器 T0～T31 仍为 0.1s 时标脉冲；T32～T55 时标脉冲为 10ms（即 0.01s），使用时要注意这一点。定时器指令格式如图 12-13 所示。当 X0 合上时，定时器 T0 开始定时，当定时到 K50 时（即 5s），T0 触点输出为"1"，T0 把 Y0 接通，Y0 有输出。

　　对于其他类型的 FX 系列 PLC（如 FX2N/FX3U 等），定时器的个数均不一样。使用时可参考有关操作手册。

　　2. 计数器指令

　　FX0S 系列 PLC 的计数器为 16 个，其中普通型为 C0～C13 共 14 个，带掉电保护型的为 C14、C15 计 2 个。每个计数器为 16 位，所以计数范围在 1～32767 之间。该指令占步数是 3 步。其指令格式及功能如图 12-14 所示。

　　对于其他类型的 FX 系列 PLC，计数器的个数均不一样，使用时可参考有关操作手册。

三、实验内容及步骤

　　1. 定时器指令实验

　　【例 12-1】　定时器指令应用程序如图 12-15 所示。当 X0 合上时，定时器 T0 开始定时，定时器 T0 定时到，T0 触点闭合，T1 定时器 T0 开始定时，同时 Y0 有输出。定时器 T1 定时到，T1 触点闭合，T0 线圈与触点断开，Y0 无输出。

　　（1）输入图 12-15 所示程序。

　　（2）检查程序，使其正确。

　　（3）运行程序，观察输出结果。当 X0 合上，Y0 每隔 1s 闪一次，说明 T1、T0 的定时时基脉冲为 100ms（0.1s），计 10 次为 1s。

　　【例 12-2】　定时器指令应用程序如图 12-16

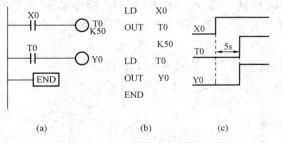

图 12-13　定时器指令的功能说明
(a) 梯形图；(b) 指令表；(c) 波形图

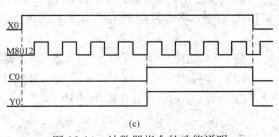

图 12-14　计数器指令的功能说明
(a) 梯形图；(b) 指令表；(c) 波形图

所示。当 X0 合上时，M8028＝1，定时时基脉冲发生变化，为 0.01s。当 X0 断开时，M8028＝0，定时时基脉冲为正常值（0.1s）。

（1）输入图 12-16 所示定时器指令实验程序，并检查使其正确。

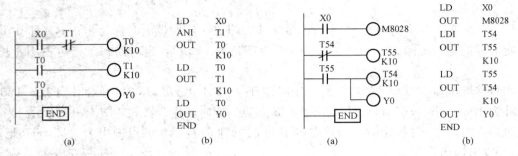

图 12-15　［例 12-1］定时器指令实验程序　　　图 12-16　［例 12-2］定时器指令实验程序
（a）梯形图；（b）指令表　　　　　　　　　　　（a）梯形图；（b）指令表

（2）运行程序，观察输出结果，当 X0 合上（ON），Y0 每隔 0.1s 闪一次。当 X0 断开（OFF），Y0 每隔 1s 闪一次，说明了 M8028 控制 T32～T55 的定时时基脉冲。

2. 计数器指令实验

（1）输入图 12-17 所示计数器指令实验程序，并检查使其正确。

（2）运行该程序，观察输出结果。当 X1＝0，X0 合上计 10 次，Y0 有输出（ON）；当 X1＝1，再把 X0 合上计 10 次，Y0 无输出，计数器的工作波形如图 12-18 所示。

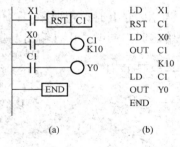

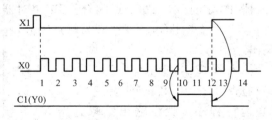

图 12-17　计数器指令实验程序　　　　　　　图 12-18　计数器工作波形
（a）梯形图；（b）指令表

3. 定时器/计数器综合实验

定时器/计数器综合应用可取得各种不同的功能。输入下列图 12-19 所示程序，观察输出结果。X0 为控制信号，X1 为 C0 的复位信号，当 X0＝1 时，Y0 为 1s 脉冲发生器。

（1）输入图 12-19 所示，定时器/计数器综合实验程序，并检查使其正确。

（2）运行程序。X0＝ON 时，Y0 每隔 1s 闪一次，C0 对 Y0（T0）计数，当计到 10 次时，C0＝1（ON），Y1 有输出"1"

（3）X1＝ON 时，计数器清零，Y1＝"0"。

四、实验设备

（1）可编程序控制器实验台，1 台；

（2）手持编程器或计算机，1台；

（3）编程电缆，1根；

（4）连接导线，若干。

五、预习要求

（1）复习可编程控制器定时器、计数器指令格式、功能与编程方法。

（2）了解定时器、计数器指令的作用。

（3）阅读 PLC 可编程控制器实验台的结构及使用说明。

（4）阅读编程器的使用说明与编程软件说明。

六、实验报告要求

（1）按一定格式写出实验报告。

（2）画出本次实验中定时器与计数器的输入/输出波形。

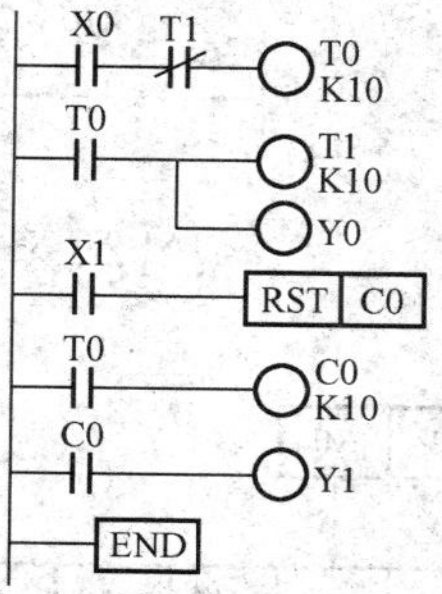

(a)

LD	X0
ANI	T1
OUT	T0
	K10
LD	T0
OUT	T1
	K10
OUT	Y0
LD	X1
RST	C0
LD	T0
OUT	C0
	K10
LD	C0
OUT	Y1
END	

(b)

图 12-19　定时器/计数器综合实验程序

（a）梯形图；（b）指令表

实验 3　移位寄存器指令的应用实验

一、实验目的

（1）掌握功能指令右移 SFTR（FNC34）、左移 SFTL（FNC35）指令的编程和使用方法。

（2）掌握移位指令的功能。

（3）能够应用移位指令实现有关控制。

二、实验原理和电路

通过编写移位寄存器指令，既可以实现使位元件状态向左移或向右移的功能，也可以实现使字元件的状态向左移或向右移的功能。

移位寄存器指令是 PLC 可编程序控制器的一种非常有用的指令，掌握好这条指令的功能，对 PLC 的编程技巧是很有帮助的。三菱 FX 系列 PLC 有使位元件状态向左移或向右移的功能，也有使字元件的状态向左移或向右移的功能，本实验中仅进行位元件状态向左移或向右移指令功能的实验。

1. 右移指令（SFTR）

右移（SFTR）指令格式如图 12-20（a）所示，其指令代号为 FNC34。该指令中 S1 代表源数据，D 表示目的数据，n1 代表移位寄存器长度，n2 表示一次移位的字长。当 X10 为第一次合上时，相应的 X3、X2、X1 和 X0 送 M15、M14、M13 和 M12，且每组均向右移 4 位，每次 4 位向前移一次。即 5→4→3→2→1，1 溢出；当 X10 第二次合上重复上述右移功能，每次 4 位向前移一次。其功能如图 12-20（b）所示。

图 12-20（a）中 K16 指 16 位，即 M0～M15；K4 指 4 位，即 X0～X3。

（1）若用右移移位指令实现表 12-4 所示真值表的功能，则其相应的控制程序如图 12-21 所示。

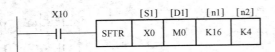

S1：X0～X4 D1：M12～M15 n1：16位 n2：4位

(a)

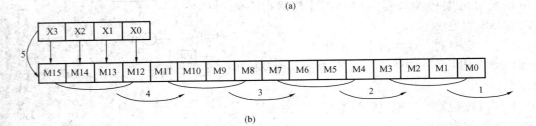

(b)

图 12-20 右移（SFTR）指令格式及功能示意图

(a) 指令格式；(b) 功能示意图

表 12-4　　　　　循环右移移位真值表

脉 冲	Y3	Y2	Y1	Y0
0	0	0	0	0
1	1	0	0	0
2	1	1	0	0
3	1	1	1	0
4	1	1	1	1
5	0	1	1	1
6	0	0	1	1
7	0	0	0	1

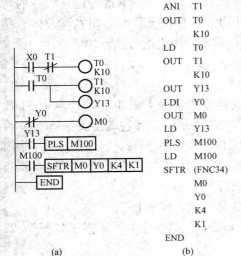

(a)

图 12-21 控制程序图

(a) 梯形图；(b) 指令表

```
LD    X0
ANI   T1
OUT   T0
      K10
LD    T0
OUT   T1
      K10
OUT   Y13
LDI   Y0
OUT   M0
LD    Y13
PLS   M100
LD    M100
SFTR  (FNC34)
      M0
      Y0
      K4
      K1
END
```

(b)

在图 12-21 程序中，将 $\overline{Y0}$ 送至 M0，M0 再送至 Y3，然后每隔 1s 向前移一次。秒脉冲由 Y13 产生，且再经微分指令 PLS 作用后，由 M100 去控制右移移位寄存器移位。其移位功能示意框图如图 12-22 所示。

(2) 若将送至 M0 的状态 $\overline{Y0}$ 改成 $\overline{Y0}$、$\overline{Y1}$、$\overline{Y2}$ 和 $\overline{Y3}$ 相与的关系，则输出真值表如表 12-5 所示，控制程序如图 12-23 所示。

(3) 如果将移位寄存器的位数增加至 8 位（n1 =8），即 K4 改成 K8，则移位输出的状态将是 Y7～Y0 进行右移循环移位。

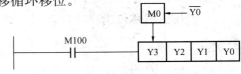

图 12-22 右移移位功能示意框图

表 12-5		循环右移输出真值表	
Y3	Y2	Y1	Y0
0	0	0	0
1	0	0	0
0	1	0	0
0	0	1	0
0	0	0	1

2. 左移指令

左移（SFTL）指令格式如图 12-24（a）所示，其指令代号为 FNC35。指令中 S1、D1、n1、n2 意义同右移指令。

当 X0 第一次脉冲到来时 M15～M12（4 位）移出，同时整个 16 寄存器中，每 4 位作为一个单元向前移动一次，X3、X2、X1 和 X0 送最低 4 位 M3、M2、M1 和 M0；当 X0 第二次脉冲到来时，再重复上述左移功能，每次 4 位一组向左移位，其功能如图 12-24（b）所示。

若用左移指令实现表 12-6 所列真值表的功能，则其相应的控制程序如图 12-25 所示。

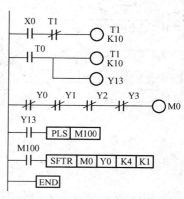

图 12-23 实现表 12-5 循环右移的控制程序

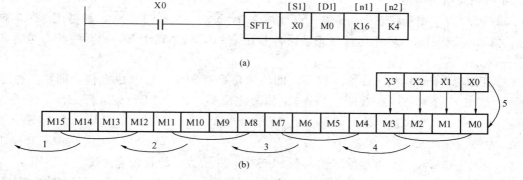

(a)

(b)

图 12-24 左移（SFTL）指令格式及功能示意图
（a）指令格式；（b）功能示意图

表 12-6		循环左移移位真值表		
	Y3	Y2	Y1	Y0
0	0	0	0	0
1	0	0	0	1
2	0	0	1	1
3	0	1	1	1
4	1	1	1	1
5	1	1	1	0
6	1	1	0	0
7	1	0	0	0

程序中将 $\overline{Y3}$ 送 M0，M0 再送到 Y0，然后每隔 1s 向前移 1 次。秒脉冲由 S1 产生，且再经微分指令 PLS 作用后，由 M100 去控制左移移位寄存器移位。

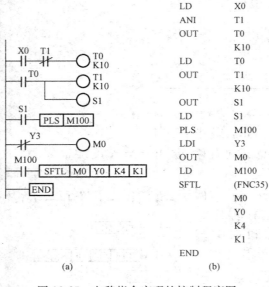

LD	X0
ANI	T1
OUT	T0
	K10
LD	T0
OUT	T1
	K10
OUT	S1
LD	S1
PLS	M100
LDI	Y3
OUT	M0
LD	M100
SFTL	(FNC35)
	M0
	Y0
	K4
	K1
END	

(a)　　　　　　　　(b)

图 12-25　左移指令实现的控制程序图
(a) 梯形图；(b) 指令表

图 12-25 程序中，若将送到 M0 的状态 $\overline{Y3}$ 改为 $\overline{Y3}$、$\overline{Y2}$、$\overline{Y1}$ 和 $\overline{Y0}$ 相与，则其真值表见表 12-7 所示。

表 12-7　循 环 左 移 真 值 表

Y3	Y2	Y1	Y0
0	0	0	0
0	0	0	1
0	0	1	0
0	1	0	0
1	0	0	0

三、实验内容及步骤

1. 右移指令（SFTR）实验

（1）按图 12-25（b）所示指令表输入程序，并检查，使其正确无误。

（2）PLC 置于运行状态，X0 开关合上，运行程序，观察输出 Y0～Y3 的状态是否和表 12-4 所列真值表一致。

（3）PLC 置于编程状态，将 M0＝$\overline{Y0}$ 改成 M0＝$\overline{Y3}\cdot\overline{Y2}\cdot\overline{Y1}\cdot\overline{Y0}$，参考图 12-23 修改程序，修改完毕，置 PLC 于运行状态，再合上开关 X0，观察输出 Y0～Y3 的状态是否和表 12-5 一致。

（4）PLC 置于编程状态，修改程序，即将移位寄存器从 4 位改成 8 位，即移位指令中的 K4 改成 K8（参考图 12-23 所示程序），修改完成后，再置 PLC 在运行，合上开关 X0，观察输出 Y0～Y7 的状态，并记录。

2. 左移指令（SFTL）实验

（1）按图 12-25（b）所示程序输入至 PLC 中，并检查，使其正确无误。

（2）置 PLC 在运行状态，X0 开关合上后，运行程序，观察输出 Y0～Y3 的状态是否和表 12-6 所示真值表一致。

（3）置 PLC 在编程状态，将 M0＝$\overline{Y3}$ 改成 M0＝$\overline{Y3}\cdot\overline{Y2}\cdot\overline{Y1}\cdot\overline{Y0}$ 修改程序，修改完毕后，置 PLC 在运行状态。

（4）X0 开关合上，再运行程序，观察输出 Y0～Y3 的状态，并记录。

四、实验设备

（1）可编程序控制器实验台，1 台；

（2）手持编程器或计算机，1 台；

（3）编程电缆，1 根；

（4）连接导线，若干。

五、预习要求

（1）复习功能指令右移 SFTR 和左移 SFTL 的指令格式、功能与编程方法。

（2）学会用移位循环指令实现某一控制操作。

（3）熟悉本节实验原理、电路、内容和步骤。

（4）画出实验中需要的各种真值表表格，准备实验时使用。

六、实验报告要求

（1）按一定格式写出实验报告。

（2）写出右移 SFTR 和左移 SFTL 的指令格式。

（3）写出实验中所使用的程序，并自行设计一程序，使输出 8 位中有三个"1"移位，移到规定位置后，再循环往复。

实验 4　交通信号灯的自动控制实验

一、实验目的

（1）掌握使用 PLC 控制十字路口交通灯的程序设计方法。

（2）进一步熟悉 PLC 指令的应用。

二、实验原理和电路

十字路口交通信号灯在日常生活中经常遇到，其控制通常采用数字电路控制或单片机控制即可达到目的。这里不妨用 PLC 可编程序控制器对其进行控制。

图 12-26 所示为十字路口两个方向交通灯自动控制时序工作波形图。

从图 12-26 中可看出，东西方向与南北方向绿、黄和红灯相互亮灯时间是相等的。若单位时间 $t=2s$ 时，则整个一次循环时间需要 40s。

采用 PLC 控制时，其 I/O 地址见表 12-8。

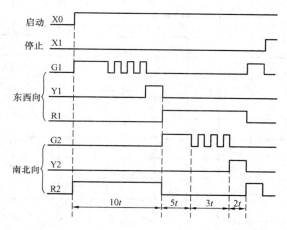

图 12-26　交通灯自动控制时序工作波形图

表 12-8　　　　　　　　　　交通灯控制 I/O 地址分配表

输　　入			输　　出		
器　件	器件号	功能说明	器　件	器件号	功能说明
0	X0	启动按钮	G1	Y0	东西向绿灯
			Y1	Y1	东西向黄灯
			R1	Y2	东西向红灯
1	X1	停止按钮	G2	Y3	南北向绿灯
			Y2	Y4	南北向黄灯
			R2	Y5	南北向红灯

实现交通灯自动控制可用步进顺控指令实现，也可用移位寄存器实现。本实验中用 PLC 移位寄存器功能来实现。移位寄存器及输出状态真值表见表 12-9。由表 12-9 可看出，移位寄存器共 10 位，以循环左移方式向左移位，每次脉冲到来时，只有一位翻转，即从

0000000001—0000000011—0000000111—0000001111—…。这种循环移位寄存器工作是可靠的。按真值表的特点，根据相互间的逻辑关系其输出状态 G1、Y1、R1，G2、Y2 和 R2 与输入 M9—M0 的逻辑关系如下（其中 CP 为脉冲信号）：

东西方向
$$\begin{cases} G1 = \overline{M9}\cdot\overline{M4} + (\overline{M7}\cdot M4\cdot\overline{CP}) \\ Y1 = \overline{M9}\cdot M7 \\ R1 = M9 \end{cases}$$

南北方向
$$\begin{cases} G2 = M9\cdot M4 + M7\cdot\overline{M4}\cdot\overline{CP} \\ Y2 = M9\cdot\overline{M7} \\ R2 = \overline{M9} \end{cases}$$

表 12-9   交通灯时序关系真值表

CP	输入										输出					
	M9	M8	M7	M6	M5	M4	M3	M2	M1	M0	G1	Y1	R1	C2	Y2	R2
0	0	0	0	0	0	0	0	0	0	0	1	0	0	0	0	1
1	0	0	0	0	0	0	0	0	0	1	1	0	0	0	0	1
2	0	0	0	0	0	0	0	0	1	1	1	0	0	0	0	1
3	0	0	0	0	0	0	0	1	1	1	1	0	0	0	0	1
4	0	0	0	0	0	0	1	1	1	1	1	0	0	0	0	1
5	0	0	0	0	0	1	1	1	1	1	⊓	0	0	0	0	1
6	0	0	0	0	1	1	1	1	1	1	⊓	0	0	0	0	1
7	0	0	0	1	1	1	1	1	1	1	⊓	0	0	0	0	1
8	0	0	1	1	1	1	1	1	1	1	0	1	0	0	0	1
9	0	1	1	1	1	1	1	1	1	1	0	1	0	0	0	1
10	1	1	1	1	1	1	1	1	1	1	0	0	1	1	0	0
11	1	1	1	1	1	1	1	1	1	0	0	0	1	1	0	0
12	1	1	1	1	1	1	1	1	0	0	0	0	1	0	0	0
13	1	1	1	1	1	1	1	0	0	0	0	0	1	0	0	0
14	1	1	1	1	1	1	0	0	0	0	0	0	1	0	0	0
15	1	1	1	1	1	0	0	0	0	0	0	0	1	⊓	0	0
16	1	1	1	1	0	0	0	0	0	0	0	0	1	⊓	0	0
17	1	1	1	0	0	0	0	0	0	0	0	0	1	⊓	0	0
18	1	1	0	0	0	0	0	0	0	0	0	0	0	0	1	0
19	1	0	0	0	0	0	0	0	0	0	0	0	0	0	1	0

根据真值表 12-9 设计的 PLC 控制交通信号灯程序（梯形图与指令表）如图 12-27 所示。PLC 实验台与 PLC 交通灯演示装置电气接口线路图如图 12-28 所示。

三、实验内容及步骤

（1）将图 12-27 所示 PLC 控制交通信号灯的控制程序，输入到 PLC 中，并检查，确保正确无误。

（2）X0 为启动信号，X1 为停止信号。置 PLC 在运行状态，合上 X0 信号，运行程序，

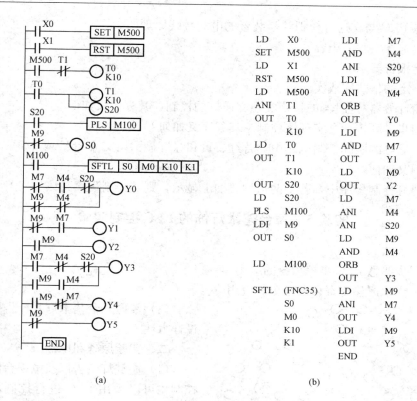

(a)

(b)

图 12-27 交通信号灯控制程序

（a）梯形图；（b）指令表

观察 PLC 输出 Y0～Y5 指示灯的亮灭情况是否与所要求的信号灯亮灭相一致。正确后，进入步骤（3），不正确，再仔细检查。

（3）切断 PLC 电源，按图 12-28 接线。检查接线正确后，再接通 PLC 电源及交通信号灯用 24V 直流稳压电源，运行程序，观察输出 Y0～Y5 的运行情况应该与图 12-26 所示交通灯时序工作波形图相一致。

四、实验器材

（1）可编程控制器实验台，1 台；

（2）交通信号灯自动控制演示装置，1 块；

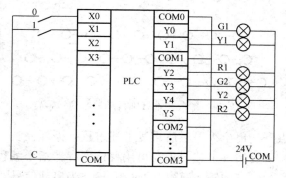

图 12-28 PLC 与交通灯演示装置电气接口线路图

（3）手持编程器或计算机，1 台；

（4）编程电缆，1 根；

（5）连接导线，若干。

五、预习要求

（1）复习移位寄存器指令的功能及编程方法。

（2）阅读本次实验原理及电路，掌握利用移位寄存器作为时序电路进行程序设计的方法和技巧。

（3）熟悉 PLC 与交通灯模拟演示装置的电气接线原理图。

（4）了解本次实验的内容及步骤。

六、实验报告要求

（1）按一定的格式完成实验报告。

（2）若用计数器/定时器的指令实现交通灯的控制，其程序又如何？

（3）若用步进顺控指令实现该控制，其程序又如何？

（4）在交通灯的实际控制电路中，若红、黄和绿灯显示用交流 36V 或 220V 灯泡，其实际电气接线图又如何？

（5）交通灯控制程序中，若要两边均要加上显示，则其控制程序又该如何？

实验 5　舞台艺术灯饰的 PLC 控制实验

一、实验目的

（1）进一步熟悉 PLC 步控指令的应用。

（2）进一步掌握移位寄存器指令的应用。

（3）掌握舞台艺术灯和广告屏控制器的设计方法。

二、实验原理和电路

（1）霓虹灯广告以及电视台的舞台灯光控制均可以采用 PLC 进行控制，如灯光的闪耀、移位及时序的变化等。图 12-29 所示为一舞台艺术灯饰自动控制演示装置，它共有 8 道灯，上方为 5 道灯灯饰呈拱形，下方为 3 道呈阶梯形，现要求 0～7 号灯闪亮的时序如下：

1）7 号灯一亮一灭交替进行。

2）6、5、4 和 3 号四道灯由外到内依次点亮，再全亮，然后再重复上述过程，循环往复。

3）2、1 和 0 号阶梯形由上至下，依次

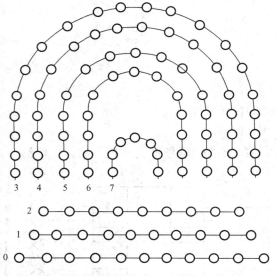

图 12-29　舞台艺术灯饰自动控制演示装置

点亮，再全灭，然后重复上述过程，循环往复。

要实现上述要求，可用移位寄存器指令编程，再进行组合，得到的控制程序如图 12-30 所示，其中输入/输出地址为：X0 为启动信号，Y0～Y7 分别控制 0～7 号指示灯。

PLC 与舞台艺术灯演示装置电气接口图如图 12-31 所示。

（2）舞台灯或霓虹灯广告屏也可以采用步进顺控指令实现。若采用步进控制指令，则可以利用定时器设定 0～7 号指示灯亮、灭的时间。图 12-32 所示为采用步进顺控指令实现的控制 0～7 号指示灯的控制程序。

三、实验内容及步骤

（1）按图 12-30 所示指令表输入程序至 PLC 中。

（2）检查程序，正确后，试运行。

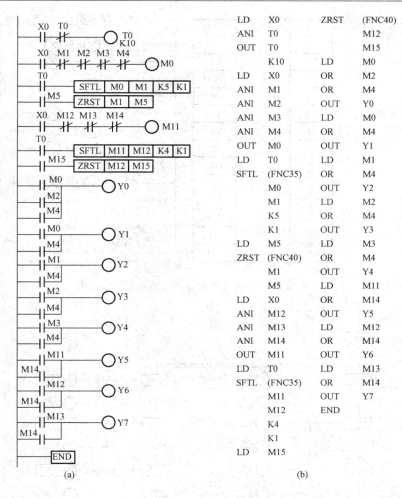

图 12-30 PLC 控制舞台艺术灯控制程序

(a) 梯形图；(b) 指令表

（3）按图 12-31 所示接线图进行接线，再运行程序，观察结果正确否。

（4）输入图 12-32 所示步进顺控程序，再运行程序，其结果应为 7～3 号灯每秒向前移 1 位。而 2～0 号灯亮灭的次序为：先从 2—1—0 顺序亮，然后再隔 1s 顺序灭，以此循环往复。

四、实验器材

（1）可编程控制器实验台，1 台；

（2）舞台艺术灯饰演示装置，1 块；

（3）手持编程器或计算机，1 台；

（4）编程电缆，1 根；

（5）连接导线，若干。

五、预习要求

（1）复习 PLC 应用指令、步控指令的编程方法。

（2）了解舞台艺术灯饰演示装置的使用说明。

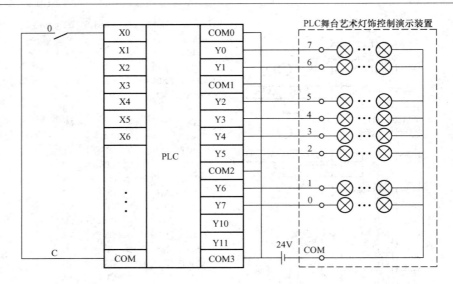

图 12-31　PLC 与舞台艺术灯演示装置电气接口图

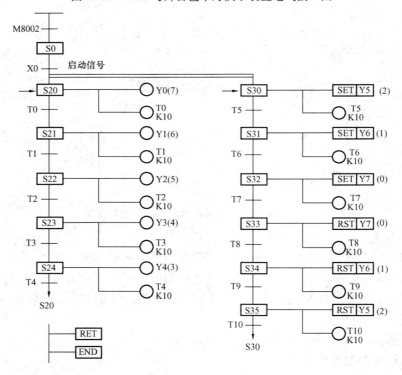

图 12-32　采用步进顺控指令控制舞台灯程序

（3）熟悉本次实验原理、电路、内容和步骤。

六、实验报告要求

（1）按一定的格式完成实验报告。

（2）自行设计一霓虹灯广告屏控制程序，霓虹灯工作时序自己设定。

（3）写出图 12-32 所示步控指令的指令语句表。

实验 6　驱动步进电动机的 PLC 控制实验

一、实验目的

（1）掌握用 PLC 控制步进电动机的程序设计方法。

（2）学会用 PLC 功能指令设计环形分配器。

（3）掌握 PLC 控制步进电动机的实际连线。

二、实验原理和电路

数控机床的开环运动控制所用驱动，大多数采用步进电动机控制。一般 CNC 输出信号通过功率放大器后再驱动电动机。本次实验是采用 PLC 直接进行电动机控制。假设某步进电动机的工作方式是三相六拍方式，电动机有三组线圈，分别用 A、B、C 表示，公共端为 E，当电动机正转时，其环形分配方式为 A—AB—B—BC—C—CA—A；当电动机反转时，其环形分配方式为 A—AC—C—CB—B—BA—A。步进电动机正、反转绕组的状态真值表见表 12-10。

表 12-10　　　　　　　　　　步进电动机正、反转绕组的状态真值表

正 转			反 转		
A	B	C	A	B	C
1	0	0	1	0	0
1	1	0	1	0	1
0	1	0	0	0	1
0	1	1	0	1	1
0	0	1	0	1	0
1	0	1	1	1	0

控制步进电动机的输入开关和输出端所对应的 PLC I/O 地址见表 12-11。

表 12-11　　　　　　　　　　控制步进电机 I/O 地址分配表

符　号	器件号	说　明
开关 0	X0	步进电动机正转启动
开关 1	X1	步进电动机反转启动
开关 2	X2	停止按钮
开关 3	X3	快/慢开关
A 相	Y0	绕组 A 相
B 相	Y1	绕组 B 相
C 相	Y2	绕组 C 相

根据地址表输入及输出接口的安排，采用移位寄存器指令来实现控制，其状态见真值表 12-12。

表 12-12 　　　　　　　　移位寄存器及输出状态如真值表

M5	M4	M3	M2	M1	M0	正　转			反　转		
						Y0 (A)	Y1 (B)	Y2 (C)	Y0 (A)	Y1 (B)	Y2 (C)
0	0	0	0	0	0	0	0	0	0	0	0
1	0	0	0	0	0	1	0	0	1	0	0
0	1	0	0	0	0	1	1	0	0	0	1
0	0	1	0	0	0	0	1	0	0	0	1
0	0	0	1	0	0	0	1	1	0	1	0
0	0	0	0	1	0	0	0	1	0	1	0
0	0	0	0	0	1	1	0	1	1	1	0

由表 12-12 可知：

正转时

A 相：$Y0 = M5 + M4 + M0$

B 相：$Y1 = M4 + M3 + M2$

C 相：$Y2 = M2 + M1 + M0$

反转时

A 相：$Y0 = M5 + M4 + M0$

B 相：$Y1 = M2 + M1 + M0$

C 相：$Y2 = M4 + M3 + M2$

再将正、反转 A、B、C 相关的进行相加即得图 12-33 所示控制程序。

步进电机的控制方式不止一种，可以用其他方法均可实现。图 12-34 是采用移位指令实现的控制程序。

图 12-35 所示为 PLC 和步进电动机实验演示装置的电气接口图。

三、实验内容及步骤

(1) 按图 12-33 (b) [或图 12-34 (b)] 所示程序输入至 PLC，并仔细检查，确保正确无误。

(2) 置 PLC 在运行状态，置开关 0 为 ON，开关 1 为 OFF，观察输出 Y0～Y2 的状态是否和表 12-10 所列正转时序相一致。再置 X0 为 OFF，X1 为 ON，观察输出 Y0～Y2 的状态是否为反转时序。

(3) 关 PLC 电源，根据图 12-35 将 PLC 与步进电动机演示装置相连，接线正确后接通 24V 电源，再运行程序观察输出情况。

(4) 按下开关 2 (X2)，输出将保持不变，步进电动机就停止转动。

(5) 重复步骤 (3)、(4)，你将发现步进电动机工作情况：在开关 (X0) 合上为正转，开关 (X1) 合上为反转。

(6) 置开关 3 (X3) 在 ON 或 OFF 位置，就会发现步进电动机转动速度不一样。这是因为采用的定时器定时脉冲速度提高了 10 倍。

四、实验器材

(1) 可编程控制器实验台，一台；

(2) 步进电动机自动控制演示装置，一块；

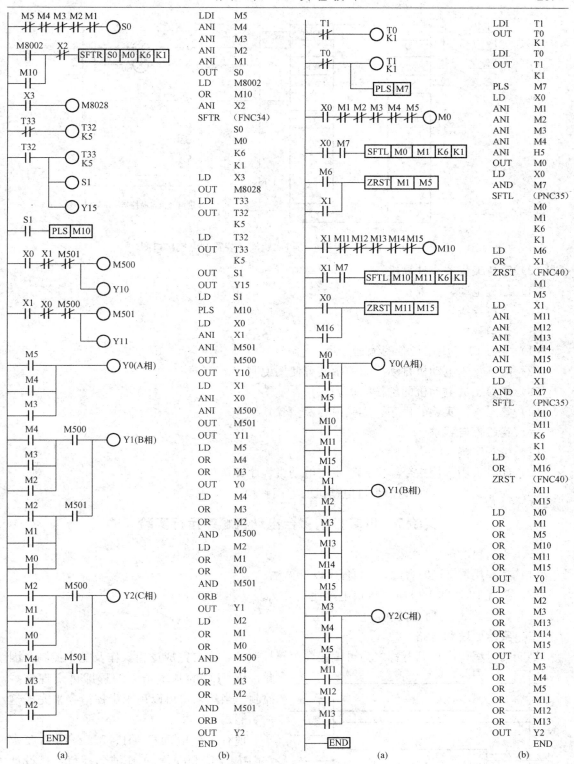

图 12-33 步进电动机控制程序（一）

(a) 梯形图；(b) 指令表

图 12-34 步进电动机控制程序（二）

(a) 梯形图；(b) 指令表

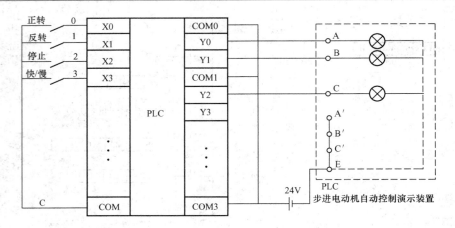

图 12-35　PLC 和步进电动机实验演示装置的电气接口图

(3) 手持编程器或计算机，一台；

(4) 编程电缆，一根；

(5) 连接导线，若干。

五、预习要求

(1) 复习 PLC 应用指令的编程方法。

(2) 阅读步进电动机自动控制演示装置使用说明。

(3) 复习步进电动机的工作原理。

(4) 熟悉本次实验的程序、实验内容及步骤。

六、实验报告要求

(1) 按一定格式完成实验报告。

(2) 如果采用步控指令，则控制步进电动机程序又该如何？

(3) 为什么 X3＝ON 时，步进电动机的速度就快 10 倍？

实验 7　PLC 控制多台电动机顺序运行实验

一、实验目的

(1) 掌握用 PLC 实现序控制的程序设计方法。

(2) 掌握 PLC 的 I/O 电气接口电路使用方法。

(3) 掌握 PLC 定时器的实际使用方法。

二、实验原理和电路

早期的可编程序控制器称之为可编程序逻辑控制器，主要完成逻辑操作及顺序控制。因此，用 PLC 的基本指令编程即可实现这一控制。当然，也可以采用步控指令来完成这一功能。

现有 3 台电动机 M1、M3、M3，要求它们按图 12-36 所示工作波形运行，试设计该程序。

当 X0 启动按钮按下后，电动机 M1 运

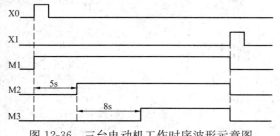

图 12-36　三台电动机工作时序波形示意图

转，5s 后，M2 电动机启动并运转，再隔 8s，M3 电动机运转，当按下停止按钮 X1 后，M1、M2、M3 电动机均停止。

实现该电动机顺序启动的程序如图 12-37 所示。

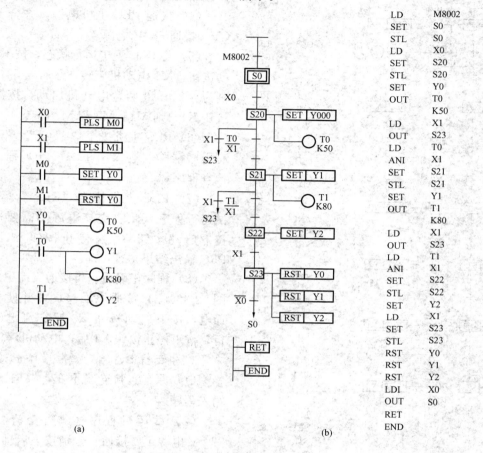

图 12-37　电动机顺序启动控制程序

(a) 方法 I；(b) 方法 II

若要使 M1～M3 电动机按时间顺序停止，可用类似上述的方法进行设计。例如，要求启动仍按上述顺序进行，而当按下停止按钮后，电动机 M3 立刻停止，间隔 5s 后 M2 停止，再间隔 3 s 后，M1 电动机停止。若使用步进指令设计，则控制程序如图 12-38 所示。

电动机顺序停止程序除采用步控指令实现外，也可以采用如图 12-37 (a) 所示方法 I 采用的基本指令来完成

三、实验内容及步骤

1. 电动机顺序启动控制

(1) 输入图 12-38 (a) 所示的程序，并检查其正确无误。输入端先按图 12-39 (a) 接线，输出端暂不接线。

(2) PLC 主机拨至"RUN"端，试运行程序，按动启动按钮，观察程序运行结果，其输出结果应该是 Y1 有输出，LED 灯亮；隔 5s 后，Y2 有输出；再隔 8s，Y3 有输出。按下停止按钮后，输出 Y1、Y2 和 Y3 均为 0。若输出结果不是这样，需重新检查，并调试程序。

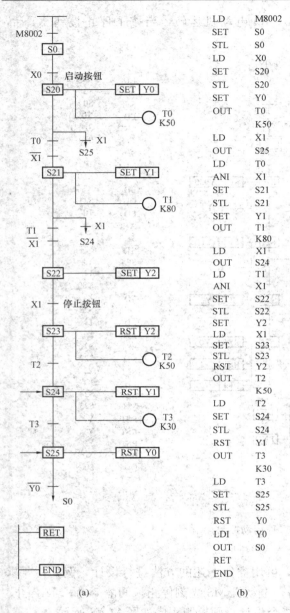

图 12-38　电动机顺序启动/停止控制程序
(a) 梯形图；(b) 指令表

指令表：

LD	M8002
SET	S0
STL	S0
LD	X0
SET	S20
STL	S20
SET	Y0
OUT	T0
	K50
LD	X1
OUT	S25
LD	T0
ANI	X1
SET	S21
STL	S21
SET	Y1
OUT	T1
	K80
LD	X1
OUT	S24
LD	T1
ANI	X1
SET	S22
STL	S22
SET	Y2
LD	X1
SET	S23
STL	S23
RST	Y2
OUT	T2
	K50
LD	T2
SET	S24
STL	S24
RST	Y1
OUT	T3
	K30
LD	T3
SET	S25
STL	S25
RST	Y0
LDI	Y0
OUT	S0
RET	
END	

(3) 程序调试正确后，关 PLC 主机电源，按图 12-39 (a) 接输出接口部分连线，并仔细检查，确保接线正确无误。

(4) 接通 PLC 主机电源，并合上开关 QF，接通 380V 电源。

(5) 将 PLC 置于运行状态，按下 X0 启动按钮，M1 电动机旋转，然后隔 5s、8s 分别为 M2、M3 两台电动机启动，按下停止按钮 X1，则 M1、M2 和 M3 停转。

(6) PLC 主机拨至"STOP"端。将原有程序清除，输入图 12-37 (b) 程序，并检查程序。

(7) PLC 主机拨至"RUN"运行端，试运行程序（此时交流电源不需要通电），按下启动按钮 X0 及停止按钮 X1，观察 PLC 输出结果是否正确。

(8) 程序正确后，再接通交流电源，按图 12-39 (b) 接通主回路图，并使主回路通电，按下启动按钮 X0 后交流电动机运行，按下停止按钮 X1 后，电动机停止。

2. 电动机顺序启动、顺序停止实验

(1) 原有实验连线不变，根据图 12-38 输入程序。

(2) 试运行程序（此时交流 380 V、220 V 电源不要接通）分别按下启动和停止按钮 X0、X1，观察输出 Y0～Y2 的输出状态是否和原程序设计时相一致。

(3) 程序调试正确后，接通交流 380V、220V，再运行程序。按下启动按钮 X0，观察 M1、M2 和 M3 的启动情况并记录。按下停止按钮 X1，并观察 MI、M2 和 M3 的运转情况，并记录。

(4) 图 12-39 所示仅为实验原理接线电路图，实际使用电路中还应加入相应的保护电路，这一点要注意。

四、实验器材

(1) 可编程控制器实验台，一台；

(2) 手持编程器或计算机，一台；

(3) 编程电缆，一根；

(4) 电动机（120W），三台；

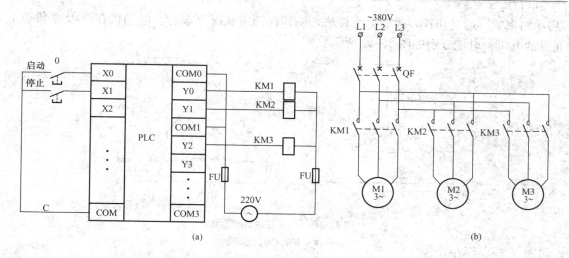

图 12-39 电动机电动机顺序启动/停止控制实验电路

(a) PLC电气接口图；(b) 主电路图

（5）接触器，三个；

（6）断路器，1个；

（7）熔断器，1个；

（8）连接导线，若干。

五、预习要求

（1）复习步进控制指令及基本指令章节。

（2）预习本节实验原理及电路，掌握本次实验的程序设计方法。

（3）设计好记录表格。

六、实验报告要求

（1）写出实验过程中所用的实验器材，整理实验数据，完成实验报告。

（2）根据实验情况，选择电动机顺序启动或电动机顺序启动和停止的程序列入报告中。

实验 8 交流电动机 Y/ 启动的 PLC 控制实验

一、实验目的

（1）掌握 PLC 控制交流电动机的可逆启动控制电路、Y/△启动控制电路以及它们控制程序的设计方法。

（2）掌握 PLC 与外围强电接口电路的连接。

二、实验原理和电路

1. Y/△启动

三相异步电动机的降压启动方法有很多，其中用得较为普遍的为 Y/△启动，这种方法在机床电气控制线路中通常用时间继电器即可完成。若使用 PLC 来进行控制，实现电动机 Y/△的启动是非常方便的。

采用 Y/△启动的电动机必须为可进行 Y/△启动的电动机，这种电动机正常工作时，每相绕组的电压为 380V。启动时，将它接成 Y 形，每相绕组的电压是额定值的 $\frac{1}{\sqrt{3}}$；当电动机启动结束后，通过切换，改变为△接法，使其在额定状况下运行。电动机在 Y 及△状态下通过的电压、电流分别如图 12-40 所示。

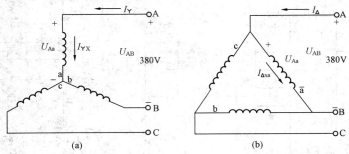

图 12-40　Y/△ 接法示意图

(a) Y 接法；(b) △接法

从图 12-40(a)中可知

$$I_{YX}=\frac{U_{Aa}}{Z}=\frac{U_{Ab}/\sqrt{3}}{Z}=\frac{U_{AB}}{\sqrt{3}Z}, \quad I_Y=I_{YX}=\frac{U_{AB}}{\sqrt{3}Z}, \quad Z \text{ 为绕阻阻抗}$$

从图 12-40(b)中可知

$$I_{\triangle Xa}=\frac{U_{Aa}}{Z}=\frac{U_{AB}}{Z}, \quad I_\triangle=3\frac{U_{AB}}{\sqrt{3}Z}=3I_Y, \quad \text{即} \quad I_Y=\frac{1}{3}I_\triangle$$

所以 Y 接法时，电压为△接法的 $\frac{1}{\sqrt{3}}$ 倍，即从 380V 变为 220V，而电流为△接法的 1/3 倍。

2. 可逆启动控制

要实现三相交流电动机的可逆控制（正反转），只需交换任意两相供电相序即可实现这一功能。为了防止误动作，使两相电压短路，一般均要在电路中加入互锁保护电路，以确保电路正常工作。控制电动机可逆启动及 Y/△启动运行的控制程序如图 12-41 所示。

PLC 的 I/O 电气接口图及主电路如图 12-42 所示。

在图 12-42 中，其输入地址为：

正转按钮 SBA(X0)

反转按钮 SBB(X1)

停止按钮 SBC(X2)

输出地址为：

电动机正转 KM1(Y0)

电动机反转 KM2(Y1)

Y 形接法 KM3(Y3)

△形接法 KM4(Y2)

其工作原理如下：

(1) 按下 SBA（X0），Y0 得电并自锁，T0 开始定时，同时 Y3 接通，电动机在 Y 形情况下启动；当 T0 定时时间到，T0 动合触点闭合，动断触点断开，使 Y3 断电，Y2 通电，电动机切换在△形状态下运行，整个启动过程结束。若按下停止按钮 SBC(X2)，则电动机停转。

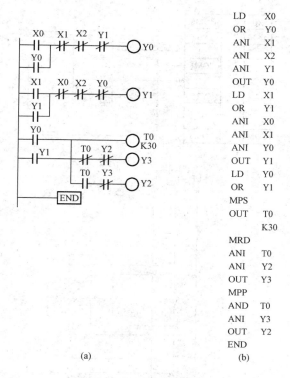

图 12-41　电动机可逆启动及 Y/△ 启动运行控制程序

(a) 梯形图；(b) 指令表

（2）若按下反转按钮 SBB（X1），则 Y1 通电并自锁，其余工作过程同（1）。

三、实验内容及步骤

（1）按图 12-42（a）所示 PLC I/O 电气接口图接线。输入图 12-41 所示控制电动机 Y/△可逆启动的程序，并检查，确保正确无误。在输出端 220V 未通电的状况下，观察输出 Y0～Y3 的正确性（看 LED 灯的亮灭）。

（2）程序调试正确后，接通断路器（空气开关）QF1，按下 SBA，观察 KM1、KM2、KM3 和 KM4 的动作情况，结果正确后，进入下一步。

（3）按图 12-42（b）所示主电路接线，检查无误后，方可合上通断路器（空气开关）QF2。

（4）按下 SBA，电动机在 Y 形状态下正向低速运行，3s 后，电动机运行在△形状态，运转正常，启动过程结束，按下 SBC 电动机停转。

（5）按下 SBB，电动机在 Y 形状态下反向低速运行，3s 后，电动机运行在△形状态，运转正常，启动过程结束，按下 SBC，电动机停转。

（6）置 PLC 在 STOP 位置，修改延时时间常数为 8s，再运行程序，按下启动按钮 SBA，观察电动机运行情况。

四、实验器材

（1）可编程控制器实验台，1 台；

（2）手持编程器或计算机，一台；

（3）编程电缆，1 根；

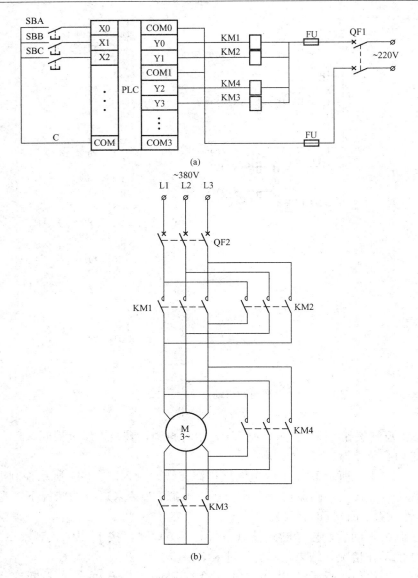

图 12-42　交流电动机 Y/△启动运行控制电路图

(a) I/O 电气接口图；(b) 主电路

（4）电气控制实验装置，1 台；

（5）电动机工作台（电动机功率小于 0.4kW），1 台；

（6）连接导线，若干。

五、预习要求

（1）复习电动机正、反转可逆启动的电气控制电路。

（2）复习 Y/△电动机启动的工作原理。

（3）熟悉 PLC 与电动机之间的电气接口电路，掌握强电电气线路使用注意事项。

六、实验报告要求

（1）整理实验数据，完成实验报告。

（2）自行设计 Y/△电动机启动的 PLC 控制梯形图（程序）。

（3）若电机功率大于 4kW，则 PLC 与电动机的控制电路又如何？

实验 9　机械手的 PLC 自动控制实验

一、实验目的

（1）掌握机械手步进控制程序的设计方法。

（2）进一步熟悉状态功能图 SFC 的应用。

（3）进一步掌握步进顺控指令的编程。

二、实验原理和电路

图 12-43 所示为坐标式机械手，需将物体从位置 A 搬至位置 B，其工作顺序为：机械手从原点下移到位，从 A 处夹紧物体后再上升，上升到位后，手臂右移，右移到位后，机械手下降，下降到位后，将物体放于位置 B 处，然后上升，上升到位后，再左移，左移到位停在原点，一次循环结束。

在用 PLC 控制机械手程序时，要分别显示机械手的工作状态。机械手工作状态指示示意图如图 12-44 所示。图中 SB(X0)为启动信号，SQ1(X1)为下降限位开关，SQ2(X2)为上升限位开关，SQ3(X3)为右移限位开关，SQ4(X4)为左限限位开关，Y1、Y2、Y3、Y4、Y5、Y6、Y7 和 Y8 分别表示机械手的工作状态指示灯。它们的意义分别为：

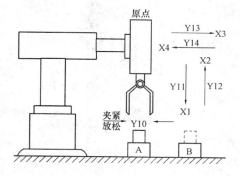

图 12-43　坐标式机械手工作示意图

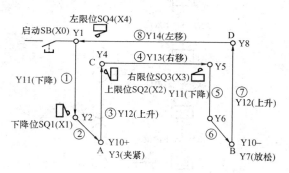

图 12-44　机械手工作状态指示示意图

Y1——机械手在原位时，Y1 亮，不在时 Y1 灭。

Y2——机械手下降到位时，Y2 亮（在位置 A），离开时 Y2 灭。

Y3——机械手夹紧时，Y3 亮，放松时 Y3 灭。

Y4——机械手上升到位时，Y4 亮（在位置 C），离开时 Y4 灭。

Y5——机械手右行到位时，Y5 亮，离开时 Y5 灭。

Y6——机械手下降到位时，Y6 亮（在位置 B），离开时 Y6 灭。

Y7——机械手放松时，Y7 亮，Y3 灭。

Y8——机械手再上升到位时，Y8 亮（在位置 D），离开时 Y8 灭。

机械手下降、上升由 Y11、Y12 控制，右移、左移由 Y13、Y14 控制，夹紧/放松由 Y10 控制。若机械手不在原位，可由手动操作开关（X5 或 X6）分别控制机械手上升左移到原点位置。另外，物体夹紧后，需延时 1s，再上升。而放松时，也需延时 1 s 后机械手再上升。根据以上要求，控制机械手的控制程序如图 12-45 所示。

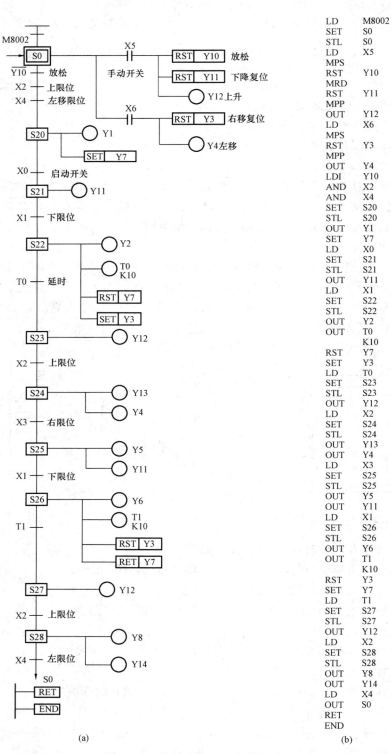

(a)　　　　　　　　　　　　　　　　(b)

图 12-45　机械手的 PLC 控制程序

（a）梯形图；（b）指令表

三、实验内容及步骤

（1）按图 12-45 所示机械手 PLC 控制程序输入至 PLC 中，并仔细检查，确保程序输入正确无误。

（2）按图 12-46 所示 PLC 实验台与机械手演示板连接线路。

（3）置 PLC 在运行状态，运行程序。

（4）由于使用了机械手的演示板，需要按实验原理和电路中所述一样分别操作机械手下降、上升、左移和右移等到位的行程开关 SQ1、SQ2、SQ3 和 SQ4 以及手动启动按钮 X0，手动复位开关 X5 及 X6。

（5）观察每一步正确否（和机械手实际工作情况对照），并记录。

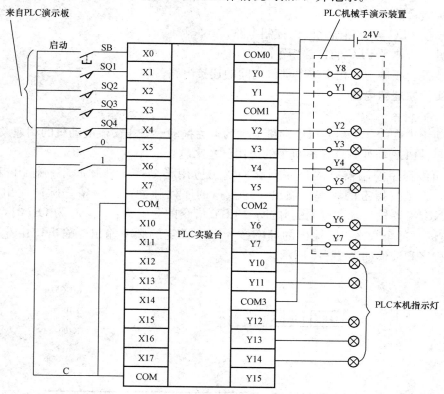

图 12-46 PLC 实验台与机械手演示板连接图

四、实验器材

（1）可编程控制器实验台，一台；

（2）机械手自动控制模拟演示装置，一块；

（3）手持编程器或计算机，一台；

（4）编程电缆，一根；

（5）连接导线，若干。

五、预习要求

（1）复习状态功能图 SFC 及 STL 步控指令。

（2）了解机械手的工作顺序及 I/O 地址分配。

（3）阅读机械手自动控制模拟演示装置使用说明。

（4）阅读本次实验原理及电路，理解本次实验的控制程序。

（5）试用其他方法（如用移位寄存器指令控制），设计控制机械手的程序，并论证之。

六、实验报告要求

（1）按一定格式完成实验报告。

（2）完成本次实验后，有什么体会和心得。

（3）考虑若为电磁阀或电动机控制机械手的动作，其实际接口线路又如何？

实验 10　PLC 与变频器控制电动机实验

一、实验目的

（1）掌握 PLC 与变频器之间的控制电路。

（2）进一步熟悉 PLC 的特殊指令的应用。

（3）掌握变频器与三相交流电动机之间的连接电路。

二、实验原理和电路

1. PLSY 指令

在自动化工厂中，离不开以电动机为主的电力拖动。三相交流电动机的调速及控制显得越来越重要，PLC 与变频器在电机中的应用已越来越普遍。

PLC 可编程序控制器有两条序列脉冲输出应用指令：一是脉冲序列输出指令 PLSY（FNC57），它是按指定的频率，输出一定数量的序列脉冲；另一条是脉冲输出序列指令 PWM（FNC58），输出脉宽可调的脉冲。PLSY 指令的含义为：当 X0 为 ON 时，PLSY 按 [S2] 设定的脉冲个数输出，输出的频率按 [S1] 设定的频率输出，输出口由 [D] 指定，其模式、程序和波形如图 12-47 所示。

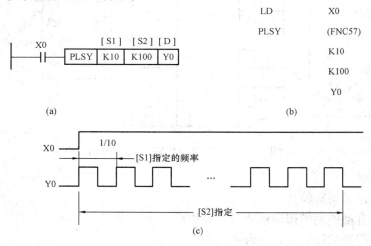

图 12-47　PLSY 指令及波形图

（a）梯形图；（b）指令表；（c）波形图

图 12-47 中，对 FX 系列 PLC 来讲，使用该指令注意如下几点：

（1）[S1] 的值可在 1～10 000Hz 范围内任选，输出口也可任选 Y0 或 Y1，而对 FX0S/FX0NPLC，[S1] 的值只能在 10～2000Hz 之间任选，且输出口只能用 Y0。

（2）本指令在程序中只能使用一次。

（3）Y0 输出的波形占空比为 50%。

（4）本指令适用于晶体管输出的 PLC，而对继电器输出的 PLC，频繁的脉冲输出会使 PLC 寿命缩短。因此，做实验时，若采用继电器输出的 PLC，则设置的 S2 值应小一些为好。

（5）晶体管输出脉冲时，需加一个上拉电阻，负载电流应小于 PLC 晶体管输出的额定电流。

2．PWM 指令

另一条特殊指令为 PWM（FNC58）指令，其指令格式如图 12-48 所示。

PWM 指令说明如下：

（1）该指令占用程序步为 7 步，[S1] 为输出高电平脉宽，单位为 ms，[S2] 为整个脉冲周期，S1<S2。若 S1>S2，则会出错。

（2）对于 FX 系列 PLC，[D] 可为任意输出口（如 Y0、Y1、Y2、…），而对于 FXOS/FXON PLC，[D] 只能用 Y1 输出端。

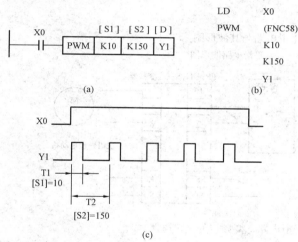

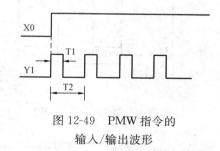

（3）本指令在程序中只能使用一次。

（4）Y1 输出的波形占空比（S1、S2）是可调的，S1/S2 的范围为 0～100%，PMW 指令的输入/输出波形如图 12-49 所示。

图 12-48 PWM 指令及波形

(a) 梯形图；(b) 指令表；(c) 波形图

图 12-49 PMW 指令的输入/输出波形

3．PLC 与变频器控制电动机电路

步进电动机的调速可以通过 PLC 的 PLSY 指令来实现。而直流电动机、三相交流电动机的调速通过 PWM 指令来实现时，中间需加一平滑电路，如图 12-50 所示。该电路主要作用是将脉冲电压转换成直流电压，直流电压的输出值大小分别控制直流电动机，也可作为变频器的电压输入值，控制交流电动机的速度。平滑电路和变频器的接口电路如图 12-51 所示。

三、实验内容及步骤

1．PLSY 脉冲序列输出指令实验

（1）按图 12-47(a) 所示，输入程序至 PLC 中，其中 [S1]=10、[S2]=100 时，合上 X0，运行程序，观察 Y0 的输出情况。Y0 输出接一负载指示灯 HL，如图 12-52 所示。

（2）改变 [S1]=10、[S2]=1000，再运行程序，观察 Y0 的输出状况并记录波形。

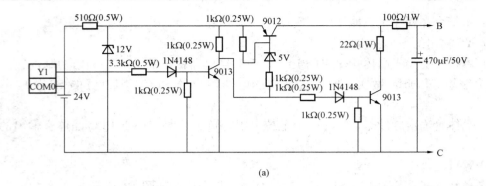

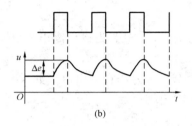

图 12-50　平滑电路与其波形图

（a）平滑电路；（b）平滑电路波形图

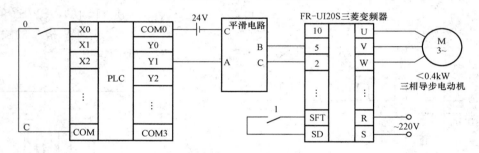

图 12-51　PLC 与平滑电路、变频器的接口电路

（3）再改变[S1]＝100、[S2]＝1000，再运行程序，观察 Y0 的输出状况，并记录波形。

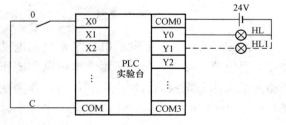

图 12-52　PLSY 脉冲输出接线电路

（4）分别按下列数据设置 S1、S2，运行程序，观察输出情况：

1）[S1]＝100、[S2]＝100，程序执行。

2）[S1]＝100、[S2]＝50，程序执行。

3）[S1]＝5、[S2]＝100，程序不执行，因为[S1]＜10。

2．PWM 脉宽可调输出指令实验

（1）按图 12-48（a）所示，输入程序至PLC 中，其中[S1]＝10、[S2]＝100，合上开关 X0，运行程序，观察 Y1 输出情况。Y1 可接一负载指示灯 HL1，电路可参考图 12-53。

（2）改变[S1]＝1000、[S2]＝2000，运行程序，观察输出 Y1 灯亮、灭情况，并记录波形。

（3）[S1]＝1000 不变、改变[S2]＝4000 再运行程序，观察输出 Y1 灯亮、灭情况，并记录波形。

3. PWM 指令与变频器连接控制交流电动机实验

（1）按图 12-50(a)所示，先在实验板上或面包板上搭试平滑电路。

（2）接线正确无误后，按图 12-51 将 PLC 的输出及交流电动机，分别接于平滑电路相对应的 A、B、C 端。

（3）变频器设置在自动工作状态下，它的 SFT 端与 SD 之间接一开关，控制电动机的正、反转。

（4）输入下列程序，接通 24V 电源，再运行程序，观察电动机运转的情况，同时记录变频器显示的频率数。

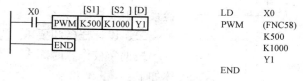

图 12-53　观察 S1 变化对频率的影响

（5）减小 S1 的值（设 S1＝100），再运行程序，观察电动机运转的情况，并与 S1＝500 时（见图 2-53）的值进行比较，同时注意观察变频器所显示的频率数的大小。

（6）增大 S1 的值，再运行程序，观察电动机运转的情况，并记录变频器显示的频率数大小。

（7）如果 PLC 输出方式为继电器输出的，注意程序运行时间不宜过长，以防止触点损坏。

四、实验器材

（1）可编程控制器实验台，一台；

（2）三相交流电动机（120W），一台；

（3）FR-U120S 三菱变频器（也可为其他厂家型号的变频器），一台；

（4）手持编程器或计算机，一台；

（5）编程电缆，一根；

（6）电阻、电容，若干；

（7）实验板，一块；

（8）连接导线，若干。

五、预习要求

（1）复习 PLC 应用指令 PLSY、PWM 的符号含义、编程方法及其应用。

（2）阅读本节实验电路、原理、内容及步骤。

（3）理解平滑电路的作用及使用说明注意事项。

（4）阅读所用三菱变频器的使用说明及实际应用接线方法。

六、实验报告要求

（1）整理实验记录的数据，完成实验报告。

（2）FX0S/FX0N PLC 使用 PLSY 指令应注意哪些问题？

（3）本实验中为什么强调程序运行时间越短越好？

（4）若用 PLSY 指令驱动步进电动机，则控制程序如何编写？I/O 接口电路又怎样？

第二节　PLC 课程设计例题

例题 1　自动打铃控制器的设计

一、概述

目前，学校里打铃系统的控制均有专用的控制器，这种控制器由数字系统或单片机组成。当然，用 PLC 控制也完全可以达到准确定时打铃的目的。图 12-54 所示为 PLC 控制自动打铃系统组成框图。

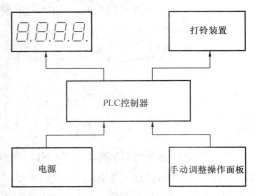

图 12-54　PLC 控制自动打铃系统组成框图

二、设计任务和要求

根据学校作息时间表，该控制系统的要求具体如下：

（1）上课铃与下课铃要能分开（铃声响的频率不一样），起床、晚自习等时间的铃声为连续铃，每次打铃的时间为 15s。

（2）要具备时间调整功能。

（3）星期六、星期日不打铃，星期一至星期五按表 12-13 所列作息时间表打铃。

表 12-13	作　息　时　间　表	
6：20　起床	13：30　第五节上课铃	
6：40　做操	14：20　第五节下课铃	
7：30　第一节预备上课铃	14：30　第六节上课铃	
7：40　第一节上课铃（长声）	15：20　第六节下课铃	
8：30　第一节下课铃（短声）	15：30　第七节上课铃	
8：40　第二节上课铃	16：20　第七节下课铃	
9：30　第二节下课铃	16：30　第八节上课铃	
9：50　第三节上课铃	17：20　第八节下课铃	
10：40　第三节下课铃	19：00　晚自习开始	
10：50　第四节上课铃	21：30　晚自习结束	
11：40　第四节下课铃	22：30　熄灯	
13：20　第五节预备铃		

（4）具有时间显示功能，要有秒、分、时和星期的显示。

三、可选用器材

（1）可编程控制器实验台，一台；

（2）LED 数码管显示控制演示装置（或自制），两块；

（3）编程器（或编程软件），一套；

（4）编程电缆，一根；

（5）连接导线，若干。

四、设计方案提示

1. 电子钟程序

电子钟程序分别设有秒、分显示（00～59），时显示（00～23）和星期显示（1～6，日）。其中电子钟计数功能可采用移位指令实现，0～9显示译码电路可用组合逻辑功能完成。个位0～9计数、译码和显示的真值表见表 12-14 所示。

表 12-14　　　　　　　　　　0～9 计数、译码和显示的真值表

移位脉冲	M0～M4					显示数	a～g 七段						
	M4	M3	M2	M1	M0	8	a	b	c	d	e	f	g
0	0	0	0	0	0	0	1	1	1	1	1	1	0
1	0	0	0	0	1	1	0	1	1	0	0	0	0
2	0	0	0	1	1	2	1	1	0	1	1	0	1
3	0	0	1	1	1	3	1	1	1	1	0	0	1
4	0	1	1	1	1	4	0	1	1	0	0	1	1
5	1	1	1	1	1	5	1	0	1	1	0	1	1
6	1	1	1	1	0	6	0	0	1	1	1	1	1
7	1	0	0	0	0	7	1	1	1	0	0	0	0
8	1	1	0	0	0	8	1	1	1	1	1	1	1
9	1	0	0	0	0	9	1	1	1	0	0	1	1

由表 12-14 可知，M0～M4 代表移位寄存器的 5 位，a～g 代表显示的各段。显示器各段的逻辑关系为：

a 段：$a=(\overline{M0}+M1)(M4+\overline{M3})(\overline{M1}+M0)$

b 段：$b=(\overline{M0}+\overline{M4})(\overline{M1}+M0)$

c 段：$c=M2+\overline{M1}$

d 段：$d=(M1+\overline{M0})(M4+\overline{M3})(\overline{M2}+M1)(\overline{M4}+M3)$

e 段：$e=\overline{M4}\,\overline{M0}+\overline{M2}M1+M1\overline{M0}+M3\,\overline{M2}$

f 段：$f=\overline{M4}\,\overline{M0}+M3M1+M4\,\overline{M2}$

g 段：$g=M1+M4\,\overline{M2}$

显示器 a～g 七段分别用 PLC 的输出端 Y0～Y6 控制，即可显示 0～9 数字。

"00～59"六十进制秒、分计数的个位向十位进位的处理方法是：当个位计数到 9，第 10 个脉冲到来时，个位数应该显示 0，而十位数应显示 1，这时两位数的显示数应为 10。十位显示 0～9 计数、移位、译码和显示的真值表见表 12-15。

表 12-15　　　　　　　　十位显示 0～9 计数、移位、译码和显示的真值表

移位脉冲	M5～M7			显示数	a1～g1 七段						
	M7	M6	M5	8	a	b	c	d	e	f	g
0	0	0	0	0	1	1	1	1	1	1	0
1	0	0	1	1	0	1	1	0	0	0	0
2	0	1	1	2	1	1	0	1	1	0	1
3	1	1	1	3	1	1	1	1	0	0	1
4	1	1	0	4	0	1	1	0	0	1	1
5	1	0	0	5	1	0	1	1	0	1	1

根据表 12-15，通过化简，即可写出 a1～g1 的逻辑表达式：

a1 段：$a = \overline{M7}\ \overline{M5} + M5 M6 + M7\ \overline{M6}$

b1 段：$b1 = \overline{M7} + M6$

c1 段：$c1 = M7 + \overline{M6}$

d1 段：$d1 = (M6 + \overline{M5})(\overline{M6} + M5)$

e1 段：$e1 = \overline{M7}M6 + \overline{M7}\ \overline{M5}$

f1 段：$f1 = \overline{M5}$

g1 段：$g1 = M7 + M6$

显示器 a1～g1 七段可分别用 PLC 的输出 Y7、Y10～Y15 七段来控制。

电子钟 00～59 控制程序（梯形图）如图 12-55 所示。

对于时显示 00～23 及星期一至星期日的进位方法处理也类似。有区别的是星期日显示可用数字 "8" 表示，即星期日显示不是显示数字 "7" 而是显示数字 "8"，见表 12-16。

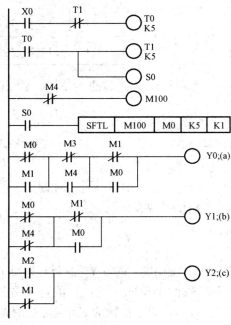

图 12-55　00～59 电子钟程序（一）

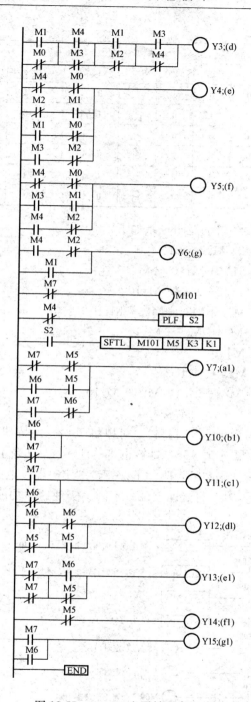

图 12-55 00～59 电子钟程序（二）

表 12-16 电子钟星期显示真值表

移位脉冲	M20～M25						显示数	a～g 七段						
	M25	M24	M23	M22	M21	M20		a	b	c	d	e	f	g
0	0	0	0	0	0	0	0	1	1	1	1	1	1	1

移位脉冲	M20~M25						显示数 8	a~g 七段						
	M25	M24	M23	M22	M21	M20		a	b	c	d	e	f	g
1	0	0	0	0	0	1	1	0	1	1	0	0	0	0
2	0	0	0	0	1	0	2	1	1	0	1	1	0	1
3	0	0	0	1	0	0	3	1	1	1	1	0	0	1
4	0	0	1	0	0	0	4	0	1	1	0	0	1	1
5	0	1	0	0	0	0	5	1	0	1	1	0	1	1
6	1	0	0	0	0	0	6	0	0	1	1	1	1	1

由表 12-16 可看出 a~g 各段的逻辑关系如下：

设 $M110 = \overline{M25}\ \overline{M24}\ \overline{M23}\ \overline{M22}\ \overline{M21}\ \overline{M20}$

a 段：a＝M21＋M22＋M24＋M110

b 段：b＝M20＋M21＋M22＋M23＋M110

c 段：c＝M20＋M22＋M23＋M24＋M25＋M110

d 段：d＝M21＋M22＋M24＋M25＋M110

e 段：e＝M21＋M25＋M110

f 段：f＝M23＋M24＋M25＋M110

g 段：g＝M21＋M22＋M23＋M24＋M25＋M110

2. 打铃程序

要使电子钟在显示时间为 7∶40 时打铃，可以将 7∶40 的特征码"1"找出来，再驱动一"定时器"电路，使定时器定时 15s，打铃也将响应 15s。其余上课的特殊码处理方法相同。而当下课时，将产生特征码"2"，驱动下课打铃"定时器"电路，打铃 15s 后停止，但此时打铃的铃声应和特殊码"1"时（即上课）不同。实现这一功能的控制梯形图程序如图 12-56 所示。

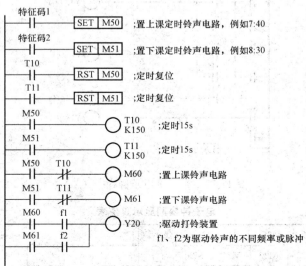

图 12-56　打铃电路程序

3. 其他电路程序设计

（1）停电问题：可以考虑采用不间断电源。

（2）电子钟手动调整程序：可在秒、分和时的驱动脉冲程序中，分别串接或并接相应手动调整信号。

（3）星期六、星期日不打铃问题：当休息日出现时，利用控制这两天的时钟特征码，关断打铃电路，而电子钟程序照常运行。

（4）PLC 输出端不够用问题：如用 FX0S-30MR PLC 进行本例控制，用译码方法解决 a～g 显示问题，可能会出现输出不够用的问题。故输出显示 a～g 的控制，可采用循环扫描法。

五、参考控制程序

PLC 控制学校作息时间自动打铃程序如图 12-57 所示。

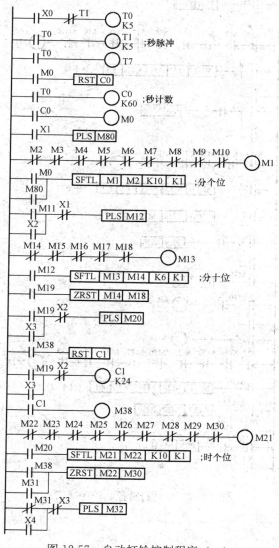

图 12-57　自动打铃控制程序（一）

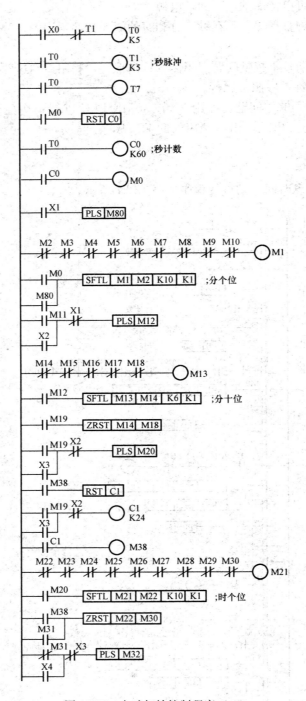

图 12-57　自动打铃控制程序（二）

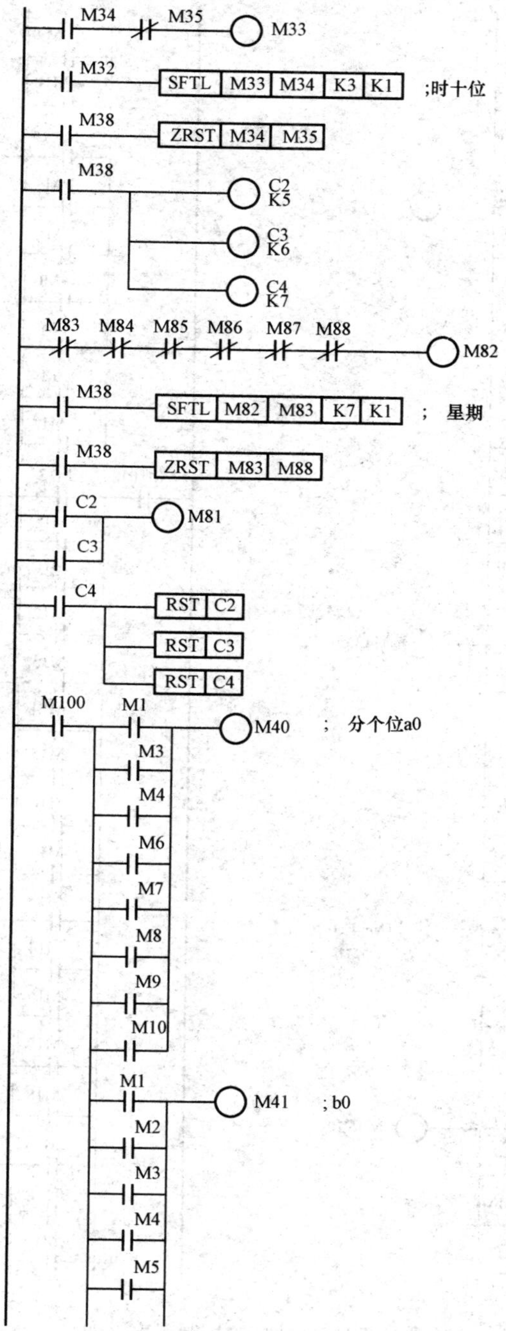

图 12-57　自动打铃控制程序（三）

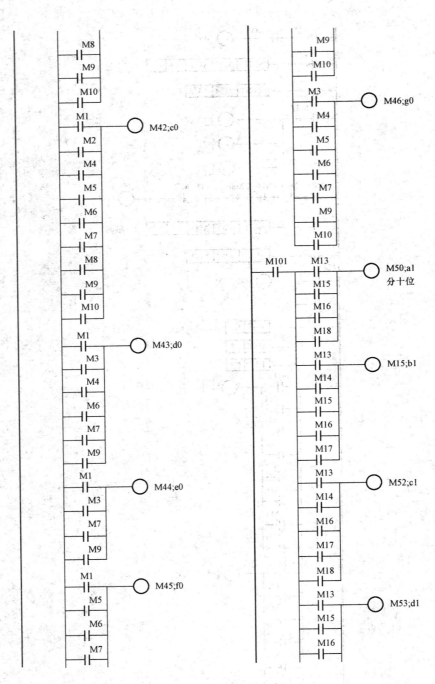

图 12-57　自动打铃控制程序（四）

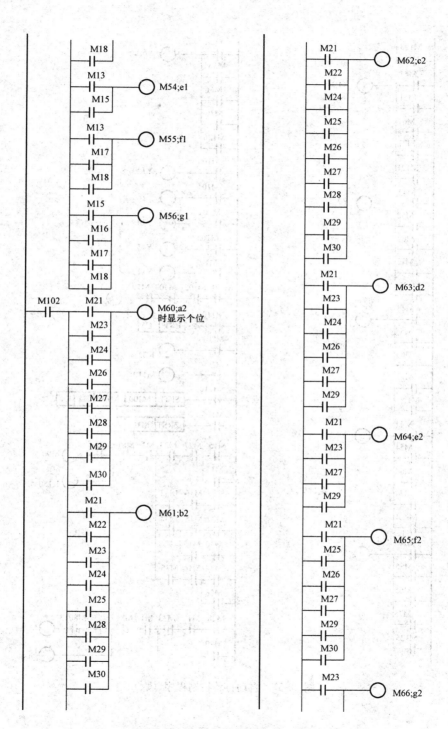

图 12-57 自动打铃控制程序（五）

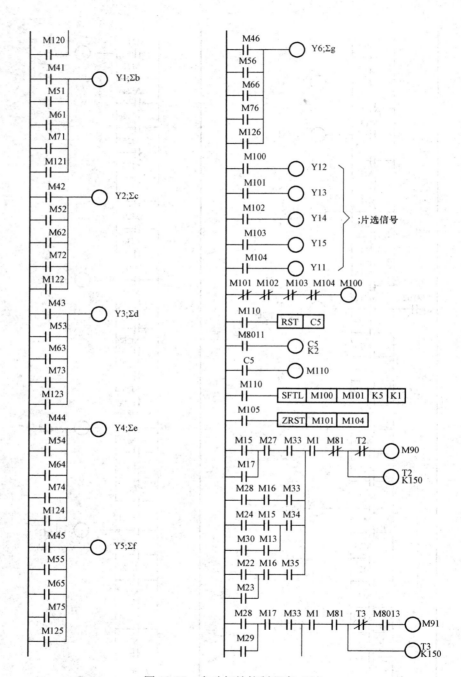

图 12-57　自动打铃控制程序（六）

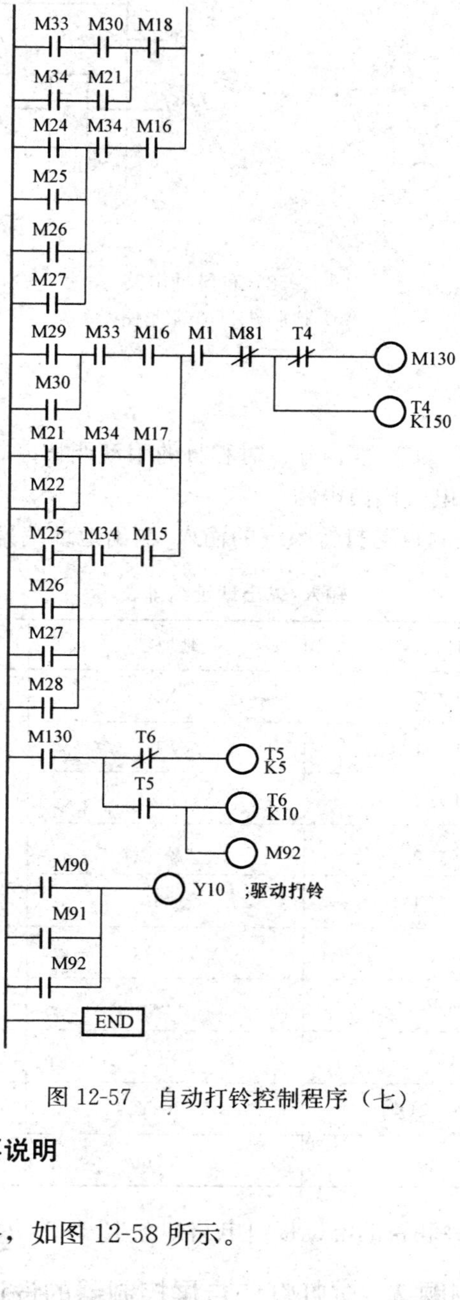

图 12-57　自动打铃控制程序（七）

六、参考控制程序简要说明

1. 秒脉冲电路

该电路采用定时器电路，如图 12-58 所示。

2. 显示电路

分、时和星期均采用左移移位指令实现。分别由分个位、分十位、时个位、时十位及星期一至星期日 5 个移位寄存器组成。分、时和星期的显示器 a～g 七段分别见程序，其中 a0～g0 为分个位，a1～g1 为分十位，a2～g2 为时个位，a3～g3 为时十位，a4～g4 为显示星期的。Σa～Σg 为或逻辑关系，主要解决 PLC 输出口不够的处理办法。Y12～Y15 四位为显示片选公共端（C1～C4）而设置的。

3. 打铃电路

上课、下课打铃电路采用特征码译码方法，程序中用了 M90、M91、M92 驱动输出 Y0

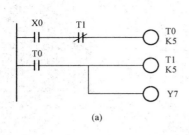
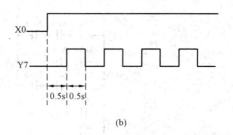

图 12-58 秒脉冲电路

（a）梯形图；（b）波形图

实现打铃、打铃时间为 15s。

4. 手动调整控制

程序中分别使用 X1～X4 实现秒、分、时和日的手动调整控制。

七、输入、输出地址及电气接口电路

（1）根据题意，PLC 控制自动打铃系统的输入/输出地址编排见表 12-17。

表 12-17　　　　　　　　　　输入/输出地址编排表

类　别	器件代号	地址号	说　明
输　入	开关 0	X0	启动开关
	开关 1	X1	分钟的个位
	开关 2	X2	分钟的十位
	开关 3	X3	时的个位
	开关 4	X4	时的十位
输　出	a～g	Y0～Y6	5 个显示器 a～g 段
	DP	Y7	秒脉冲信号
	HA	Y10	驱动打铃电路
	COM1～COM4	Y12～Y15	数码管的公共端 C1～C4
	COM	Y11	星期数码管显示的公共端

（2）PLC 与显示及打铃装置的电气接口电路如图 12-59 所示。

例题 2　霓虹灯广告屏控制器的设计

一、简述

随着改革的不断深入，社会主义市场经济的不断繁荣和发展，各大、中、小城市都在进行亮化工程。各企业为宣传自己企业形象和产品，均采用广告手法之——霓虹灯广告屏来实现这一目的。当我们夜晚走在大街上，马路两旁各色各样的霓虹灯广告均可见到，一种是采用霓虹灯管做成的各种形状和多种彩色的灯管，另一种为日光灯管或白炽灯管作为光源，也有的采用 LED 发光管，另配大型广告语或宣传画来达到宣传的效果。这些灯的亮灭、闪耀

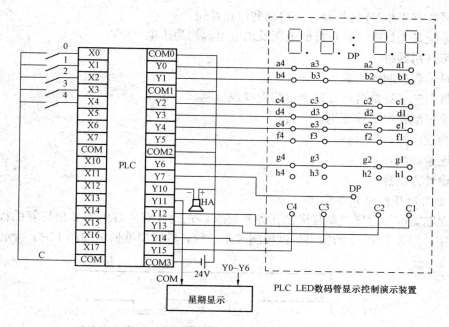

图 12-59 自动打铃控制系统电气接口图

时间及流动方向等均可通过 PLC 可编程序控制器来达到控制要求。

二、设计任务和要求

某广告屏共有 8 根灯管，24 只流水灯，每 4 只灯为一组，如图 12-60 所示。

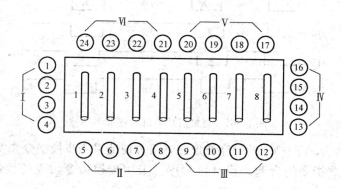

图 12-60 霓虹灯广告屏示意图

用 PLC 对霓虹灯广告屏实现控制，其具体要求如下：

（1）该广告屏中间 8 个灯管亮灭的时序为第 1 根亮→第 2 根亮→，第 3 根亮→……→第 8 根亮，时间间隔为 1s，全亮后，显示 10s，再反过来从 8→7→……→1 顺序熄灭。全灭后，停亮 2s，再从第 8 根灯管开始亮起，顺序点亮 7→6→……→1，时间间隔为 1s，显示 20s，再从 1→2→……→8 顺序熄灭。全熄灭后，停亮 2s，再从头开始运行，周而复始。

（2）广告屏四周的流水灯共 24 只，4 个一组，共分 6 组，每组灯间隔 1s 向前移动一次，且Ⅰ→Ⅱ→……→Ⅵ每相隔一灯为亮，即从Ⅰ→Ⅱ→……～Ⅵ，移动一段时间后（如 30s），再反过来移动，即从Ⅵ→Ⅴ→Ⅳ→……→Ⅰ，如此循环往复。

（3）系统有单步/连续控制，有启动和停止按钮。

（4）系统日光灯管、自炽灯的电压及供电电源均为市电 220V。

三、可选用器材

（1）可编程控制器实验台，一台；

（2）舞台艺术灯饰自动控制演示装置（或自制），一块；

（3）手持编程器或计算机，一台；

（4）编程电缆，一根

（5）连接导线，若干。

四、设计方案提示

1. 霓虹灯时序控制程序设计

根据课题霓虹灯时序控制程序的任务和要求，先设计霓虹灯中间 8 根灯管的控制程序。由题意可知，用 8 个 PLC 的输出分别控制 8 个灯管，其时序波形图如图 12-61 所示。

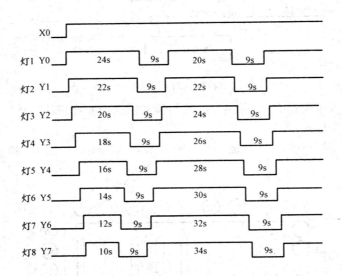

图 12-61　霓虹灯广告屏时序波形图

根据图 12-61 所示 Y0→Y7 的时序波形图，可方便地采用步控指令来实现。也可采用移位指令和定时、计数指令组合起来设计该程序。采用步控指令实现的控制程序如图 12-62 所示。

程序中先由 SET 指令将 Y0→Y7 顺序置 1，然后再从 Y7→Y0 顺序复位，一次循环结束。延时后，再从头开始，循环往复。利用移位及定时、计数实现这一控制方法，见本章第三节控制程序说明。

2. 流水灯控制程序设计

对于四周的六组流水灯灯泡的亮、灭控制，可利用 PLC 可编程序控制移位指令来实现，参考移位寄存器指令实验，外加定时器、计数器指令来完成其循环左移和右移功能。

五、参考控制程序

根据设计任务和要求，采用移位指令及定时/计数指令设计的 PLC 控制霓虹灯广告屏的程序如图 12-62 所示。

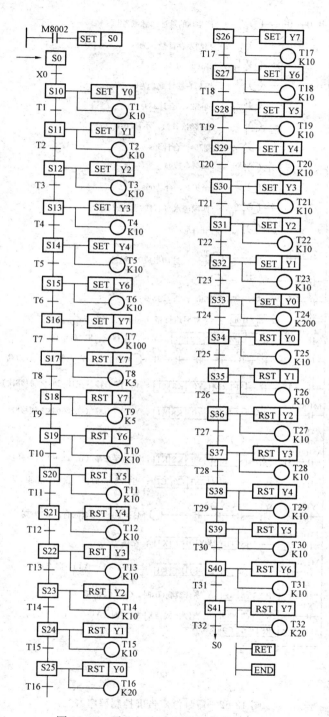

图 12-62 霓虹灯广告屏控制程序（一）

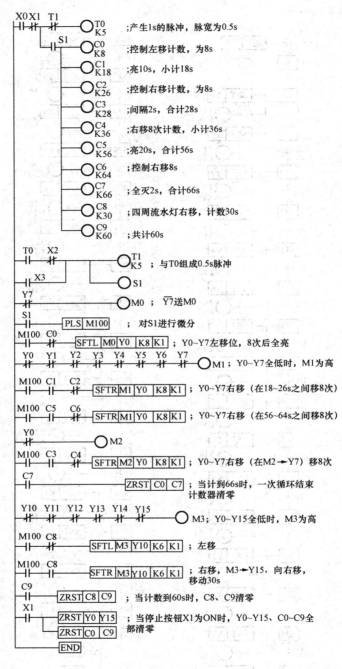

图 12-62 霓虹灯广告屏控制程序 (二)

(a) 梯形图;

LD	X0		ANI	C2
ANI	X1		SFTR	(FNC34)
MPS				M1
ANI	T1			Y0
OUT	T0			K8
	K5			K1
MPP			LD	M100
AND	S1		AND	C5
OUT	C0		ANI	C6
	K8		SFTR	(FNC34)
OUT	C1			M1
	K18			Y0
OUT	C2			K8
	K26			K1
OUT	C3		LDI	Y0
	K28		OUT	M2
OUT	C4		LD	M100
	K36		AND	C3
OUT	C5		ANI	C4
	K56		SFTR	(FNC34)
OUT	C6			M2
	K64			Y0
OUT	C7			K8
	K66			K1
OUT	C8		LD	C7
	K30		ZRST	(FNC40)
OUT	C9			C0
	K60			C7
LD	T0		LDI	Y10
ANI	X2		ANI	Y11
OR	X3		ANI	Y12
OUT	T1		ANI	Y13
	K5		ANI	Y14
OUT	S1		ANI	Y15
LDI	Y7		OUT	M3
OUT	M0		LD	M100
LD	S1		ANI	C8
PLS	M100		SFTL	(FNC35)
LD	M100			M3
ANI	C0			Y10
SFTL	(FNC35)			K6
	M0			K1
	Y0		LD	M100
	K8		AND	C8
	K1		SFTR	(FNC34)
LDI	Y0			M3
ANI	Y1			Y10
ANI	Y2			K6
ANI	Y3			K1
ANI	Y4		LD	C9
ANI	Y5		ZRST	(FNC40)
ANI	Y6			C8
ANI	Y7			C9
OUT	M1		LD	X1
LD	M100		ZRST	(FNC40)
AND	C1			Y0
				Y15
			ZRST	(FNC40)
				C0
				C9
			END	

(b)

图 12-62　霓虹灯广告屏控制程序（三）
(b) 指令表

六、参考控制程序简要说明

1. 秒脉冲指令

本例中用了秒脉发生器程序，如图 12-63 所示。

2. 移位指令的应用

本例中将移位指令和计数器指令进行了有机的结合。Y0～Y7 的左移指令真值表见表 12-18。

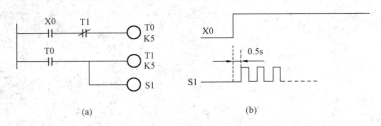

图 12-63　秒脉冲发生器

(a) 梯形图；(b) 波形图

表 12-18　　　　　　　　　　　　**Y0~Y7 的左移指令真值表**

脉冲	M100	Y7	Y6	Y5	Y4	Y3	Y2	Y1	Y0	M0	说明
0	↑	0	0	0	0	0	0	0	0	1	$M0=\overline{Y7}$
1	↑	0	0	0	0	0	0	0	1	1	左移 1 次
2	↑	0	0	0	0	0	0	1	1	1	左移 2 次
3	↑	0	0	0	0	0	1	1	1	1	左移 3 次
4	↑	0	0	0	0	1	1	1	1	1	左移 4 次
5	↑	0	0	0	1	1	1	1	1	1	左移 5 次
6	↑	0	0	1	1	1	1	1	1	1	左移 6 次
7	↑	0	1	1	1	1	1	1	1	1	左移 7 次
8	↑	1	1	1	1	1	1	1	1	1	左移 8 次

　　当 M100 脉冲上升沿到来时，移位寄存器向左移动一次，每次移位时间间隔 1s。所以当 8 根灯管全亮时，需 8s，当 C0 计数计到 8 次时，C0＝1，由于 $\overline{C0}$ 与 M100 相与，故断开左移指令（SFTL）的脉冲输入，左移就停止，Y0~Y7 全亮。延时 10s 后，再由 Y7~Y0 顺序熄灭，此时采用右移的办法进行移位，即 $M1=\overline{Y7}、\overline{Y6}、\overline{Y5}、\overline{Y4}、\overline{Y3}、\overline{Y2}、\overline{Y1}、\overline{Y0}$ 相与后送到 Y7，其真值表见表 12-19。

表 12-19　　　　　　　　　　　　**Y0~Y7 的右移指令真值表**

脉冲	M100	M1	Y7	Y6	Y5	Y4	Y3	Y2	Y1	Y0	说明
0	↑	0	1	1	1	1	1	1	1	1	$M1=\overline{Y7}\cdot\overline{Y6}\cdot\overline{Y5},$ $\overline{Y4}\cdot\overline{Y3}\cdot\overline{Y2}\cdot\overline{Y1}\cdot\overline{Y0}$
1	↑	0	0	1	1	1	1	1	1	1	右移 1 次
2	↑	0	0	0	1	1	1	1	1	1	右移 2 次
3	↑	0	0	0	0	1	1	1	1	1	右移 3 次
4	↑	0	0	0	0	0	1	1	1	1	右移 4 次
5	↑	0	0	0	0	0	0	1	1	1	右移 5 次
6	↑	0	0	0	0	0	0	0	1	1	右移 6 次
7	↑	0	0	0	0	0	0	0	0	1	右移 7 次
8	↑	0	0	0	0	0	0	0	0	0	右移 8 次

程序中 C0～C9 计数器用来计数，控制秒脉冲个数。四周流水灯程序由 C8～C9 控制。左移、右移的输出信号分别为 Y10、Y11、Y12、Y13、Y14、Y15。X0 为启动信号，X1 为停止信号，X2 为连续运行信号，X3 为单步脉冲调试信号。

若考虑到在实际工程中的应用，还需对此程序进行适当改进，电气接口电路部分加入适当的一些保护措施。

七、输入/输出地址及电气接口电路

1. 输入/输出（I/O）地址表

根据题意，PLC 控制霓虹灯广告显示屏的输入/输出（I/O）地址编排见表 12-20。其中 SA1（X0）为启动开关，SA2（X1）为停止开关，SA3（X2）为单步/连续选择开关，SB（X3）为步进按钮开关。Y0～Y7 控制 8 根霓虹灯管，用发光管 LED1～LED8 模拟显示，Y10～Y15 控制 6 组流水灯泡，这里用发光管 LED9～LED14 模拟显示。

表 12-20 输入/输出（I/O）地址编排表

类别	名称 器件代号	地址号	说明
输入	SA1	X0	启动
	SA2	X1	停止
	SA3	X2	单步/连续
	SB	X3	步进按钮
输出	LED1～LED8	Y0～Y7	控制 8 根霓虹灯管
	LED9～LED14	Y10～Y15	流水灯泡

2. 电气接口电路

PLC 与霓虹灯广告显示屏之间的电气接口电路如图 12-64 所示。

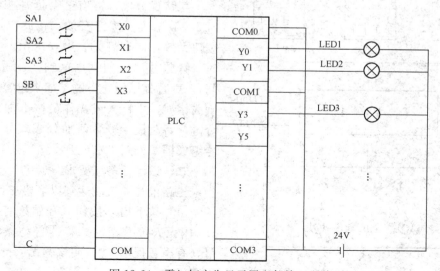

图 12-64 霓虹灯广告显示屏电气接口电路

图 12-64 中，LED1～LED 14 用舞台艺术灯饰演示装置和 PLC 实验台中发光二极管指示灯进行模拟显示。而实际的电路应加转换接口放大电路，如图 12-65 所示。

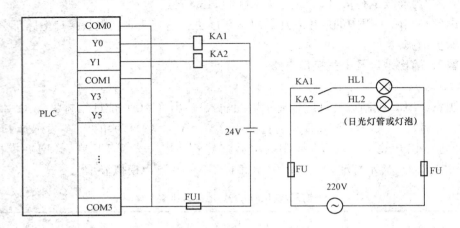

图 12-65　霓虹灯广告屏实际 PLC 外围接口放大电路

第三节　PLC 课程设计选题

课题 1　三路智力抢答器的 PLC 控制

一、概述

该抢答器可作为智力竞赛的评判装置。根据应答者抢答情况自动设定答题时间，并根据答题情况用灯光、声音显示其回答正确或错误，在工作人员操作下对答题者所显示的分数值加分或减分。

三路智力抢答器有三个抢答按钮 SB1～SB3，最先按下按钮有效，在此以后按下的按钮无效，伴有灯光、声音指示，并开始计时（答题时间），计时时间到（答题给定的时间），声音提示停止答题。如果抢答者答题正确或错误，主持人或操作员按下加分键或减分键，将对显示分数值加分或减分。该控制器组成框图如图 12-66 所示。

二、设计任务和要求

三路抢答器应能达到以下要求：

（1）按下启动按钮（开始抢答）后，若 10s 内无人抢答，则抢答器自动撤消抢答信号（有声音提示），说明该题无人抢答，自动作废。

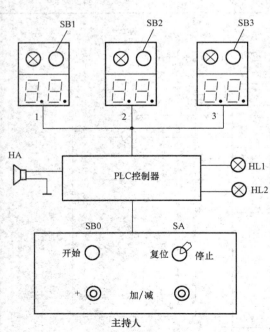

图 12-66　三路智力抢答器组成框图

（2）按下启动按钮（开始抢答）后，第一个按下按钮的信号有效，其余信号（后按下的）无效，有效信号用灯光和声音指示。

（3）若有人抢答即按下任意一个抢答按钮，从按下按钮开始计时，在答题时间（约 1min）完毕时，有灯光和声音信号提示答题时间到。

（4）三路抢答器应有灯显示和分数值显示，对答题正确或错误者，在操作人员的控制下，可对其加 10 分或减 10 分。加分可达最大分值是 99 分，减分可达最少分值是 00 分。

二路抢答器工作流程图如图 12-67 所示。

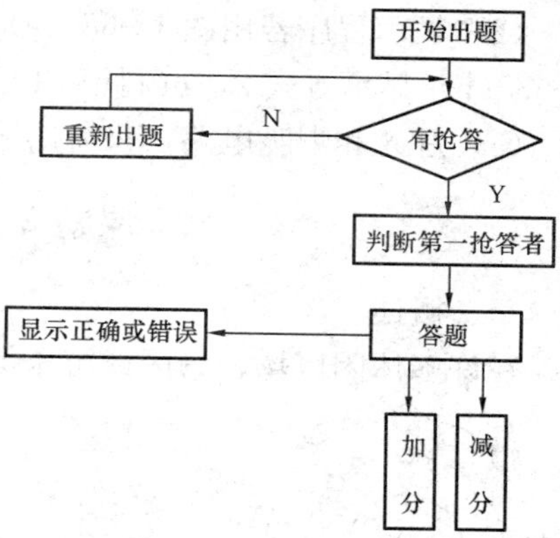

图 12-67 三路抢答器工作流程示意图

三、设计方案提示

1. I/O 地址

输入

X0：主持人复位/停止开关 SA

X1：主持人按抢答开始按钮 SB0

X2：主持人加分按钮

X3：主持人减分按钮

X4：第 1 号抢答按钮 SB1

X5：第 2 号抢答按钮 SB2

X6：第 3 号抢答按钮 SB3

输出

Y0：PLC 控制器电源接通指示 HL1

Y1：抢答信号灯、控制声音 HA

Y2：1 号灯光和声音

Y3：2 号灯光和声音

Y4：3 号灯光和声音

Y5：抢答时间到指示灯 HL2

分值显示可以用 BCD 码输出方式或译码方式，若用前者需要 10 个输出，若用后者则需 13 个输出，且 PLC 应选用晶体管输出方式，两种显示方式的具体硬件电路如图 12-68 所示。

2. 方案提示

（1）抢答电路可用 PLC 的基本指令完成。

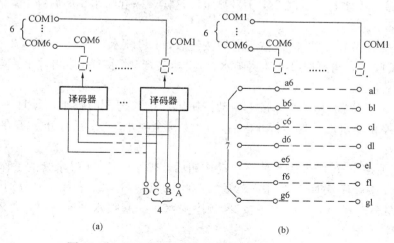

图 12-68 PLC 输出与显示电路的硬件连接示意图

（a）显示方式 1；（b）显示方式 2

（2）显示程序若用图 12-68（a）显示方式 1 时，可用 PLC 的 BCD 码功能指令。若用图 12-68（b）显示方式 2，可利用 PLC 的移位指令和译码组合电路即可实现。

（3）灯光和喇叭电路，只需用输出直接接通喇叭和指示灯电路即可。

课题 2　花式喷水池的 PLC 控制

一、概述

在许多休闲广场、景区或游乐场里，经常看到喷水池按一定的规律喷水或变化式样，若在夜晚配上各种彩色的灯光显示，更加迷人。如图 12-69 所示为一花式喷水池，采用 PLC 控制是比较方便的，在花式喷水时序确定的前提下，可以通过改变时序或者改变控制开关，就可改变控制方式，达到显现各种复合状态的要求。

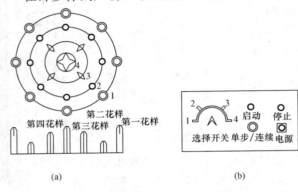

图 12-69　花式喷水池示意图
（a）花式喷水池演示示意图；（b）操作控制开关面板图

在图 12-69 中，4 为中间喷水管，3 为内环状喷水管，2 为一次外环形状喷水管，1 为外环形状喷水管。

二、设计任务和要求

某一喷水池的控制器需满足下列要求：

（1）控制器电源开关接通后，按下启动按钮，喷水装置即开始工作。按下停止按钮，则停止喷水。工作方式由"选择"开关和"单步/连续"开关来决定。

（2）"单步/连续"开关在单步位置时，喷水池只运行一次循环；在连续位置时，喷水池运行一直继续下去。

（3）方式选择开关用来选择喷水池的喷水花样，1～4 号喷水管的工作方式选择如下：

1）选择开关在位置"1"时。按下启动按钮后，4 号喷水，延时 2s 后，3 号也喷水，延时 2s 后，2 号接着喷水，再延时 2s，1 号喷水，这样，一起喷水 15s 后停下。若在连续状态时，将继续循环下去。

2）选择开关在位置"2"时。按下启动按钮后，1 号喷水，延时 2s 后，2 号喷水，延时 2s 后，3 号接着喷水，再延时 2s，4 号喷水，这样，一起喷水 30s 后再停下。若在连续状态时，将继续循环下去。

3）选择开关在位置"3"时。按下启动按钮后，1、3 号同时喷水，延时 3s 后，2、4 号喷水，1、3 号停止喷水；交替运行 5 次后，1～4 号全喷水，30s 后停止。若在连续状态时，将继续循环下去。

4）选择开关在位置"4"时。按下启动按钮后，喷水池 1～4 号水管的工作顺序为：

1→2→3→4 按顺序延时 2s 喷水，然后一起喷水 30s，1、2、3 和 4 号分别延时 2s 停水，再延时 1s，由 4→3→2→1 反向顺序按 2s 顺序喷水，一起喷水 30s 后停止。若在连续状态时，将继续循环下去。

（4）不论在什么工作方式下，按下停止按钮，喷水池将停止运行。

三、设计方案提示

1. I/O 地址

输入

X0：启动按钮

X1：停止按钮

X2：单步连续选择开关

X3：选择开关在位置"1"

X4：选择开关在位置"2"

X5：选择开关在位置"3"

X6：选择开关在位置"4"

输出

Y0：喷水池工作指示

Y1：1 号喷水电磁阀

Y2：2 号喷水电磁阀

Y3：3 号喷水电磁阀

Y4：4 号喷水电磁阀

2. 方案提示

（1）可用步进指令或定时指令实现程序控制。

（2）四种方式选择可采用主控指令中并形分支与汇合指令实现。

课题 3　六层电梯的 PLC 控制

一、概述

电梯使用 PLC 控制是很方便的，因 PLC 控制已替代了以往的继电器、接触器的控制，使可靠性进一步提高，控制器体积更加减小。本课题以六层电梯为例进行 PLC 控制系统设计，其结构组成及工作示意图如图 12-70 所示。

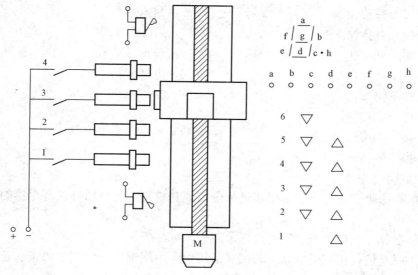

图 12-70　六层电梯结构组成及工作示意图

（1）当电梯停在 1 楼（1F）或 2F、3F、4F、5F，6F 有呼叫，则电梯上升至 6F。

（2）当电梯停于 2 楼（2F）或 3F、4F、5F、6F，1F 有呼叫，则电梯下降至 1F。

（3）电梯停于呼叫层之上（或下）则电梯开至呼叫层。

（4）停于 1 楼（1F），2F、3F、4F、5F 和 6F 均有人呼叫，则先到 2F，停 8s 继续上升，直至 6 楼，每层均停 10s。

（5）条件与 4 相反，电梯停 6 楼（6F），5F、4F、3F、2F 和 1F 均有人呼叫，则先到达 5 楼，停 10s，继续下降，直至 1 层，每层均为 10s。

（6）电梯运行途中，若多个呼叫，应先响应近层，而不管先后次序。

（7）各楼层运行时间应在 15s 内完成，否则认为有故障。

（8）电梯停于某一层，数码管应显示该层的位置数。

二、设计任务和要求

（1）根据本课题以上的要求，设计 PLC 控制程序，并画出 I/O 电气接口图。

（2）调试程序，并且用电梯模拟演示装置模拟运行。

三、设计方案提示

1. I/O 地址

输入	输出
X0：1 楼限位开关	Y0：电梯电机正转
X1：2 楼限位开关	Y1：电梯电机反转
X2：3 楼限位开关	Y2：电梯上升指示
X3：4 楼限位开关	Y3：电梯下降指示
X4：5 楼限位开关	Y4：显示器 a 段
X5：6 楼限位开关	Y5：显示器 b 段
X6：1 楼上升按钮	Y6：显示器 c 段
X7：2 楼上升按钮	Y7：显示器 d 段
X10：3 楼上升按钮	Y10：显示器 e 段
X11：4 楼上升按钮	Y11：显示器 f 段
X12：5 楼上升按钮	Y12：显示器 g 段
X13：6 楼下降按钮	Y13：电梯开门
X14：5 楼下降按钮	
X15：4 楼下降按钮	
X16：3 楼下降按钮	
X17：2 楼下降按钮	

2. 方案提示

（1）根据本课题设计要求，可用步进指令实现其控制，也可用移位寄存器的指令来实现控制。

（2）显示器部分用组合指令实现译码电路。

（3）电梯电动机若用直流电动机，则还需用两个中间继电器实现电源正、负的切换，如图 12-71 所示。

（4）电梯电动机若为交流电动机，并用变频器控制，可以参考本章实验 10 的接口电路接线。

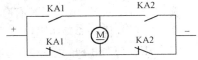

图 12-71　PLC 与直流电动机电气接口图

课题 4 全自动洗衣机的 PLC 控制

一、概述

洗衣机的应用现在比较普遍。全自动洗衣机的实物示意图如图 12-72 所示。

全自动洗衣机的洗衣桶（外桶）和脱水桶（内桶）是以同一中心安放的。外桶固定，作盛水用。内桶可以旋转，作脱水（甩水）用。内桶的四周有很多小孔，使内外桶的水流相通。该洗衣机的进水和排水分别由进水电磁阀和排水电磁阀来执行。进水时，通过电控系统使进水阀打开，经进水管将水注入外桶。排水时，通过电控系统使排水阀打开，将水由外桶排出到机外。洗涤正转、反转由洗涤电动机驱动波盘正、反转来实现，此时脱水桶并不旋转。脱水时，通过电控系统将离合器合上，由洗涤电动机带动内桶正转进行甩干。高、低水位开关分别用来检测高、低水位。启动按钮用来启动洗衣机工作。停止按钮用来实现手动停止进水、排水、脱水及报警，排水按钮用来实现手动排水。

二、设计任务和要求

全自动洗衣机的要求可以用图 12-73 所示的流程图来表示。

PLC 投入运行，系统处于初始状态，准备好启动。启动时开始进水，水满（即水位到达高水位）时停止进水并开始正转洗涤。正转洗涤 15s 后暂停，暂停 3s 后开始反转洗涤。反转洗涤 15s 后暂停，暂停 3s 后，若正、反洗涤未满 3 次，则返回从正转洗涤开始的动作；若正、反洗涤满 3 次时，则开始排水。排水水位若下降到低位时，开始脱水并继续排水。脱水 10s 即完成一次从进水到脱水的工作循环过程。若未完成 3 次大循环，则返回从进水开始的全部动作，进行下一次大循环；若完成了 3 次大循

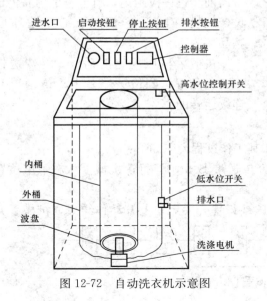

图 12-72 自动洗衣机示意图

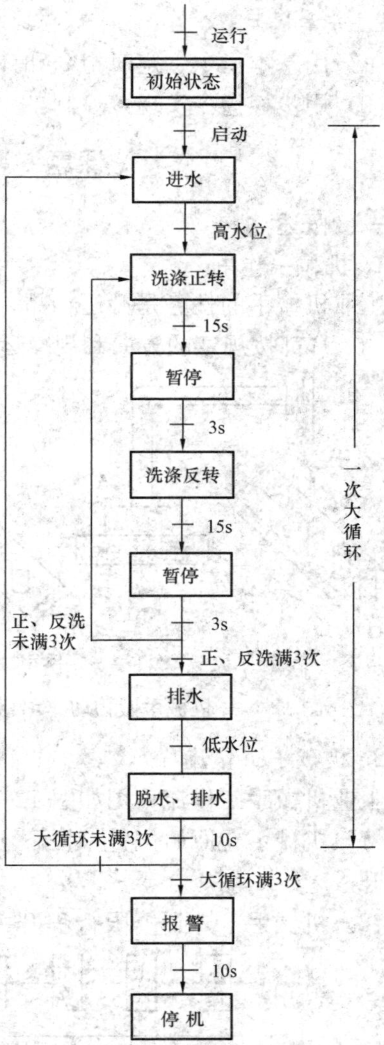

图 12-73 全自动洗衣机动作流程图

环，则进行洗完报警。报警10s结束全部过程，自动停机。

此外，还要求可以按排水按钮以实现手动排水；按停止按钮以实现搬运，停止进水、排水、脱水及报警。

三、设计方案提示

1. I/O 地址

输入	输出
X0：启动按钮	Y0：进水电磁阀
X1：停止按钮	Y1：电动机正转接触器
X2：排水按钮	Y2：电动机反转接触器
X3：高水位开关	Y3：排水电磁阀
X4：低水位开关	Y4：脱水电磁阀
Y5：报警蜂鸣器	

2. 方案提示

（1）用基本指令、定时指令和计数指令组合起来设计该控制程序。

（2）用步控指令实现该控制。

课题 5　工业机械手的 PLC 控制

一、概述

1. 机械手作用

工业机械手的任务是搬运物品，要求它将传送带 A 上的物品搬至传送带 B 上，由于传送带 A、B 都按规定的方向和规律运行，故可将物品传送到指定位置。

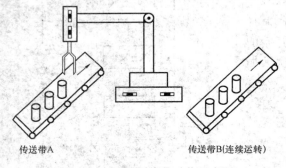

传送带A　　　　　　　传送带B(连续运转)

图 12-74　机械手搬物动作示意图

机械手搬运物品工作示意图如图 12-74 所示。传送带 A 为步进式传送，每当机械手从传送带 A 上取走一个物品时，该传送带向前步进一段距离，将下一个物品传送到位，以便机械手在下一个工作循环取走物品。

机械手按照规定的动作，将传送带 A 上的物品搬运到传送带 B 上。传送带 B 是连续运转的。

2. 机械手工作流程

工业机械手工作流程图如图 12-75 所示，其工作过程说明如下：

（1）机械手在原始位置，按下启动按钮，传送带 B 开始运行，机械手从右下限位置开始上升。

（2）机械手上升到上限行程开关位置，压动行程开关后，上升动作结束，机械手开始

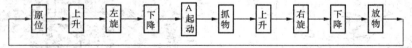

图 12-75　机械手工作流程图

左旋。

（3）机械手左旋到左限行程开关位置，压动行程开关后，左旋动作结束，机械手开始下降。

（4）机械手下降到下限行程开关位置，压动行程开关后，下降动作结束，传送带 A 启动。

（5）传送带 A 向机械手方向前进一个物品的距离后停止，机械手开始抓物。

（6）机械手抓物，由手指上的行程开关控制抓紧程度，抓物结束后，机械手开始上升。

（7）机械手上升到上限行程开关位置，压动行程开关后，上升运动结束，机械手开始右旋。

（8）机械手右旋到右限行程开关位置，压动行程开关后，右旋动作结束，机械手开始下降。

（9）机械手下降到下限行程开关位置，压动行程开关后，下降动作结束，机械手开始放下手中物品。

（10）机械手放物经一个适当的延时，放物结束，一个工作循环完毕。

（11）整个搬物工作应设计成既能点动控制，又能长动控制（连续工作方式）。

二、设计任务和要求

（1）根据上述机械手加工工艺要求，设计一控制程序，实现 PLC 的控制，并画出 I/O 电气接口图。

（2）调试程序并用模拟装置验证。

三、设计方案提示

1. I/O 地址

输入	输出
X0：启动按钮	Y0：机械手工作指示
X1：停止按钮	Y1：传送带 B
X2：单步/连续控制开关	Y2：传送带 A
X3：机械手下限位开关	Y3：控制右旋
X4：机械手上限位开关	Y4：控制左旋
X5：机械手左旋限位开关	Y5：机械手上升
X6：机械手右旋限位开关	Y6：机械手下降
X7：机械手夹紧限位开关	Y7：机械手夹紧/放松
X10：传送带 A 向前送物控制信号	
X11：机械手手动上升	
X12：机械手手动下降	
X13：机械手手动右旋	
X14：机械手手动左旋	
X15：机械手手动夹紧/放松	

2. 方案提示

（1）本题为顺序控制，可采用步进指令实现控制。

（2）可用基本指令和定时器指令组合起来实现控制。

课题 6　自动售货机的 PLC 控制

一、概述

如图 12-76 所示为一自动售货机示意图，其工作要求如下：

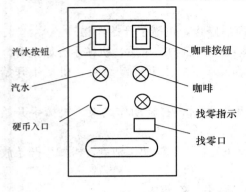

图 12-76　自动售货机示意图

（1）自动售货机可投入 1 元、5 元或 10 元硬币。

（2）当投入的硬币总值超过 12 元时，汽水按钮指示灯亮；当投入的硬币总值超过 15 元时，汽水及咖啡按钮指示都亮。

（3）当汽水按钮灯亮时，按汽水按钮，则汽水排出 7s 后自动停止，这段时间内，汽水指示灯闪动。

（4）当咖啡按钮灯亮时，按咖啡按钮，则咖啡排出 7s 后自动停止，这段时间内，咖啡指示灯闪动。

（5）若投入硬币总值超过按钮所需的钱数（汽水 12 元，咖啡 15 元）时，找钱指示灯亮，表示找钱动作，并退出多余的钱。

二、设计任务和要求

（1）用 PLC 控制该自动售货机，设计 PLC 控制程序，画出 I/O 电气接口图。

（2）找钱、汽水及咖啡的指示灯为 6.3V 指示灯。

（3）调试程序，模拟运行。

三、设计方案提示

1. I/O 地址

输入	输出
X0：1 元识别器	Y0：咖啡出口
X1：5 元识别器	Y1：汽水出口
X2：10 元识别器	Y2：咖啡指示灯
X3：咖啡按钮	Y3：汽水指示灯
X4：汽水按钮	Y4：找钱指示灯
X5：复位按钮	Y5：找零出口

2. 方案提示

（1）硬币投入值的累加可采用计数指令，也可用 INC 加 1 指令或 ADD 加法指令。

（2）汽水和咖啡选择可采用比较指令。

课题 7　注塑机的 PLC 控制

一、概述

注塑机是一典型的顺序动作装置，由 PLC 对其实现控制是比较合适的。注塑机用于热塑料的成型加工，注塑机借助 8 个电磁阀 YV1～YV8 完成闭模、射台前进、注射、保压、预塑、射台后退、开模、顶针前进、顶针后退和复位等工序，其中注射和保压工序需要延时一定的时间，图 12-77 所示是注塑机工作流程图，例如在闭模工序，YV1、YV3 通电。

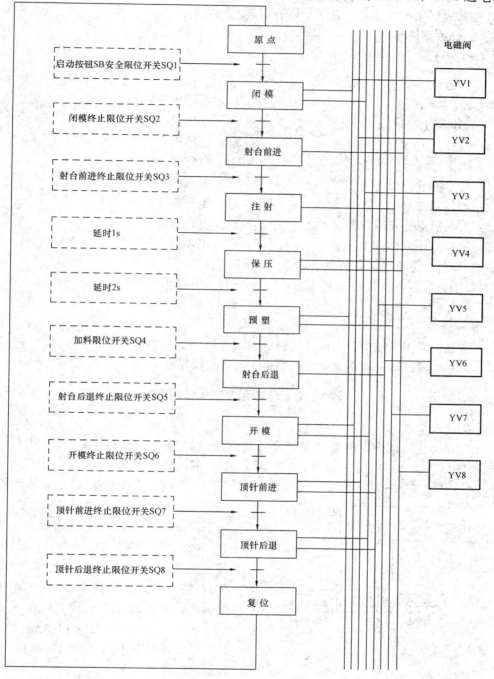

图 12-77　注塑机工作流程图

二、设计任务和要求

（1）按照工艺流程图要求，设计 PLC 控制注塑机的梯形图，并画出电气接口电路。

（2）设计时，要考虑到如下几点：

1）PLC 及注塑机通电有指示。

2）在开模、闭模及原点时有指示灯表明其工作状态。

三、设计方案提示

1. I/O 地址

输入	输出
X0：SB 启动按钮	Y0：电磁阀 YV1
X1：SB1 停止按钮	Y1：电磁阀 YV2
X2：行程开关 SQ1	Y2：电磁阀 YV3
X3：闭模行程开关 SQ2	Y3：电磁阀 YV4
X4：射台前进行程开关 SQ3	Y4：电磁阀 YV5
X5：加料限位开关 SQ4	Y5：电磁阀 YV6
X6：射台后退终止限位开关 SQ5	Y6：电磁阀 YV7
X7：开模终止限位开关 SQ6	Y7：电磁阀 YV8
X10：顶针前进终止限位开关 SQ7	Y10：PLC 运行指示
X11：顶针后退终止限位开关 SQ8	Y11：开模指示
	Y12：闭模指示

2. 方案提示

（1）本题可采用步控指令实现其控制。

（2）可利用移位寄存器指令和定时器指令组合实现控制。

课题 8　输送带的 PLC 控制

一、概述

在工厂自动化领域中，传送带是经常要用到的。如图 12-78 所示为一输送工件的传送带，其动作过程如下：

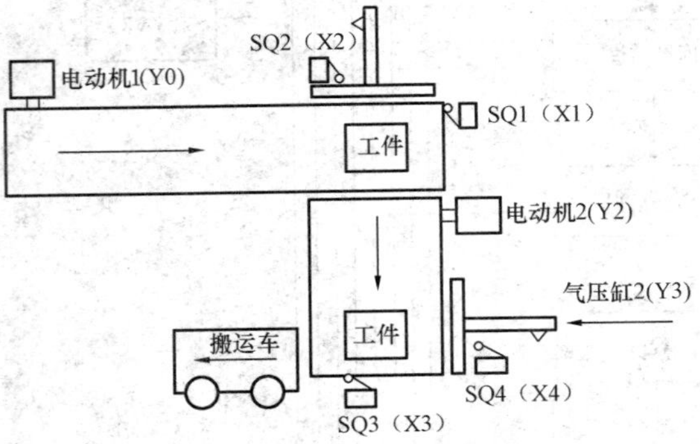

图 12-78　输送带控制示意图

（1）按下启动按钮（X0），电动机1、2（Y0、Y2）运转，驱动输送带1、2移动。按下停止按钮（X5），输送带停止。

（2）当工件到达转运点 A，SQ1（X1）使输送带 1 停止，气缸 1 动作（Y1 有输出），将工件送上输送带 20 气缸采用自动归位型，当 SQ2（X2）检测气缸 1 到达定点位置时，气缸 1 复位（Y1 无输出）。

（3）当工件到达转运点 B，SQ3（X3）使输送带 2 停止，气缸 2、动作（Y3 有输出），将工件送上搬运车．当 SQ4（X4）检测气缸 2 到达定点位置时，气缸 2 复位（Y3 无输出）。

二、设计任务和要求

（1）根据本课题要求，用 PLC 实现对该输送带的控制，并画出电气接口图。

（2）调试程序，模拟运行。

三、设计方案提示

1. I/O 地址

| 输入 | 输出 |

X0：启动按钮

X1：限位开关 SQ1

X2：限位开关 SQ2

X3：限位开关 SQ3

X4：限位开关 SQ4

X5：停止按钮

Y0：电动机 1

Y1：气缸 1

Y2：电动机 2

Y3：气缸 2

Y4：输送带工作指示灯

2. 方案提示

（1）可用基本指令组合实现控制。

（2）运用步进顺控指令实现控制。

课题 9 自动卸料爬斗的 PLC 控制

一、概述

有一物料传送系统，能够将传送带送过来的物料提升到一定的高度，并自动翻斗卸料，如图 12-79 所示。爬斗由电动机 M1 拖动，将物料提升到上限后，由行程开关 SQ1 控制自动翻斗卸料，随后反向下降，到达下限 SQ2 位置停留 20s。料斗下落到 SQ2 位置时，同时启动由电动机 M2 拖动的皮带运输机，向料斗加料，加料工作在 20s 内完成。20s 后，皮带运输机自动停止工作，料斗又自动上升，如此不断地循环。

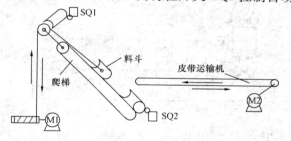

二、设计任务和要求

设计上料爬斗 PLC 自动控制装置，该装置满足以下要求：

图 12-79　爬斗送料示意图

（1）设置单步/连续开关，可以使该系统实现单步和自动循环两种工作方式。

（2）自动循环工作方式时，应按照皮带运输机启动→工作 20s 爬斗上升→SQ1 动作→自动翻斗动作，爬斗下降→皮带运输机启动……顺序连续工作。按下停止按钮时，料斗可以停在任意位置，启动时可以使料斗随意从上升或下降开始运行。

（3）有特定的信号指示灯指示上料爬斗工作在何种工作状态。

（4）要具有必要的电气保护和互锁关联。

三、设计方案提示

1. I/O 地址

| 输入 | 输出 |

X0：启动按钮

X1：停止按钮

X2：单步/连续选择开关

Y0：PLC 运行指示灯

Y1：控制电动机 M1 正转接触器

Y2：控制电动机 M1 反转接触器

X3：上限行程开关 SQ1　　　　　Y3：控制电动机 M2 接触器
X4：下限行程开关 SQ2　　　　　Y4：料斗上升/下降指示
　　　　　　　　　　　　　　　　Y5：皮带运输机运行指示

2. 方案提示

（1）料斗上/下的控制即为 M1 电动机的正、反转，可利用 PLC 置数（SET）及复位（RST）指令实现，且 SQ1、SQ2 即为电动机自动正、反转的开关。控制 M1 的接触器应该在电气上互锁。

（2）电动机 M2 仅为一个方向运行，故用输出 Y3 控制接触器即可。

（3）延时 20s，采用定时器指令即可。

（4）本题也可用步进控制指令实现程序控制。

课题 10　箱体加工专用机床的 PLC 控制

一、概述

PLC 使用在某一专用机床控制上是最合适不过了，如图 12-80 所示为箱体加工专用机床的结构加工示意图。该机床是用来专门加工箱体两侧的，其加工方法是先将箱体通过夹紧装置夹紧，再由两侧左、右动力头对箱体进行加工。当加工完毕，动力头快速回原位，此时再松开加工件，又开始下一循环。

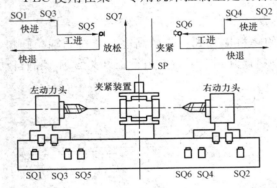

图 12-80　箱体加工专用机床结构与加工示意图

二、设计任务和要求

图 12-80 中，左、右动力头主轴电动机为 2.2kW，进给运动由液压驱动，液压泵电动机为 3kW，动力头和夹紧装置的动作由电磁阀控制，电磁阀通断情况见表 12-21。

专用机床的工作步骤如下：

（1）按下启动按钮，夹紧装置将被加工工件夹紧，夹紧后发出信号。

（2）左、右动力头同时快进，并同时启动主轴。

（3）到达工件附近，动力头快进转为工进加工。

表 12-21　　　　　　　　　　　箱体加工机床电磁阀通断情况表

	左动力头		右动力头		夹紧装置		
	YV1	YV2	YV3	YV4	YV5	YV6	YV7
上、下料	—	—	—	—	—	—	—
快进	+	—	—	+	—	—	—
工进	+	+	—	+	+	—	+
停留	—	—	—	—	—	—	+
快退	—	+	+	—	—	+	+

（4）加工完毕后，左、右动力头暂停 2s 后分别快速退回原位。

（5）夹紧装置松开被加工工件，同时主轴停止。

以上（1）～（5）步骤连续工作，实现半自动循环。在工件夹紧、动力头快进、动力头快退及电源接通均有信号指示。

三、设计方案提示

1. I/O 地址

输入	
X0：启动按钮	
X1：停止按钮	
X2：夹紧开关信号 SP	
X3：松开开关信号 SQ7	
X4：左动力头行程开关 SQ1	
X5：左动力头行程开关 SQ3	
X6：左动力头行程开关 SQ5	
X7：右动力头行程开关 SQ2	
X10：右动力头行程开关 SQ4	
X11：右动力头行程开关 SQ6	
X12：半自动/自动开关	

输出

Y0：工作夹紧指示
Y1：左动力头快进指示
Y2：右动力头快进指示
Y3：左动力头快退指示
Y4：右动力头快退指示
Y5：主轴电动机接触器
Y6：油泵电动机接触器
Y7：电磁阀 YV1
Y10：电磁阀 YV2
Y11：电磁阀 YV3
Y12：电磁阀 YV4
Y13：电磁阀 YV5
Y14：电磁阀 YV6
Y15：电磁阀 YV7

2. 方案提示

（1）本课题的工作流程为顺序控制，可以用步控指令编程实现控制。

（2）可用基本指令、移位指令及定时器指令组合完成该控制。

课题 11   产品在流水线上的测试与分检控制

一、概述

产品在生产流水线上的检测目前在工业自动化领域中使用是非常普遍的，这里，我们选用一机电产品在装配生产线上要对产品进行检测与分检控制，其结构示意图如图 12-81 所示。

流水线由一电动机 M 带动，产品由左边进入（位 0），经 PH1 检测，凡不合格产品应由 PH1 产生信号。正品最后在右端（位 6）装入成品框内，不合格的次品在 PLC 控制下，从位 4 的电磁分检阀门落入次品框内。为了保证次品落下后及时关闭分检阀门以免后面的正品也落入次品框内，设置了次品检测传送器 PH2。

产品传送器传动轴上有一个凸轮，每转动一圈，就拨动微动开关

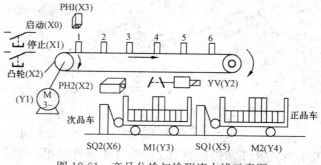

图 12-81   产品分检与检测流水线示意图

一次（也可为霍尔开关或接近开关），发出一个脉冲信号。

当成品箱计数为 20 个，满箱时，将产生一个信号电动机 M 停止，成品就移走。移走后，再启动 M。

二、设计任务和要求

（1）根据以上要求，试用 PLC 控制该产品在流水线上的检测和分检，画出 I/O 电气接口图。

（2）调试程序，并用模拟装置模拟运行。

三、设计方案提示

1. I/O 地址

输入	输出

X0：启动开关　　　　　　　　　　　　Y0：PLC 工作指示灯

X1：停止开关　　　　　　　　　　　　Y1：传送带电动机 M

X2：凸轮开关　　　　　　　　　　　　Y2：次品电磁阀门 YV

X3：检测开关 PH1　　　　　　　　　　Y3：次品小车电动机 M1

X4：次品开关 PH2　　　　　　　　　　Y4：正品小车电动机 M2

X5：正品车限位开关 SQ1

X6：次品车限位开关 SQ2

2. 方案提示

（1）传送带产品计数可用移位寄存器实现，产品正品/次品的计数用 PLC 的计数器指令实现。

（2）本课题可用步进指令和计数器指令组合起来实现控制。

课题 12　　小车行车方向的 PLC 控制

一、概述

小车运行方向控制，就如同数控加工中心取刀机构的取刀控制．如图 12-82 所示。某车间有 6 个工作台，小车往返于工作台之间运料。每个工作台设有一个到位开关（SQ）和一个呼叫按钮（SB）。具体动作如下：

（1）小车初始时应停在 6 个工作台中任意一个到位开关位置上。

（2）设小车现暂停于 m 号工作台，（此时 SQm 动作），这时 n 号工作台呼叫（即 SBn 动作）。若：

1）m＞n，小车左行，直至 SQn 动作，到位停车；即当小车所停位置 SQ 的编号大于呼叫的 SB 编号时，小车往左运行至呼叫的 SB 位置后停止。

2）m＜n，小车右行，直至 SQn 动作，到位

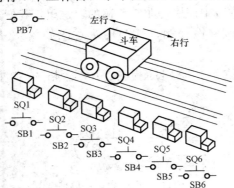

图 12-82　小车行车方向控制示意图

停车；即当小车所停位置 SQ 的编号小于呼叫的 SB 编号时，小车往右运行至呼叫的 SB 位

置后停止。

3）m＝n，小车原地不动；即当小车位置 SQ 与呼叫 SB 编号相同时，小车不动作。

二、设计任务和要求

（1）根据动作要求，设计 PLC 控制小车的程序，同时画出 I/O 电气接口图。

（2）小车在每个工位应该有灯指示。

（3）调试程序，模拟运行。

三、设计方案指示

1. I/O 地址

| 输入 |
| 输出 |

X0：启动按钮 PB7   Y0：小车工作指示

X1：停止按钮 PB8   Y1：小车右行接触器 KM1

X2～X7：6 个工位行程开关 SQ1～SQ6   Y2：小车左行接触器 KM2

X10～X15：6 个工位按钮   Y3：到位显示

2. 方案提示

（1）采用功能指令和基本指令结合起来实现控制。

（2）可用加工中心刀库捷径方向选择演示装置进行模拟控制。

附录　三菱 FX 系列 PLC 指令

基本指令简表见附表1，功能指令见附表2。

附表1

基 本 指 令 简 表

指令助记符、名称	功　能	电路表示和可用软元件	指令助记符、名称	功　能	电路表示和可用软元件
[LD] 取	触点运算开始 a 触点	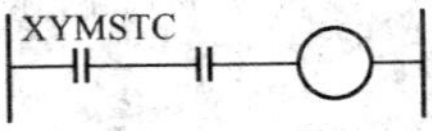 XYMSTC	[ORB] 电路块或	串联电路块的并联连接	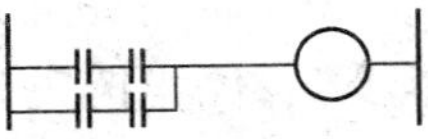
[LDI] 取反	触点运算开始 b 触点	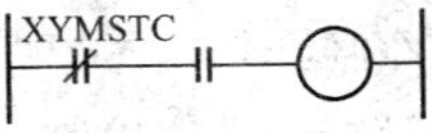 XYMSTC	[OUT] 输出	线圈驱动指令	 YMSTC
[LDP] 取脉冲	上升沿检测运算开始	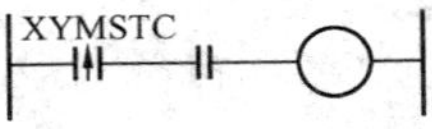 XYMSTC	[SET] 置位	线圈接通保持指令	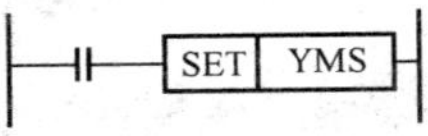 SET YMS
[LDF] 取脉冲	下降沿检测运算开始	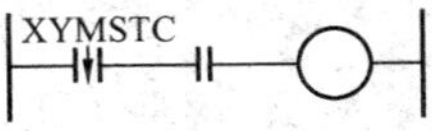 XYMSTC	[RST] 复位	线圈接通清除指令	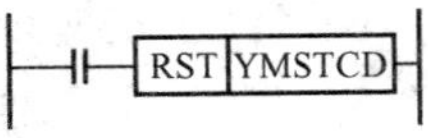 RST YMSTCD
[AND] 与	串联连接 a 触点	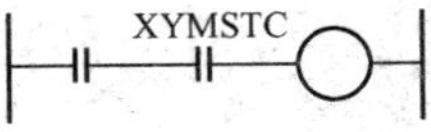 XYMSTC	[PLS] 上沿脉冲	上升沿检测指令	 PLS YMSTCD
[ANI] 与非	串联连接 b 触点	 XYMSTC	[PLF] 下沿脉冲	下降沿检测指令	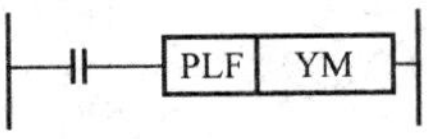 PLF YM
[ANDP] 与脉冲	上升沿检测串联连接	 XYMSTC	[MC] 主控	公共串联点的连接线圈指令	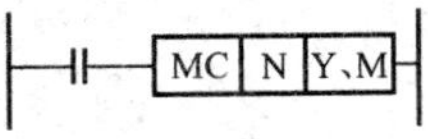 MC N Y、M

指令助记符、名称	功 能	电路表示和可用软元件	指令助记符、名称	功 能	电路表示和可用软元件
[ANDF] 与脉冲	下降沿检测串联连接	XYMSTC	[MCR] 主控复位	公共串联点的清除指令	MCR N
[OR] 或	并联连接 a 触点	XYMSTC	[MPS] 进栈	运算存储	
[ORI] 或非	并联连接 b 触点	XYMSTC	[MRD] 读栈	存储读出	MPS MRD MPP
[ORP] 或脉冲	脉冲上升沿检测并联连接	XYMSTC	[MPP] 出栈	存储读出与复位	
[ORF] 或脉冲	脉冲下降沿检测并联连接	XYMSTC	[INV] 反转	运算结果的反转	INV
[ANB] 电路块与	并联电路块的串联连接		[NOP] 空操作	无动作	
			[END] 结束	顺控程序结束	顺控程序结束，回到"0"步

附表 2   功 能 指 令

指令分类	功能号 FNC NO.	指令助记符	指令名称及功能	对应 PLC 型号			
				FX₁S	FX₁N	FX₂N	FX₂NC
程序流程	00	CJ	条件跳转指令	○	○	○	○
	01	CALL	子程序调用指令	○	○	○	○
	02	SRET	子程序返回指令	○	○	○	○
	03	IRET	中断返回指令	○	○	○	○
	04	EI	中断许可指令	○	○	○	○
	05	DI	中断禁止指令	○	○	○	○
	06	FEND	主程序结束指令	○	○	○	○
	07	WDT	监视定时器刷新指令	○	○	○	○
	08	FOR	循环开始指令	○	○	○	○
	09	NEXT	循环结束指令	○	○	○	○
传送与比较	10	CMP	比较指令	○	○	○	○
	11	ZCP	区间比较指令	○	○	○	○
	12	MOV	传送指令	○	○	○	○
	13	SMOV	位传送指令	—	—	○	○
	14	CML	反相传送指令	—	—	○	○
	15	BMOV	块传送指令	○	○	○	○
	16	FMOV	多点传送指令	—	—	○	○
	17	XCH	数据交换指令	—	—	○	○
	18	BCD	BCD 变换指令	○	○	○	○
	19	BIN	BIN 变换指令	○	○	○	○

续表

指令分类	功能号 FNC NO.	指令助记符	指令名称及功能	对应 PLC 型号			
				FX$_{1S}$	FX$_{1N}$	FX$_{2N}$	FX$_{2NC}$
四则逻辑运算	20	ADD	加法指令	○	○	○	○
	21	SUB	减法指令	○	○	○	○
	22	MUL	乘法指令	○	○	○	○
	23	DIV	除法指令	○	○	○	○
	24	INC	加 1 指令	○	○	○	○
	25	DEC	减 1 指令	○	○	○	○
	26	WAND	逻辑字与指令	○	○	○	○
	27	WOR	逻辑字或指令	○	○	○	○
	28	WXOR	逻辑字异或指令	○	○	○	○
	29	NEG	求补指令	—	—	○	○
循环移位	30	ROR	循环右移指令	—	—	○	○
	31	ROL	循环左移指令	—	—	○	○
	32	RCR	带进位的循环右移指令	—	—	○	○
	33	RCL	带进位的循环左移指令	—	—	○	○
	34	SFTR	位右移指令	○	○	○	○
	35	SFTL	位左移指令	○	○	○	○
	36	WSFR	字右移指令	—	—	○	○
	37	WSFL	字左移指令	—	—	○	○
	38	SFWR	移位写入指令	○	○	○	○
	39	SFRD	移位读出指令	○	○	○	○
数据处理	40	ZRST	全部复位指令	○	○	○	○
	41	DECO	译码指令	○	○	○	○
	42	ENCO	编码指令	○	○	○	○
	43	SUM	ON 位求和指令	—	—	○	○
	44	BON	ON 位数判定指令	—	—	○	○
	45	MEAN	平均值指令	—	—	○	○
	46	ANS	报警信号置位指令	—	—	○	○
	47	ANR	报警信号复位指令	—	—	○	○
	48	SQR	数据开方运算指令	—	—	○	○
	49	FLT	BIN 整数→二进制浮点数转换指令	—	—	○	○
高速处理	50	REF	输入输出刷新指令	○	○	○	○
	51	REFF	刷新及滤波时间调整指令	—	—	○	○
	52	MTR	矩阵输入指令	○	○	○	○
	53	HSCS	高速计数器置位指令	○	○	○	○
	54	HSCR	高速计数器复位指令	○	○	○	○
	55	HSZ	高速计数器区间比较指令	—	—	○	○
	56	SPD	速度检测指令	○	○	○	○
	57	PLSY	脉冲输出指令	○	○	○	○
	58	PWM	脉冲调制指令	○	○	○	○
	59	PLSR	可调脉冲输出指令	○	○	○	○

续表

指令分类	功能号 FNC NO.	指令助记符	指令名称及功能	对应 PLC 型号			
				FX$_{1S}$	FX$_{1N}$	FX$_{2N}$	FX$_{2NC}$
方便指令	60	IST	状态初始化指令	○	○	○	○
	61	SER	数据查找指令	—	—	○	○
	62	ABSD	凸轮控制（绝对方式）	○	○	○	○
	63	INCD	凸轮控制（增量方式）	○	○	○	○
	64	TTMR	示教定时器	—	—	○	○
	65	STMR	特殊定时器	—	—	○	○
	66	ALT	交替输出	○	○	○	○
	67	RAMP	斜坡信号	○	○	○	○
	68	ROTC	旋转工作台控制	—	—	○	○
	69	SORT	数据排序	—	—	○	○
外围设备 I/O	70	TKY	十键输入指令	—	—	○	○
	71	HKY	十六键输入指令	—	—	○	○
	72	DSW	数字开关指令	○	○	○	○
	73	SEGD	七段码译码指令	—	—	○	○
	74	SEGL	七段码译码分时显示指令	○	○	○	○
	75	ARWS	方向开关指令	—	—	○	○
	76	ASC	ASCII 码转换指令	—	—	○	○
	77	PR	ASCII 码打印输出指令	—	—	○	○
	78	FROM	BFM 读出指令	—	○	○	○
	79	TO	BFM 写入指令	—	○	○	○
外围设备 S E R	80	RS	串行数据传送指令	○	○	○	○
	81	PRUN	八进制位传送指令	○	○	○	○
	82	ASCI	HEX – ASCII 转换指令	○	○	○	○
	83	HEX	ASCII – HEX 转换指令	○	○	○	○
	84	CCD	校验码指令	○	○	○	○
	85	VRRD	电位器值读出指令	○	○	○	○
	86	VRSC	电位器刻度指令	○	○	○	○
	87						
	88	PID	PID 运算指令	○	○	○	○
	89						
浮点数	110	ECMP	二进制浮点数比较指令	—	—	○	○
	111	EZCP	二进制浮点数区间比较指令	—	—	○	○
	118	EBCD	二进制浮点数–十进制浮点数转换指令	—	—	○	○
	119	EBIN	十进制浮点数–二进制浮点数转换指令	—	—	○	○
	120	EADD	二进制浮点数加法指令	—	—	○	○
	121	ESUB	二进制浮点数减法指令	—	—	○	○
	122	EMUL	二进制浮点数乘法指令	—	—	○	○
	123	EDIV	二进制浮点数除法指令	—	—	○	○
	127	ESQR	二进制浮点数开方指令	—	—	○	○
	129	INT	二进制浮点数– BIN 整数转换指令	—	—	○	○
	130	SIN	浮点数 SIN 运算指令	—	—	○	○
	131	COS	浮点数 COS 运算指令	—	—	○	○
	132	TAN	浮点数 TAN 运算指令	—	—	○	○
	147	SWAP	上下字节变换指令	—	—	○	○

指令分类	功能号 FNC NO.	指令助记符	指令名称及功能	对应 PLC 型号			
				FX$_{1S}$	FX$_{1N}$	FX$_{2N}$	FX$_{2NC}$
定位	155	ABS	当前绝对值读取指令	○	○	—	—
	156	ZRN	原点回归指令	○	○	—	—
	157	PLSV	可变脉冲的脉冲输出指令	○	○	—	—
	158	DRVI	相对位置控制指令	○	○	—	—
	159	DRVA	绝对位置控制指令	○	○	—	—
时钟运算	160	TCMP	时钟数据比较指令	○	○	○	○
	161	TZCP	时钟数据区间比较指令	○	○	○	○
	162	TADD	时钟数据加法指令	○	○	○	○
	163	TSUB	时钟数据减法指令	○	○	○	○
	166	TRD	时钟数据读出指令	○	○	○	○
	167	TWR	时钟数据写入指令	○	○	○	○
	169	HOUR	计时用指令	○	○	—	—
外围设备	170	GRY	格雷码转换指令	—	—	○	○
	171	GBIN	格雷码逆转换指令	—	—	○	○
	176	RD3A	模拟量模块读出指令	—	○	○	—
	177	WR3A	模拟量模块写入指令	—	○	○	—
触点比较	224	LD=	(S1) = (S2)	○	○	○	○
	225	LD>	(S1) > (S2)	○	○	○	○
	226	LD<	(S1) < (S2)	○	○	○	○
	228	LD≠	(S1) ≠ (S2)	○	○	○	○
	229	LD≤	(S1) ≤ (S2)	○	○	○	○
	230	LD≤	(S1) ≥ (S2)	○	○	○	○
	232	AND=	(S1) = (S2)	○	○	○	○
	233	AND>	(S1) > (S2)	○	○	○	○
	234	AND<	(S1) < (S2)	○	○	○	○
	236	AND≠	(S1) ≠ (S2)	○	○	○	○
	237	AND≤	(S1) ≤ (S2)	○	○	○	○
	238	AND≥	(S1) ≥ (S2)	○	○	○	○
	240	OR=	(S1) = (S2)	○	○	○	○
	241	OR>	(S1) > (S2)	○	○	○	○
	242	OR<	(S1) < (S2)	○	○	○	○
	244	OR≠	(S1) ≠ (S2)	○	○	○	○
	245	OR≤	(S1) ≤ (S2)	○	○	○	○
	246	OR≥	(S1) ≥ (S2)	○	○	○	○

注　○为该机型适用；—表示无此指令。

参 考 文 献

1 钟肇新，彭侃. 可编程序控制器原理及应用. 广州：华南理工大学出版社，1995.
2 王兆义. 小型可编程序控制器实用技术. 北京：机械工业出版社，2003.
3 张万忠. 可编程序控制器应用技术. 北京：化学工业出版社，2002.
4 郁汉琪. 电气控制与可编程序控制器应用技术. 2版. 南京：东南大学出版社，2003.
5 郁汉琪. 机床电气及可编程序控制器实验、课程设计指导书. 北京：高等教育出版社，2001.
6 廖常初. 可编程序控制器应用技术. 4版. 重庆：重庆大学出版社，2002.
7 宫淑贞，等. 可编程序控制器原理及应用. 北京：人民邮电出版社，2002.
8 陈立定，吴玉香，苏开才. 电气控制与可编程序控制器. 广州：华南理工大学出版社，2001.
9 王永华. 现代电气及可编程序控制技术. 北京：北京航空航天大学出版社，2002.
10 杨昌焜，金广业. 可编程序控制器应用技术. 北京：中国电力出版社，2003.
11 陈在平，赵相宾. 可编程序控制器技术与应用. 北京：机械工业出版社，2002.
12 王卫星，等. 可编程序控制器原理及应用. 北京：中国水利水电出版社，2002.
13 李俊秀，赵黎明. 可编程序控制器应用技术实训指导. 北京：化学工业出版社，2002.
14 胡学林. 可编程序控制器应用技术. 北京：高等教育出版社，2001.
15 王也仿. 可编程序控制器应用技术. 北京：机械工业出版社，2002.